Java Web 技术及案例开发

Jakarta EE 10+Tomcat 10+JDK18

微课视频版

赵克玲◎编著

清華大学出版社
北京

内容简介

本书从应用出发，深入介绍了 Java Web 程序开发及其应用，内容涵盖 Java Web 概述、Servlet 基础、会话跟踪、JSP 语法、JSP 内置对象、JSP 与 JavaBean、EL 与 JSTL、Filter 与 Listener、Web 架构 MVC、Ajax 技术等。书中以 Jakarta EE 10 版本、Web 5.0 规范为主线，采用的开发环境为 JDK18、Tomcat 10 服务器和 Eclipse-2022-9 版本，所有代码均在该环境中调试运行。

本书理论和实践相结合，每章使用思维导图梳理知识点，并配有案例及实现，内容重点突出、结构清晰。本书提供丰富的配套资源，如微课视频、程序代码、习题答案、教学课件、教学大纲、考试大纲等。

本书可作为高等院校计算机科学与技术、软件工程、电子商务等专业的教材，也可作为培训机构的 Java 课程教材，还适合 Java 学习者和工作者阅读。

图书在版编目(CIP)数据

Java Web 技术及案例开发：Jakarta EE 10＋Tomcat 10＋JDK18：微课视频版/赵克玲编著.—北京：清华大学出版社，2023.5

(计算机科学与技术丛书)

ISBN 978-7-302-63030-2

Ⅰ.①J… Ⅱ.①赵… Ⅲ.①JAVA 语言—程序设计—教材 Ⅳ.①TP312.8

中国国家版本馆 CIP 数据核字(2023)第 043798 号

责任编辑：刘 星
封面设计：吴 刚
责任校对：郝美丽
责任印制：朱雨萌

出版发行：清华大学出版社
网 址：http://www.tup.com.cn，http://www.wqbook.com
地 址：北京清华大学学研大厦 A 座 **邮 编**：100084
社 总 机：010-83470000 **邮 购**：010-62786544
投稿与读者服务：010-62776969，c-service@tup.tsinghua.edu.cn
质量反馈：010-62772015，zhiliang@tup.tsinghua.edu.cn
课件下载：http://www.tup.com.cn，010-83470236
印 装 者：三河市人民印务有限公司
经 销：全国新华书店
开 本：185mm×260mm **印 张**：16.75 **字 数**：408 千字
版 次：2023 年 7 月第 1 版 **印 次**：2023 年 7 月第1 次印刷
印 数：1～1500
定 价：69.00 元

产品编号：100552-01

前言

PREFACE

Java Web 技术是 Java 技术对 Web 互联网领域应用的一种技术实现。20 世纪 90 年代末，Sun 公司首次建立了 Java Servlet API 编码标准，经过多年的发展，其目前已经发展到基于 Jakarta EE 10 技术标准的 Web 5.0 开发技术，Java Web 技术也已成为目前主流的 Web 应用开发技术之一，相应的，Java Web 技术课程也已成为一门综合性强、实践性强、应用领域广的技术学科。

本书不是一本简单的 Java Web 基础入门教材，不是知识点的铺陈，而是致力于将知识点融入案例中，深入浅出地以示例、案例的形式对知识点进行全面系统的讲解。全书内容涵盖 Java Web 概述、Servlet 基础、会话跟踪、JSP 语法、JSP 内置对象、JSP 与 JavaBean、EL 与 JSTL、Filter 与 Listener、Web 架构 MVC、Ajax 技术等，并精心设计大量的应用案例，强化学生的动手和实践能力。

一、本书特色

（1）采用思维导图对课程和章节重要知识点进行梳理，便于理解和记忆。其中，"本书思维导图"在前言后面，"本章思维导图"在每章开头部分。依据认知曲线，深入浅出地系统讲解各知识点。

（2）每章配有目标、正文、总结和习题，使教学内容和过程形成闭环。

（3）本书理论联系实践，基于应用，并提供微课视频，帮助初学者快速学习和掌握全书内容。

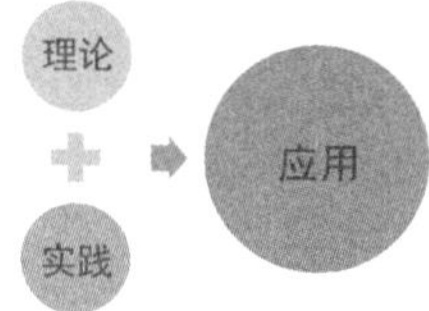

二、配套资源及服务

本书提供以下相关配套资源：

- 程序代码、习题答案等资源，扫描目录上方的二维码下载。

- 教学课件、教学大纲、考试大纲等资源，扫描封底的“书圈”二维码在公众号 下载，或者到清华大学出版社官方网站本书页面下载。
- 微课视频(216分钟，42集)，扫描书中相应章节中的二维码在线学习。

注：请先扫描封底刮刮卡中的二维码进行绑定后再获取配套资源。

三、致谢

本书由赵克玲编写。编者有二十年以上的项目开发和教学经历，拥有丰富的教学经验和实践经验，先后在国内知名教育集团主持并研发设计“高等院校软件专业方向”系列教材和“在实践中成长”系列教材，编写并出版教材产品28种、实训教学产品7种，涉及Java、Python、Android、.NET、人工智能、大数据等多个领域。

在本书出版之际，特别感谢大力支持我们的家人和朋友们，还要感谢清华大学出版社工作人员给予的帮助和支持。

四、意见反馈

由于时间、水平有限，书中难免会有不妥或疏漏之处，欢迎各界专家和读者朋友们批评指正，提出宝贵意见(联系方式见配套资源)，我们将不胜感激，并真诚地希望能与读者共同交流、共同成长，待再版时日臻完善，是所至盼。

赵克玲
2023年3月

本书思维导图

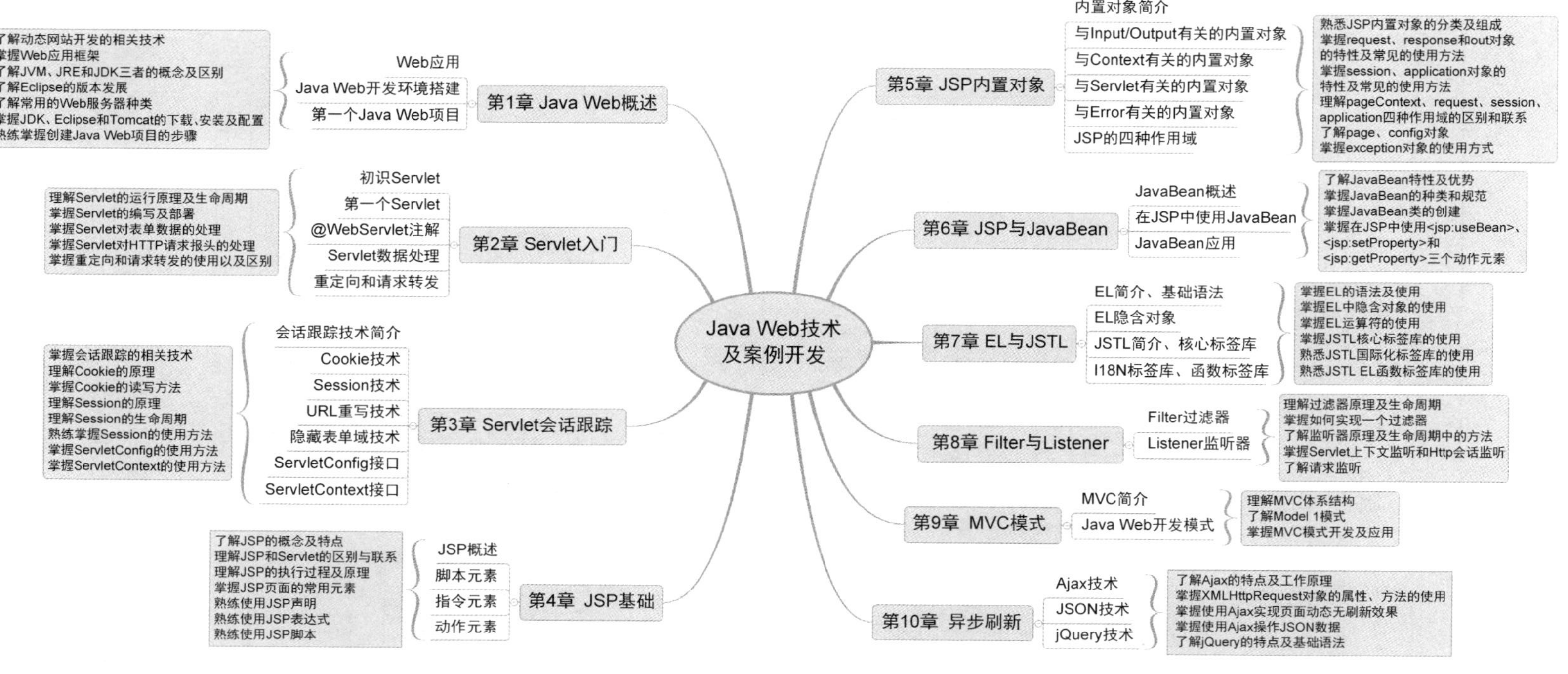

Java Web技术
及案例开发
第1章 Java Web概述
Web应用
Java Web开发环境搭建
第一个Java Web项目
了解动态网站开发的相关技术
掌握Web应用框架
了解JVM、JRE和JDK三者的概念及区别
了解Eclipse的版本发展
了解常用的Web服务器种类
掌握JDK、Eclipse和Tomcat的下载、安装及配置
熟练掌握创建Java Web项目的步骤
第2章 Servlet入门
初识Servlet
第一个Servlet
@WebServlet注解
Servlet数据处理
重定向和请求转发
理解Servlet的运行原理及生命周期
掌握Servlet的编写及部署
掌握Servlet对表单数据的处理
掌握Servlet对HTTP请求报头的处理
掌握重定向和请求转发的使用以及区别
第3章 Servlet会话跟踪
会话跟踪技术简介
Cookie技术
Session技术
URL重写技术
隐藏表单域技术
ServletConfig接口
ServletContext接口
掌握会话跟踪的相关技术
理解Cookie的原理
掌握Cookie的读写方法
理解Session的原理
理解Session的生命周期
熟练掌握Session的使用方法
掌握ServletConfig的使用方法
掌握ServletContext的使用方法
第4章 JSP基础
JSP概述
脚本元素
指令元素
动作元素
了解JSP的概念及特点
理解JSP和Servlet的区别与联系
理解JSP的执行过程及原理
掌握JSP页面的常用元素
熟练使用JSP声明
熟练使用JSP表达式
熟练使用JSP脚本
第5章 JSP内置对象
内置对象简介
与Input/Output有关的内置对象
与Context有关的内置对象
与Servlet有关的内置对象
与Error有关的内置对象
JSP的四种作用域
熟悉JSP内置对象的分类及组成
掌握request、response和out对象
的特性及常见的使用方法
掌握session、application对象的
特性及常见的使用方法
理解pageContext、request、session、
application四种作用域的区别和联系
了解page、config对象
掌握exception对象的使用方式
第6章 JSP与JavaBean
JavaBean概述
在JSP中使用JavaBean
JavaBean应用
了解JavaBean特性及优势
掌握JavaBean的种类和规范
掌握JavaBean类的创建
掌握在JSP中使用<jsp:useBean>、
<jsp:setProperty>和
<jsp:getProperty>三个动作元素
第7章 EL与JSTL
EL简介、基础语法
EL隐含对象
JSTL简介、核心标签库
I18N标签库、函数标签库
掌握EL的语法及使用
掌握EL中隐含对象的使用
掌握EL运算符的使用
掌握JSTL核心标签库的使用
熟悉JSTL国际化标签库的使用
熟悉JSTL EL函数标签库的使用
第8章 Filter与Listener
Filter过滤器
Listener监听器
理解过滤器原理及生命周期
掌握如何实现一个过滤器
了解监听器原理及生命周期中的方法
掌握Servlet上下文监听和Http会话监听
了解请求监听
第9章 MVC模式
MVC简介
Java Web开发模式
理解MVC体系结构
了解Model 1模式
掌握MVC模式开发及应用
第10章 异步刷新
Ajax技术
JSON技术
jQuery技术
了解Ajax的特点及工作原理
掌握XMLHttpRequest对象的属性、方法的使用
掌握使用Ajax实现页面动态无刷新效果
掌握使用Ajax操作JSON数据
了解jQuery的特点及基础语法

微课视频清单

序　　号	视 频 名 称	视频对应书中位置
1	下载安装 JDK	1.2.2
2	下载安装 Eclipse	1.2.5
3	下载安装 Tomcat	1.2.9
4	第一个 Java Web 项目	1.3
5	第一个 Servlet	2.2
6	@WebServlet 注解	2.3
7	读取表单数据	2.4.1
8	处理 HTTP 请求报头	2.4.2
9	设置 HTTP 响应报头	2.4.3
10	重定向和请求转发	2.5
11	Cookie 技术	3.2
12	Session 技术	3.3
13	URL 重写技术	3.4
14	获取初始化参数	3.7.1
15	存取应用域属性	3.7.2
16	获取应用信息	3.7.3
17	第一个 JSP 程序	4.1.2
18	JSP 脚本	4.2.1
19	JSP 表达式	4.2.2
20	JSP 声明	4.2.3
21	JSP 注释	4.2.4
22	page 指令	4.3.1
23	include 指令	4.3.2
24	JSPinclude 动作	4.4.1
25	request 对象	5.2.1
26	application 对象	5.3.2
27	JSP 的四种作用域	5.6
28	JavaBean 应用	6.3
29	EL 中的操作符	7.2.3
30	EL 运算符	7.2.5
31	EL 隐含对象	7.3
32	JSTL 的安装使用	7.4.2
33	通用标签	7.5.1
34	条件标签	7.5.2
35	国际化标签	7.6.1
36	函数标签库	7.7
37	过滤器开发步骤	8.1.3
38	与 Servlet 上下文相关的监听器	8.2.2
39	MVC 模式应用	9.2.3
40	Ajax 示例	10.1.5
41	JSON 在 Ajax 中的使用	10.2.3
42	基于 jQuery 的 Ajax 应用	10.3.3

目录

CONTENTS

配套资源

第1章 Java Web概述

CHAPTER 1

本章思维导图

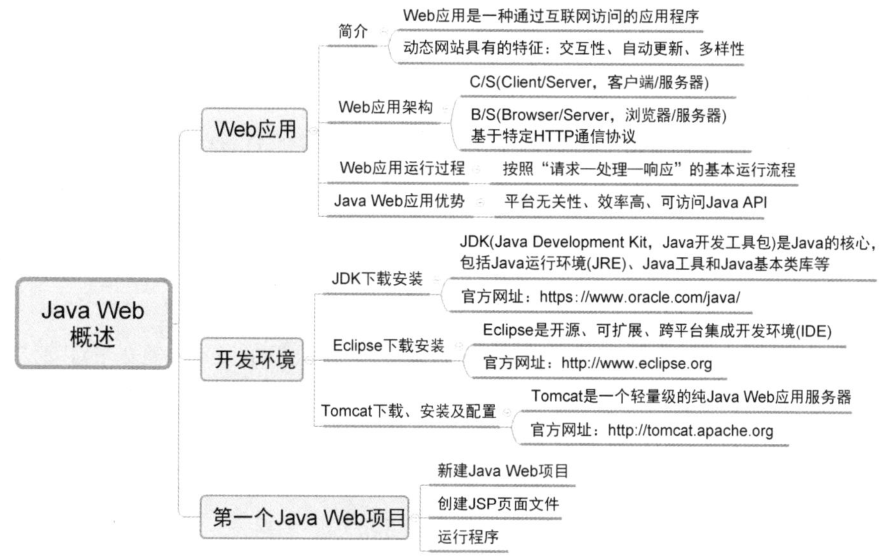

本章目标

- 了解动态网站开发的相关技术。
- 掌握 Web 应用框架。
- 了解 JVM、JRE 和 JDK 三者的概念及区别。
- 了解 Eclipse 的版本发展。
- 了解常用的 Web 服务器种类。
- 掌握 JDK、Eclipse 和 Tomcat 的下载、安装及配置。
- 熟练掌握创建 Java Web 项目的步骤。

1.1 Web 应用

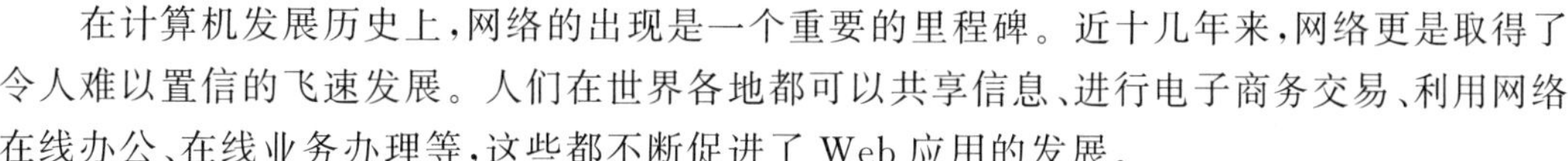

在计算机发展历史上，网络的出现是一个重要的里程碑。近十几年来，网络更是取得了令人难以置信的飞速发展。人们在世界各地都可以共享信息、进行电子商务交易、利用网络在线办公、在线业务办理等，这些都不断促进了 Web 应用的发展。

1.1.1 Web 应用简介

Web 应用是一种通过互联网访问的应用程序，使用网页语言编写，通过浏览器运行。在互联网发展的最初阶段，Web 应用仅仅是一个静态的网站，所有的网页都是由内容固定的静态 HTML 页面组成，页面可以直接被浏览器解释执行，无须进行复杂的编译以及存取数据等操作，因此运行速度非常快。但是，静态网站具有一个无法弥补的缺点：当网站的内容变化时只能通过修改整个 HTML 网页来实现。在这种情况下，静态网站所能实现的任务仅仅是一些静态信息的展示，而不能实现与用户的交互以及内容的实时更新。静态网站的这种局限性决定了它必然不能适应大中型企业应用系统，为了满足这些商业需求，动态网站应用随之而生。

动态网站不是指具有动画功能的网站，而是指能与用户进行交互、并根据用户输入的信息产生相应响应的网站。动态网站一般由大量的动态网页、后台处理程序以及用于存储内容的数据库组成。动态网站具有以下几个特征。

- **交互性**：根据用户的操作以及请求，网页会动态改变并响应。例如，用户注册、购买商品、信息搜索等功能。
- **自动更新**：无须手动更新页面，系统会自动生成新的页面，从而大大减少网站维护成本。例如，网站管理员通过后台发布最新的新闻资讯，用户便能看到前台页面更新后的内容。
- **多样性**：在不同时间、不同用户访问同一网页时会显示不同的内容。例如，用户的个人管理中心、网络天气预报、网站的广告推广等。

动态网站虽然在以上几个特征上比静态网站有不可比拟的优势，但由于其必须通过服务器处理且大多数还需要进行数据库方面的操作，因此会对网站的访问速度有一定影响。另外，动态网页由于存在动态网页语言代码，所以相比较使用纯 HTML 代码的静态网页，其对搜索引擎的友好程度要相对弱一些。

注意 在实际应用中，大多数网站一般采用动静结合的原则：网站中内容需要频繁更新的，可采用动态网页技术；而内容不需要更新的，则采用静态网页进行显示。如此，一个网站既可包含动态网页，也可包含静态网页。

动态网站是采用动态网站技术实现的。在浏览网页时，经常会看到一些以 asp、aspx、php、jsp 结尾的网页，这些网页扩展名在一般情况下反映了该网站采用的动态网站技术。动态网站技术种类多样、发展迅速，在其发展历程中，先后出现了 CGI、ASP、ASP. NET、PHP、Servlet、JSP 等几个重要的动态网站技术，依次介绍如下。

1）CGI

在早期互联网发展过程中，动态网站技术主要采用通用网关接口（Common Gateway Interface，CGI）来实现。CGI 程序在服务器端运行，能够根据不同客户端请求输出相应的 HTML 页面，同时可以访问存储在数据库中的数据以及其他系统中的文件，从而实现动态生成的效果。当时最流行的 CGI 语言有 Perl 和 Shell 脚本，也可以使用 C、C++或 Java 等其他语言进行编写。但是，由于编写 CGI 程序比较困难，效率低下，而且修改、维护很复杂，在用户交互性以及安全性上都无法与当时的桌面应用软件相比，因此，CGI 技术逐渐被其他新的动态网页技术所替代。

2）ASP 和 ASP.NET

ASP（Active Server Page，动态服务器页面）是微软公司推出的一种动态网页语言。ASP 也运行在服务器端，可以包含 HTML 标记、普通文本、脚本命令以及对一些特定微软应用程序（如 COM 组件）的调用。ASP 语法比较简单，而且微软提供的开发环境功能十分强大，大大降低了程序员的开发难度。但是，ASP 自身也有局限性，本质上 ASP 依然是一种脚本语言，除了使用大量的组件外没有其他方法提高开发效率，而且 ASP 只能运行在 Windows 环境中，平台兼容性比较差，这些限制制约了 ASP 的继续发展。因此，ASP 也渐渐地退出了历史舞台。2002 年 1 月，在微软的.NET 策略推动下，第一个版本的 ASP.NET 正式发布。ASP.NET 主要使用 C# 及 VB.NET 语言开发，同时作为编译性框架，无论是从执行效率还是从安全性上都远远超过 ASP，其是目前主流动态网站技术之一。

3）PHP

PHP（Hypertext Preprocessor，超文本预处理语言）是基于开源代码的脚本式语言，与 ASP 技术一样，PHP 也是采用脚本技术嵌入 HTML 网页中。但是，PHP 不同之处在于其语法比较独特，在 PHP 中混合了 C、Java、Perl 等语言语法中的优秀部分，并且 PHP 网页的执行速度远远超过 CGI 和 ASP；PHP 对数据库的操作也相对简单，并且能够对多种操作系统平台提供支持，因此 PHP 得到广大开源社区的支持，也是当今最为火热的脚本语言之一。

4）Servlet

为了弥补 CGI 的不足，Sun 公司在 20 世纪 90 年代末就发布了基于 Servlet 的 Web 服务器，并建立了 Java Servlet API（Java Servlet 应用程序编程接口）的编码标准，直到现在，基本所有的服务器仍遵循这种编码标准。Servlet 具有很好的可移植性，并且执行效率很高，对于开发者来说，Sun 公司还针对 Servlet 标准提供了对整个 Java 应用编程接口（API）的完全访问，并且提供了一个完备的类库去处理 HTTP 的请求，在增强其功能的同时也降低了 Web 开发的难度。虽然 Servlet 弥补了传统 CGI 程序的缺点，但 Servlet 自身也有不足，Servlet 在界面设计方面比较困难，需要在 Java 代码中嵌入大量的 HTML 才能实现，并且每次小的改动都需要重新编译，十分不利于网站的设计与维护，于是 JSP（Java Server Pages）技术又应运而生。

5）JSP

JSP 是基于 Java 语言的服务器端脚本语言，是一种实现 HTML 代码和 Java 代码的混合编码技术。JSP 是 Servlet API 的一个扩展，能够支持多个操作系统平台。从某种程度上讲，JSP 是 Sun 公司对 Microsoft 公司的 ASP 作出的回应。虽然 JSP 与 ASP 在技术上存在一些差异，但两者具有一个最大的共同点，那就是在设计目的上都是将业务处理与页面显示分离，使 Web 设计人员能够专心设计页面外观，而软件开发人员则可以专心开发业务逻辑。由于 JSP 中使用的是 Java 语法，所以 Java 语言所具有的优势都可以在 JSP 中体现出来，尤其是 Jakarta EE 的强大功能更使 JSP 语言的发展拥有了强大的后盾。

注意 JSP 虽然能完成所有 Servlet 能完成的工作，但其并不是为了替代 Servlet。Servlet 设计页面困难但易于书写 Java 代码；JSP 易于设计页面但书写 Java 代码困难。在实际项目中，可以利用 JSP 实现页面显示、Servlet 实现业务逻辑，二者互为补充、配合使用。

1.1.2 Web应用架构

Web应用的广泛使用和发展，使得应用软件的架构模式也在不断地发生变化。在目前流行的应用软件架构模式中，C/S(Client/Server，客户端/服务器)架构和B/S(Browser/Server，浏览器/服务器)架构占据了主导。

C/S架构充分利用客户机和服务器这两端硬件环境的优势，将任务合理分配到客户端和服务器端来实现。C/S架构模式采用"功能分布"的原则：客户端负责数据处理、数据表示以及用户接口等功能；服务器端负责数据管理等核心功能，两端共同配合来完成复杂的业务应用。C/S架构能够充分发挥客户端PC的处理能力，很多业务可以在客户端处理后再提交给服务器，提高了响应速度。C/S架构经常应用于各大银行内网系统、铁路航空售票系统、游戏软件等。C/S架构如图1-1所示。

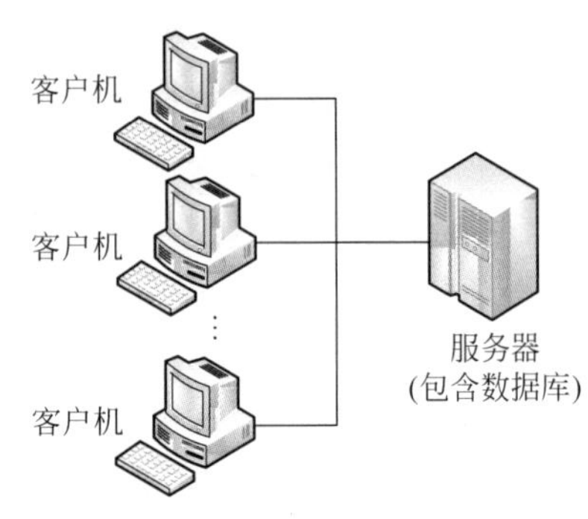

图1-1 C/S架构

B/S架构是基于特定HTTP通信协议的C/S架构，是随着Internet技术的兴起，对C/S架构的一种变化或者改进后的架构，Web应用架构即是指这种架构。在B/S架构下，客户端只需要安装一款浏览器，而不需要开发、安装任何客户端软件，所有业务的实现全部交由服务器端负责。用户只需通过浏览器就可以向服务器发送请求，服务器接收请求处理后，将结果响应给浏览器。B/S架构经常应用于各大门户网站、各种管理信息系统、大型电子商务网站等，例如，新浪网、企业ERP系统、淘宝网等都是这种模式。B/S架构如图1-2所示。

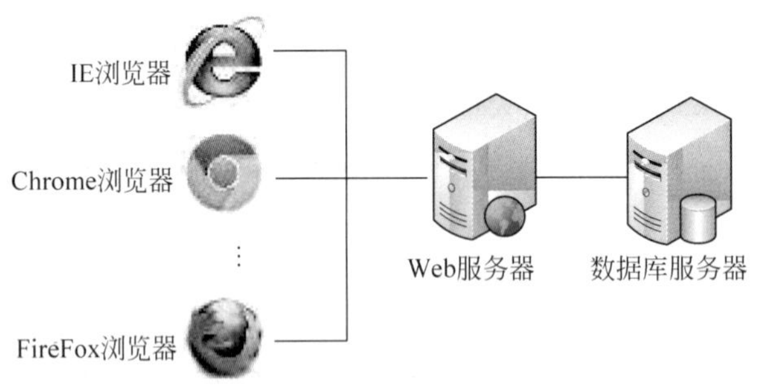

图1-2 B/S架构

注意 B/S架构是对C/S架构的一种改进，而非C/S架构的替代品。与C/S架构相比，B/S架构的优势是维护和升级简单。但是，这种架构也存在一定的劣势，例如服务器负担比较重、客户端界面不够丰富、快速响应不如C/S架构等。

1.1.3 Web应用运行过程

基于B/S架构的Web应用，通常由客户端浏览器、Web服务器、数据库服务器几部分组成，其中：

- Web服务器负责运行使用动态网站技术编写的Web应用程序。

- 数据库服务器负责管理应用程序使用到的数据。
- 浏览器负责帮助用户访问运行在 Web 服务器上的应用程序。

基于 B/S 架构的 Web 应用程序运行过程如图 1-3 所示。首先,用户通过客户端浏览器向服务器端发送请求;服务器接收到请求后,需要对用户发送过来的数据进行业务逻辑处理,多数还伴随对数据库的存取操作;最后,服务器将处理结果返回给客户端浏览器。

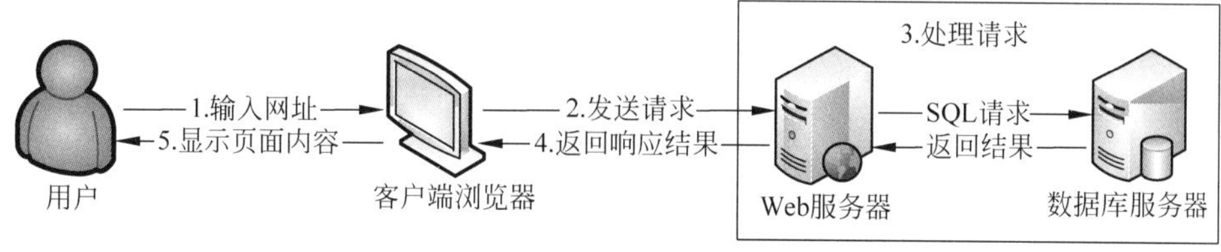

图 1-3 B/S 架构 Web 应用程序运行过程

按照 Web 应用程序"请求—处理—响应"的基本运行流程,其详细处理过程介绍如下。

(1) Web 浏览器发送请求:Web 浏览器是一种应用程序,其基本功能就是将客户通过 URL 地址(即网址)发送的请求转换为标准的 HTTP 请求,并将服务器响应返回的 HTML 代码转换为客户能够看到的图形界面。在典型的 Web 应用程序中,一般通过运行在浏览器端的 HTML 和脚本代码来提供用户输入数据的入口以及对数据进行初始验证,然后浏览器将数据通过 HTTP 的 GET 或 POST 方法发送到服务器端。

(2) 服务器端处理用户请求:Web 服务器的一个重要功能就是向特定的脚本、程序传递需要处理的请求。Web 服务器首先需要检查请求的文件地址是否正确;若错误,则返回相应错误信息;若正确,服务器将根据请求的 GET 方法或 POST 方法以及文件的类型进行相应的处理,处理完成后,将结果以 HTML、XML 或者二进制等数据形式表示,并按照 HTTP 的响应消息格式反馈给浏览器,浏览器会根据消息附带的信息查看并显示该信息。

(3) 将结果返回给浏览器:一般情况下,服务器将处理结果返回给客户端浏览器时,要指明响应的内容类型、内容长度,然后把响应内容写入输出流中;客户端浏览器收到响应后,首先查看响应头的内容类型,确定输入流中响应信息的 MIME 类型,再来确定如何处理数据。返回的内容可以是 HTML、文本、XML、图像或音频/视频流等。

1.1.4 Java Web 应用优势

Java Web 应用就是使用 Java 技术来实现 Web 互联网应用。Web 应用包括 Web 服务器端应用和 Web 客户端应用两部分,Java 在客户端的应用有 Java Applet,但目前使用得很少,Java 在服务器端的应用非常丰富,如 Servlet、JSP 和第三方框架等。这些应用虽不相同,但都遵循统一的 Jakarta EE 技术标准,其组件图如图 1-4 所示。

目前,很多的 Web 开发技术都可以用来实现 Web 应用程序,但任何一种技术都不可能十全十美,例如:Java Servlet 不能利用 COM 组件;ASP 不能使用 Java Bean 和 EJB;但 Java Web 开发技术是目前最先进和最完善的 Web 开发技术之一,其具有以下几方面的优势。

- **平台无关性**:Servlet 和 JSP 都是使用 Java 编写的,与 Java 语言一样具有平台无关性。Servlet 和 JSP 代码被编译成字节码,再由服务器上的与平台相关的 Java 虚拟

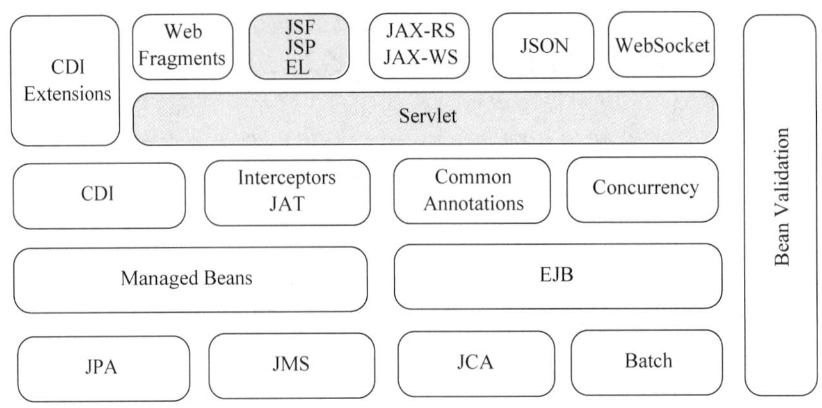

图 1-4 Jakarta EE 组件图

机解释执行。由于被编译成的字节码是平台无关的,所以可以被移植到支持 Java 的任何其他平台上。

- **效率高**:当 Servlet 和 JSP 接收请求后,在相同的进程中将创建另一个线程来处理该请求,所以成百上千的用户能够同时访问 Servlet 和 JSP,而不影响服务器的性能。另外,Servlet 会在第一次请求时进行编译并装入内存,第二次及以后的请求都是直接在内存中调用该 Servlet 而无须再次编译。如此,大大加快了服务器的处理速度。
- **可访问 Java API**:Servlet 和 JSP 是 Java 整体解决方案的一部分,能够访问所有的 Java API,并且可以利用 Java 语言所提供的所有强大功能。例如,利用 Java Mail API 收发邮件,利用 RMI 实现远程方法调用等。

1.2 Java Web 开发环境

任何应用程序的开发和运行都需要相应的开发环境,不同技术实现的应用需要不同的开发环境。Java Web 应用程序的开发,核心的需求是能运行 Java Web 程序的服务器和 Java 运行环境,除此之外,一款功能强大的 IDE(Integrated Development Environment)也是提高开发效率的必备工具。本书将以 JDK18、Tomcat10.0 服务器和 Eclipse-2022-9 工具为例,按照它们之间的依赖关系进行安装配置,然后在此环境下完成第一个 Java Web 项目。

1.2.1 JDK 简介

在推出 Java 语言的同时,Sun 公司也提供了一套用于开发 Java 程序的工具包,即 JDK (Java Development Kit,Java 开发工具包)。JDK 是针对 Java 开发人员发布的免费软件开发工具包,提供编译、运行 Java 程序所需的各种工具及资源,包括 Java 开发工具、Java 运行环境以及 Java 基础类库。

JDK 是整个 Java 的核心,具体包括如下内容。

- Java 运行环境(Java Runtime Environment,JRE)——运行 Java 程序所必需的环境的集合。JRE 包括 Java 虚拟机、Java 平台核心类库和支持文件。安装 JRE 是运行 Java 程序的必需步骤。

- Java 虚拟机(Java Virtual Machine,JVM)——运行 Java 字节码(.class 文件)的虚拟计算机系统。可以把 JVM 看成一个能够执行 Java 的字节码程序的微型操作系统。
- Java 开发工具——编译、运行、打包、调试 Java 程序,JDK 的常用开发工具如表 1-1 所示。
- Java 应用程序编程接口(API)——JDK 提供了大量的 API,使用 API 可以缩短开发时间,提高开发效率。

表 1-1 JDK 的常用开发工具

名称	功能说明
javac	编译器,将后缀名为.java 的源代码编译成后缀名为.class 的字节码
java	运行工具,运行.class 的字节码
jar	打包工具,将相关的类文件打包成一个文件
javadoc	文档生成器,从源码注释中提取文档,注释需匹配规范
jdb debugger	调试工具
jps	显示当前 Java 程序运行的进程状态
javap	反编译程序
apt	注释处理工具
jrunscript	命令行脚本运行
jhat	Java 堆分析工具
jstack	栈跟踪程序
jstat	JVM 检测统计工具

JVM、JRE 和 JDK 三者虽然是不同的概念,但相互之间有着紧密的关系,其结构如图 1-5 所示。

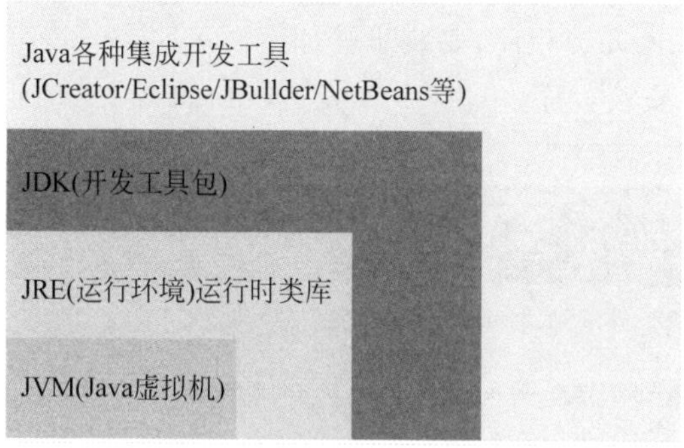

图 1-5 JDK 结构图

JVM、JRE 和 JDK 从范围上讲是从小到大的关系。在开发 Java 应用程序之前,开发人员需要在计算机上安装 JDK,此时 JRE 和 JVM 会同时安装到计算机中。

作为 Java 语言的软件开发工具包,普通用户并不需要安装 JDK 来运行 Java 程序,而只需要安装 JRE,而程序开发者必须安装 JDK 来编译、调试程序。

1.2.2 下载安装 JDK

从 Java 官方网站下载最新的 JDK 版本,下载页面如图 1-6 所示。

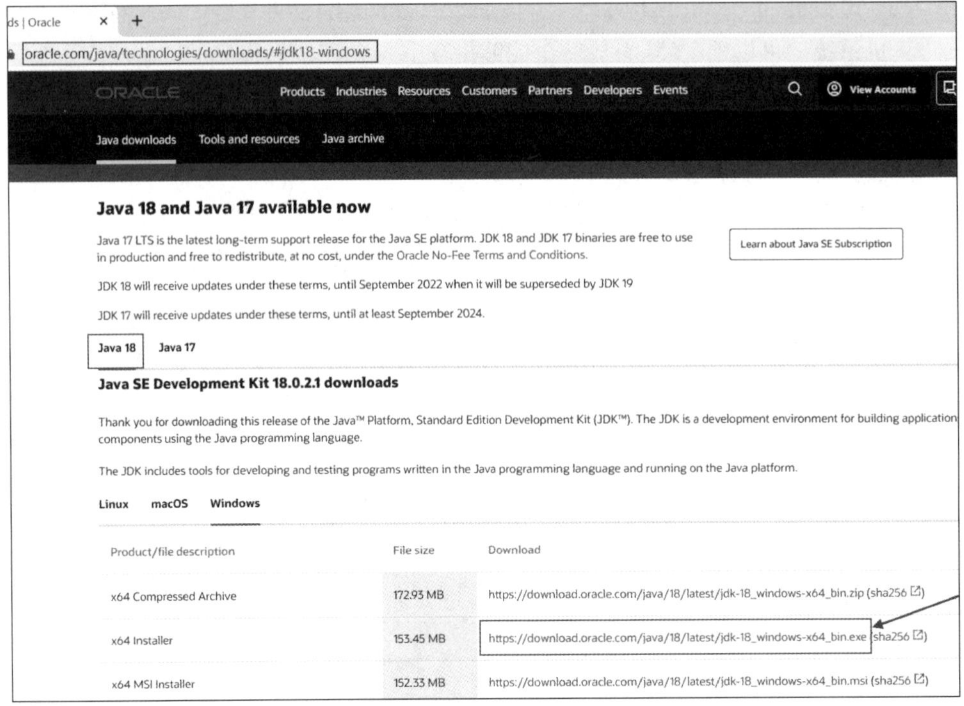

图 1-6 JDK 下载页面

选择 Java 18 版本，并根据自己计算机的操作系统选择相应的 JDK 版本，本书以 Windows 操作系统为例，单击 x64 Installer 的下载链接，开始下载。

下载完成后运行 JDK 安装程序，安装步骤如下所示。

(1) 双击下载 JDK 安装程序，单击"下一步"按钮，如图 1-7 所示。

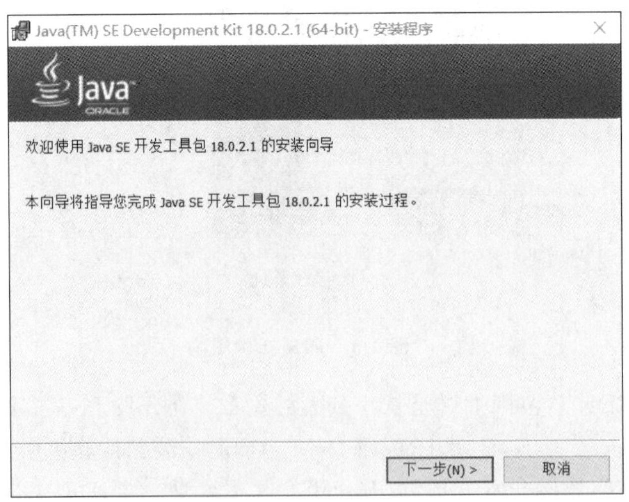

图 1-7 JDK 安装程序

(2) 单击"更改…"按钮，选择安装路径，也可以默认安装在 C 盘，单击"下一步"按钮，如图 1-8 所示。

(3) 单击"下一步"按钮就开始安装了，安装进度如图 1-9 所示。

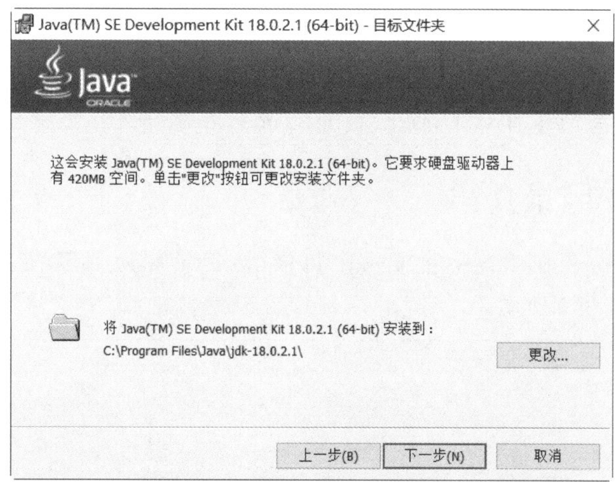

图 1-8　JDK 定制安装

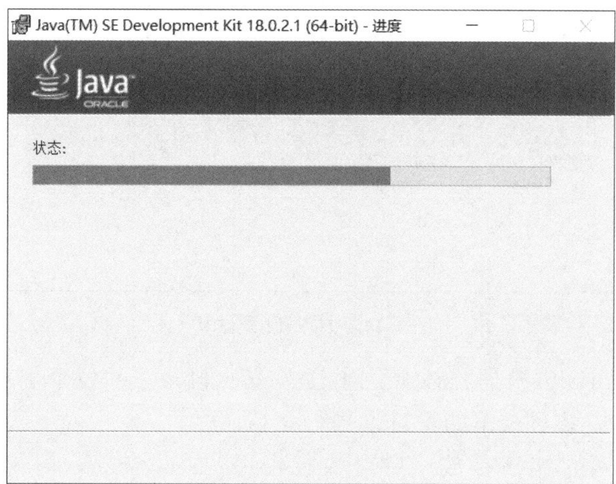

图 1-9　JDK 安装进度

（4）JDK 安装完成后，如图 1-10 所示，单击“关闭”按钮，即可完成安装。

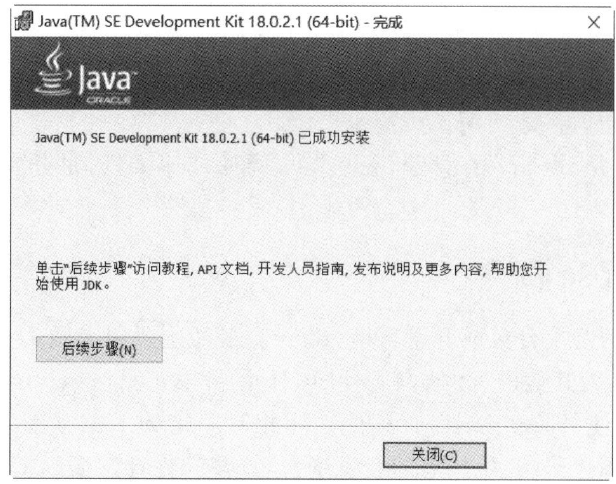

图 1-10　JDK 安装完成

注意 安装 JDK 的过程中会出现两次安装提示，第一次是安装 JDK，第二次是安装 JRE，建议两个都安装在同一个 Java 文件夹中的不同文件夹中，不能都安装在 Java 文件夹的根目录下，JDK 和 JRE 安装在同一文件夹中会出错。

1.2.3 JDK 目录介绍

JDK 安装完成后，会在硬盘上生成一个目录，该目录称为 JDK 安装目录，JDK 安装目录默认在 C 盘，如图 1-11 所示。

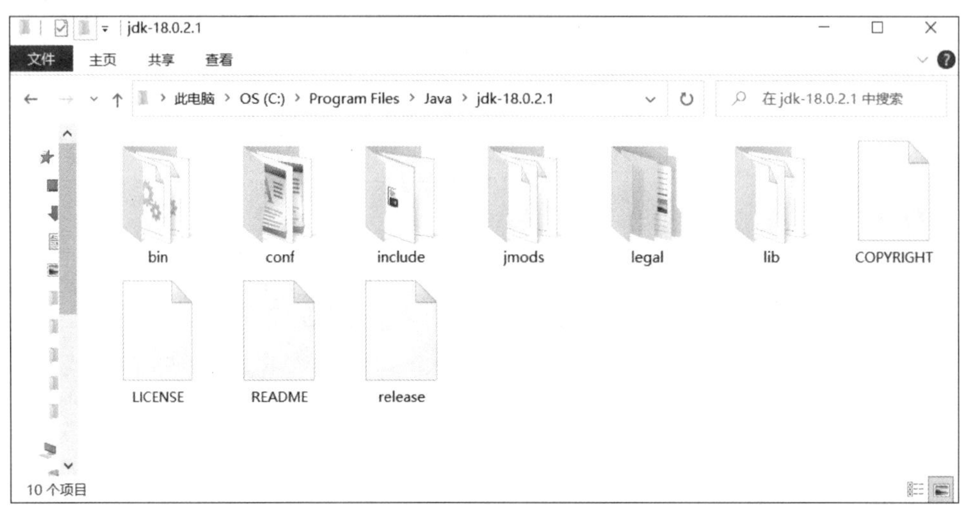

图 1-11 JDK 目录结构

为了更好地学习 JDK，初学者必须要对 JDK 安装目录下的各个子目录的意义和作用有所了解，下面对 JDK 安装目录下的子目录进行介绍。

- bin 目录：该目录用于存放一些可执行程序，如 javac. exe(Java 编译器)、java. exe(Java 运行工具)、jar. exe(打包工具)和 javadoc. exe(文档生成工具)等。
- conf 目录：包含可编辑的配置文件，如. properties 和. policy 文件。
- include 目录：由于 JDK 是通过 C 和 C++实现的，因此在启动时需要引入一些 C 语言的头文件，该目录就是用于存放这些头文件的。
- jmods 目录：包含. jmod 文件。
- legal 目录：包含法律声明。
- lib 目录：lib 是 library 的缩写，意为 Java 类库或库文件，是开发工具使用的归档包文件。

1.2.4 Eclipse 简介

Eclipse 是著名的跨平台集成开发环境(IDE)。最初主要用来做 Java 语言开发，目前也可以通过插件使其作为其他语言例如 C++和 PHP 的开发工具。Eclipse 本身是一个框架平台，众多插件的支持使得 Eclipse 拥有其他功能相对固定的 IDE 工具很难具有的灵活性。Eclipse 是一个开放源代码的、可扩展的开发平台，许多软件开发商以 Eclipse 为框架开发自己的 IDE。本书所有代码都在 Eclipse 环境下开发。

到本书出版时，Eclipse 发行版本如表 1-2 所示。

表 1-2 Eclipse 发行版本

版本代号	发行日期	平台版本
Callisto(卡利斯托)	2006 年 6 月 30 日	3.2
Europa(欧罗巴)	2007 年 6 月 29 日	3.3
Ganymede(盖尼米得)	2008 年 6 月 25 日	3.4
Galileo(伽利略)	2009 年 6 月 26 日	3.5
Helios(太阳神)	2010 年 6 月 23 日	3.6
Indigo(靛蓝)	2011 年 6 月 24 日	3.7
Juno(朱诺)	2012 年 6 月 27 日	4.2
Kepler(开普勒)	2013 年 6 月 26 日	4.3
Luna(月神)	2014 年 6 月 25 日	4.4
Mars(火星)	2015 年 6 月 24 日	4.5
Neon(氖气)	2016 年 6 月 22 日	4.6
Oxygen(氧气)	2017 年 6 月 28 日	4.7
Photon(光子)	2018 年 6 月 27 日	4.8

注：从 2018 年 9 月开始，Eclipse 版本代号不再延续天文星体名称，直接使用年份跟月份进行表示。本书使用 Eclipse-2022-9 版本，对应的平台版本是 4.25。

1.2.5 下载 Eclipse

视频讲解

进入 Eclipse 官方网站可以下载最新版本的 Eclipse 安装文件。

Eclipse 下载页面如图 1-12 所示，单击 eclipse-inst-jre-win64.exe 链接，下载 Eclipse 安装文件。

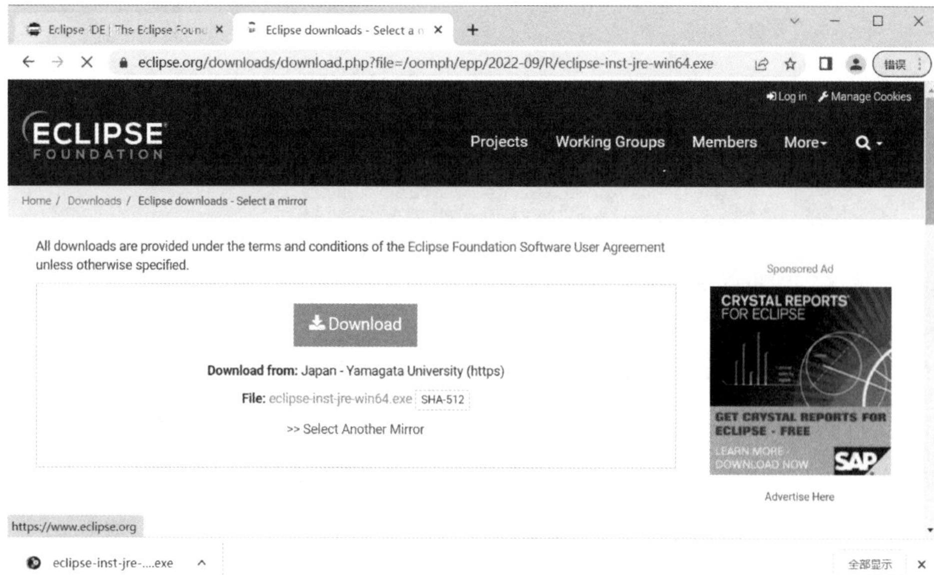

图 1-12 Eclipse 下载页面

1.2.6 安装 Eclipse

运行下载的 Eclipse 安装文件 eclipse-inst-jre-win64. exe，如图 1-13 所示，在安装列表窗口中选择第二项 Eclipse IDE for Enterprise Java and Web Developers。

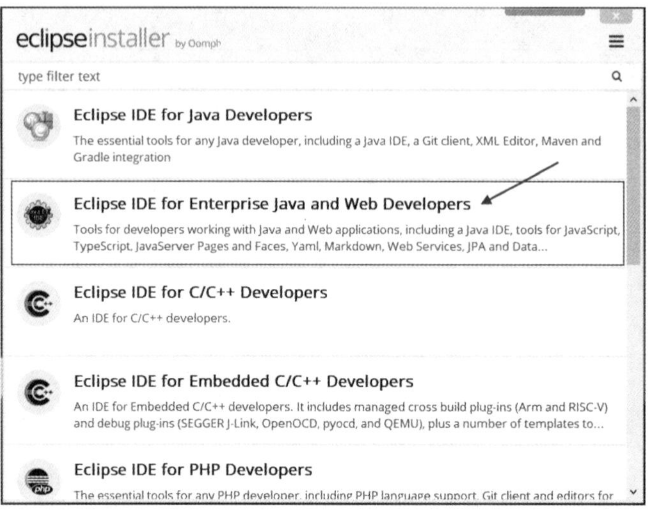

图 1-13 安装 Eclipse IDE

如图 1-14 所示，在用户许可窗口单击 Accept Now 按钮。

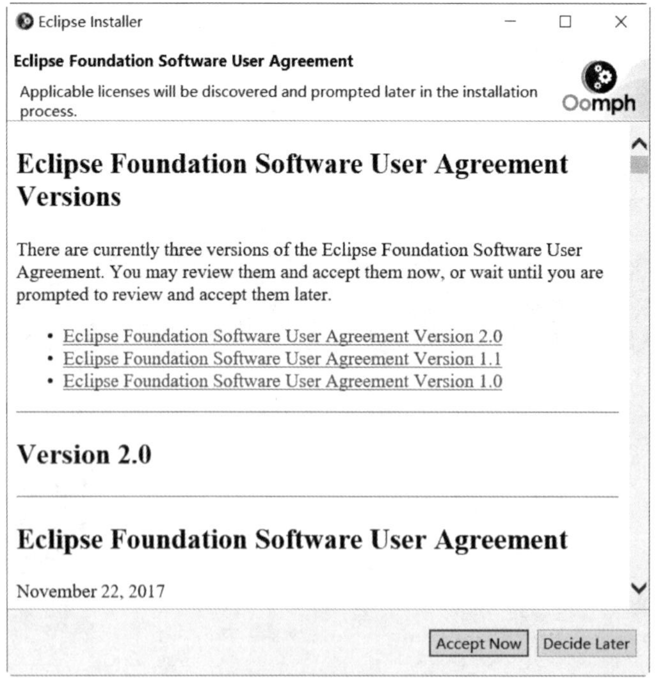

图 1-14 用户许可

如图 1-15 所示，设置好安装路径后，单击 INSTALL 按钮，开始安装 Eclipse。

如图 1-16 所示，单击 LAUNCH 按钮，完成 Eclipse 的安装。

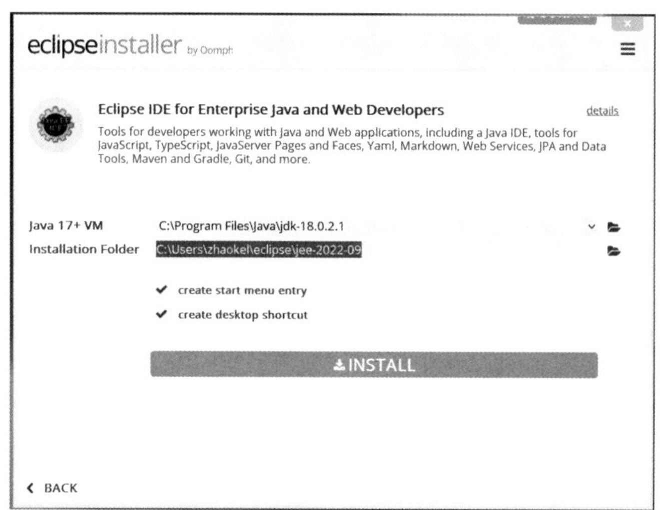

图 1-15 设置 Eclipse 安装目录

图 1-16 Eclipse 安装完成

打开 Eclipse 安装目录，目录文件如图 1-17 所示。

1.2.7 Eclipse 启动

双击 eclipse.exe 可执行文件，启动 Eclipse 开发环境。第一次运行 Eclipse 时，启动向导会提示选择 Workspace(工作区)，即存放项目代码和配置文件的工作目录。如图 1-18 所示，单击 Browse 按钮指定工作区路径，或直接使用默认路径。

上述步骤做完后，单击 Launch 按钮启动 Eclipse。Eclipse 启动时会显示如图 1-19 所示的界面。

启动成功后，如果是第一次运行 Eclipse，则会显示如图 1-20 所示的欢迎界面。

单击 Welcome 标签页上的关闭按钮关闭欢迎界面，将显示开发环境布局界面，如图 1-21 所示。

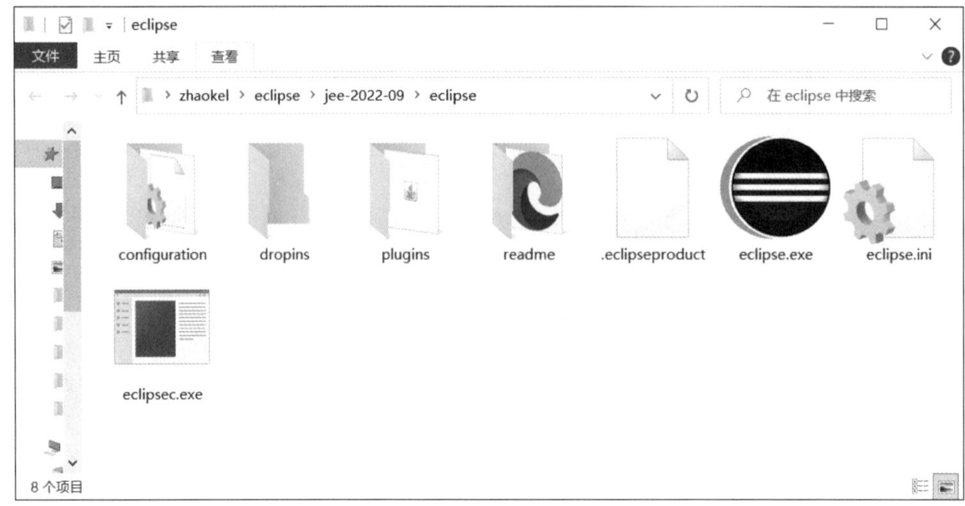

图 1-17 Eclipse 安装目录中的文件

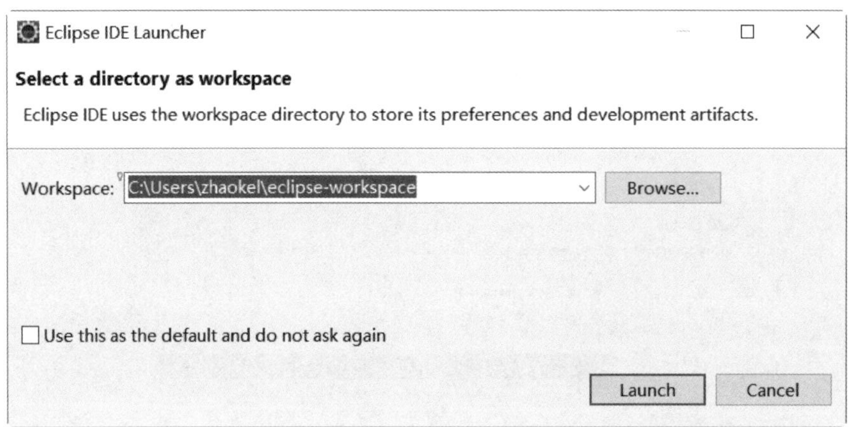

图 1-18 Eclipse 工作区目录

开发环境分为如下几部分。

- 顶部为菜单栏、工具栏。
- 右上角为 IDE 的透视图，用于切换 Eclipse 不同的视图外观。通常根据开发项目的需要切换不同的视图，如普通的 Java 项目则选择 Java，而 Java Web 项目则选择 Java EE。还有许多其他透视图可以单击显示。

图 1-19 Eclipse 启动界面

- 左侧为项目资源导航，主要有包资源管理器等。
- 右侧为程序文件分析工具，主要有大纲、任务列表等。
- 底部为显示区域，主要有编译问题列表、运行结果输出等。
- 中间区域为代码编辑区。

单击 Window→Preferences 菜单项，在左侧树形菜单中选择 Java→Installed JREs，如图 1-22 所示，在右侧可以查看 Eclipse 中配置的 JDK 版本。

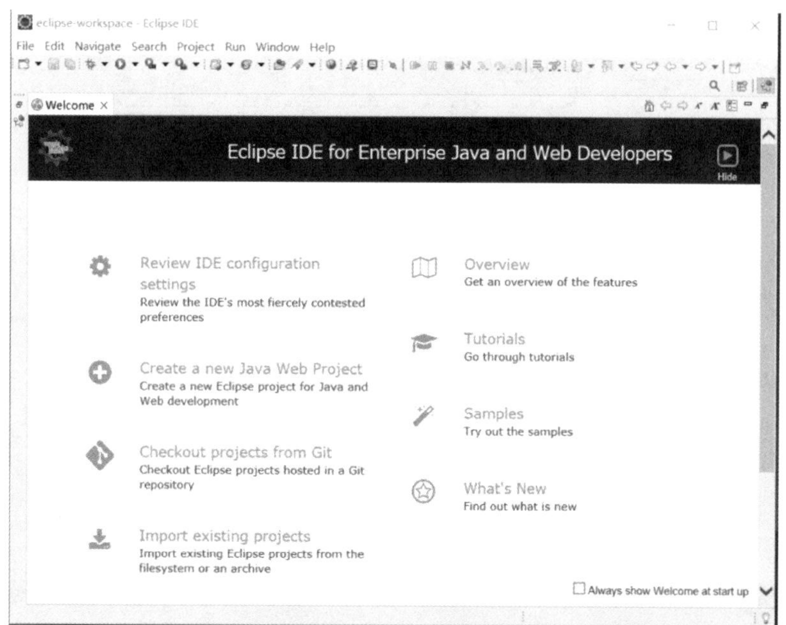

图 1-20　Eclipse 欢迎界面

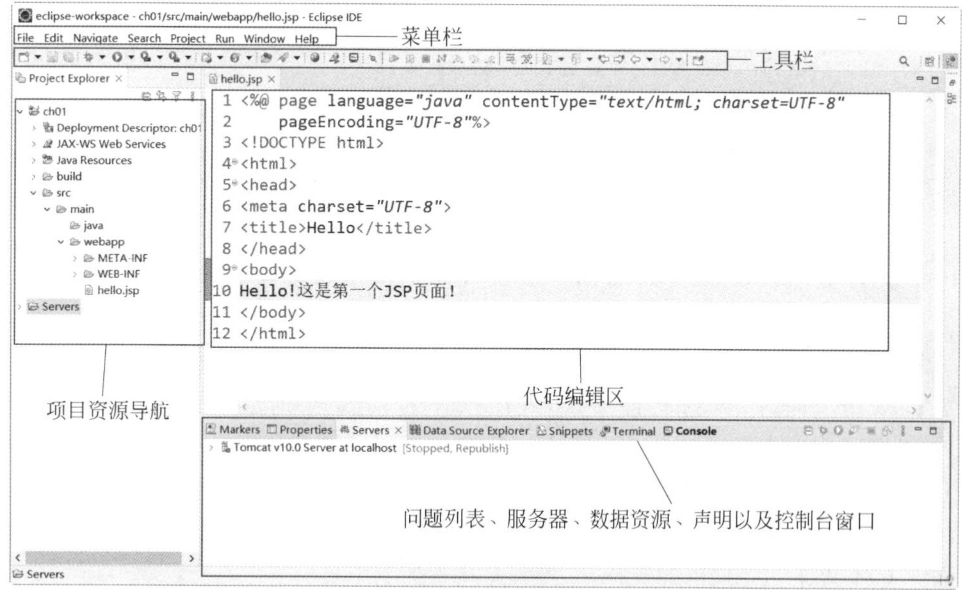

图 1-21　Eclipse 开发环境布局界面

1.2.8　Tomcat 简介

在 Web 应用的服务器端，与通信相关的处理都由服务器软件负责，这些服务器软件一般都由第三方软件厂商提供，开发人员只需将应用程序部署到 Web 服务器中，客户端便可通过浏览器对其进行访问。

常用的 Web 服务器有以下几种。

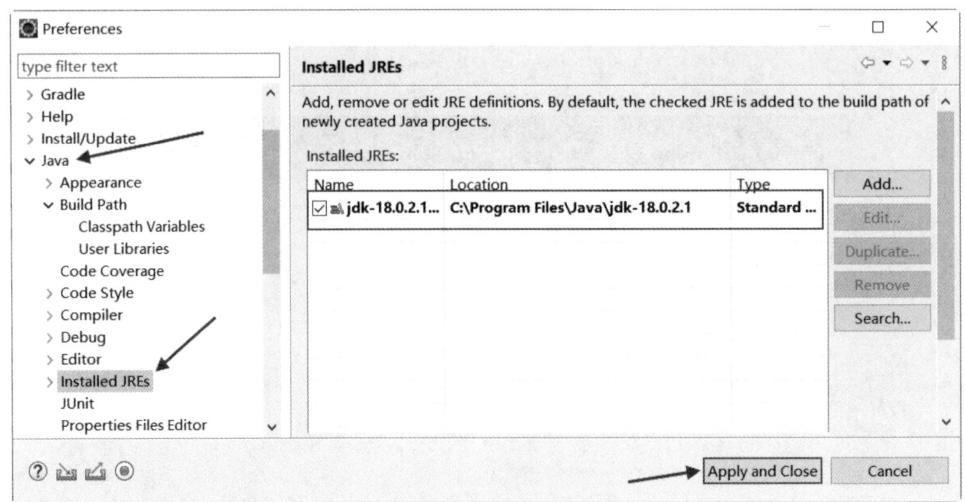

图 1-22 Eclipse 中配置 JDK

- IIS：是微软提供的一种 Web 服务器，提供对 ASP 语言的良好支持，通过插件的安装，也可以提供对 PHP 语言的支持。
- Apache：是由 Apache 基金会组织提供的一种 Web 服务器，其特长是处理静态页面，对于静态页面的处理效率非常高。
- Tomcat：是 Apache 软件基金会的 Jakarta 项目中的一个核心项目，由 Apache、Sun 和其他一些公司及个人共同开发而成。由于有了 Sun 的参与和支持，最新的 Servlet 和 JSP 规范总是能在 Tomcat 中得到体现。因为 Tomcat 技术先进、性能稳定，而且免费，因而深受 Java 爱好者的喜爱并得到了部分软件开发商的认可，成为目前比较流行的 Web 应用服务器。
- JBoss：是一个基于 JavaEE 的开放源代码的应用服务器。JBoss 代码遵循 LGPL 许可，可以在任何商业应用中免费使用。2006 年，JBoss 公司被 RedHat 公司收购。JBoss 是一个管理 EJB 的容器和服务器，支持 EJB 1.1、EJB 2.0 和 EJB3.0 的规范。同时 JBoss 支持 Tomcat 内核作为其 Servlet 容器引擎，并进行审核和调优。

Tomcat 是一个轻量级的纯 Java Web 应用服务器，普遍在中小型系统和并发访问用户较少的场合下使用，也是开发和调试 JSP 程序的首选。Tomcat 10.0 是目前的最新版本，该版本提供了对 Web 5.0 规范的支持。

注意 在选择 Tomcat 版本时需要注意与 JDK 版本的对应，Tomcat 10.0 需要 JDK 17 及以上版本的支持，在安装前需要先安装配置好正确版本的 JDK。

视频讲解

1.2.9 下载安装 Tomcat

Tomcat10.0 的具体安装过程如下。

在浏览器上输入 Tomcat 官方网址：http://tomcat.apache.org，进入 Tomcat 下载首页，如图 1-23 所示。

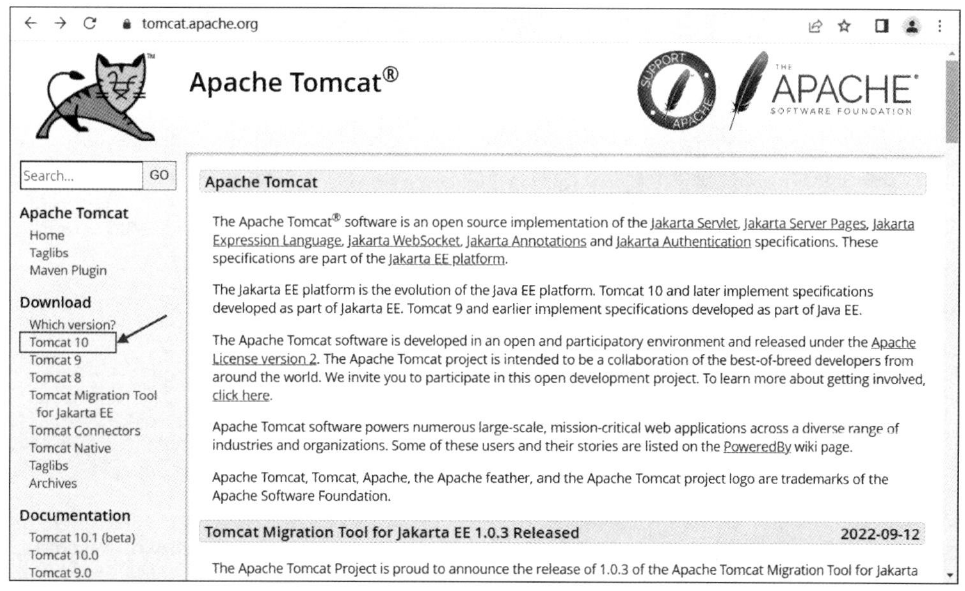

图 1-23　Tomcat 下载首页

在左侧导航中选择 Tomcat 10 版本，单击链接进入 Tomcat 10 下载专区，如图 1-24 所示。

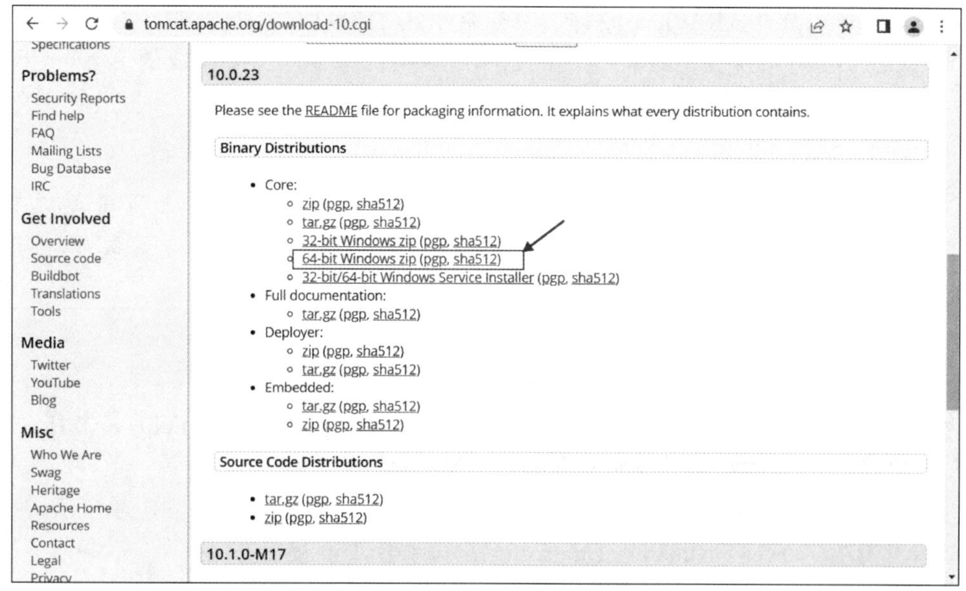

图 1-24　Tomcat 10 下载专区

对于 Windows 平台，根据操作系统是 32 位还是 64 位选择对应的文件。本书使用 64 位操作系统，按图 1-24 标记下载后的文件为 apache-tomcat-10.0.23-windows-x64.zip，将其保存到硬盘上并解压。例如，解压到"D:\apache-tomcat-10.0.23"目录中，则该目录则被称为 Tomcat 的根目录，解压后效果如图 1-25 所示。

从图 1-25 中可以看出 Tomcat 根目录中包含许多子目录，这些子目录在 RUNNING.txt 文件中都有描述，其中将最重要的几个子目录介绍如下。

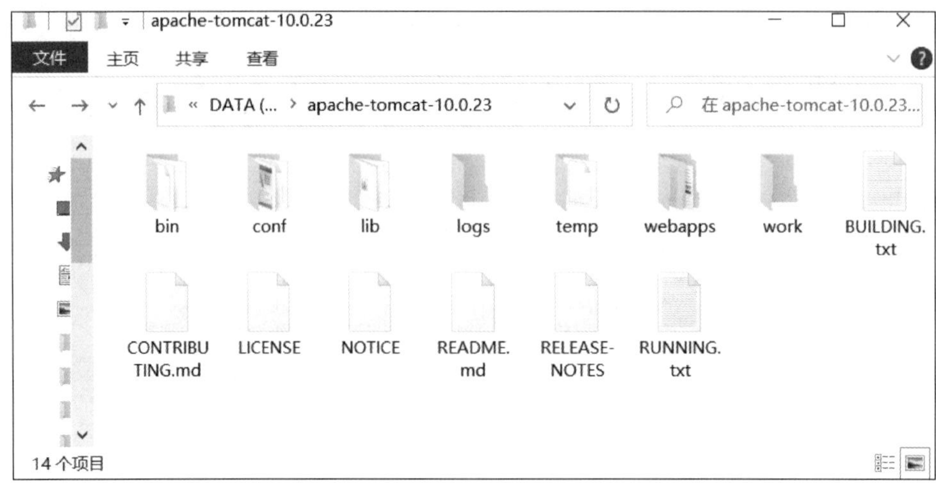

图 1-25　Tomcat 解压目录

- bin：包含启动和终止 Tomcat 服务器的脚本，如：startup. bat、shutdown. bat。
- conf：包含服务器的配置文件，如：server. xml。
- lib：包含服务器和 Web 应用程序使用的类库，如：servlet-api. jar、jsp-api. jar。
- logs：存放服务器的日志文件。
- webapps：Web 应用的发布目录，服务器可自动加载此目录下的应用程序。
- work：Web 应用程序的临时工作目录，默认情况下编译 JSP 生成的 Servlet 类文件放在此目录下。
- temp：存放 Tomcat 运行时的临时文件目录。

注意　在实际项目开发中，应用程序需要在服务器下进行频繁的部署和测试，这将非常耗时。通常为了节省开发时间，会让 Eclipse 来管理 Tomcat，例如，实现对 Tomcat 的启动、停止和部署等。

1.2.10　在 Eclipse 中配置 Tomcat

在真实项目开发中，为了简化操作、提高开发效率，通常会使用 Eclipse 工具来管理 Tomcat 服务器，其具体配置步骤如下所示。

打开 Eclipse，菜单栏中单击选择 Window→Preferences 菜单项，如图 1-26 所示，在左侧树形菜单中选择 Server→Runtime Environments，单击 Add 按钮。

也可以在 Eclipse 开发环境的右下方选择 Server 选项卡，如图 1-27 所示，单击提示的链接，创建新服务。

在弹出的如图 1-28 所示的界面的 Apache 目录下选择合适的 Tomcat 服务器版本。

单击 Next 按钮，进入如图 1-29 所示的选择窗口，单击窗口中的 Browse 按钮，将弹出“浏览文件夹”窗口，在该窗口中选择 Tomcat 的安装根目录，然后单击 Finish 按钮。

Tomcat 服务器配置完成后的效果如图 1-30 所示。

在 Eclipse 工具面板右下方选择 Servers 选项卡(或选择 Window→Show View→Servers 菜单项)，选项卡中▶按钮用来启动 Tomcat 服务器，■按钮用来停止 Tomcat 服务器。

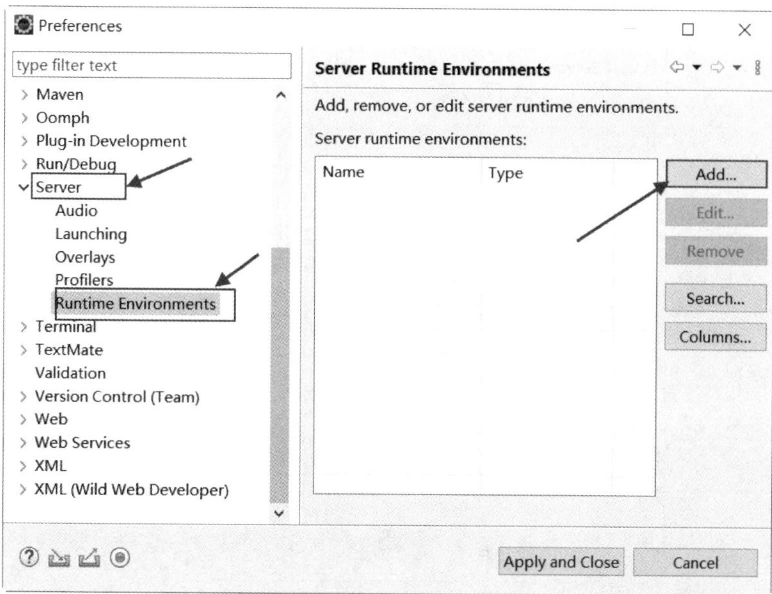

图 1-26 配置 Tomcat 服务

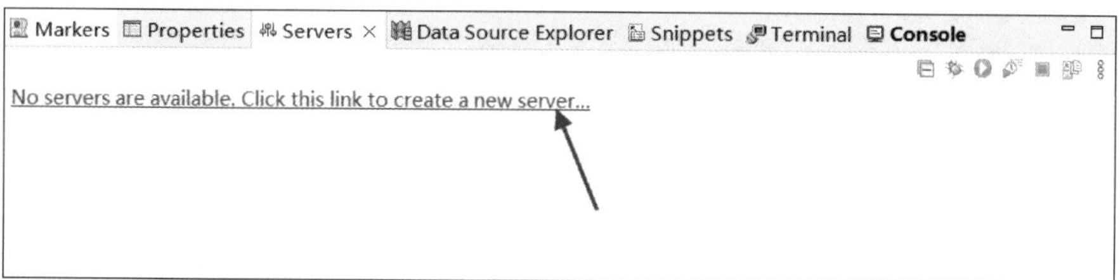

图 1-27 创建新服务

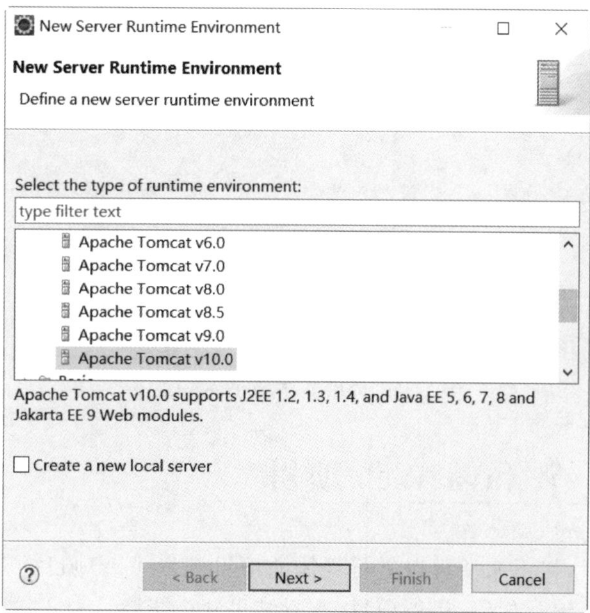

图 1-28 选择 Tomcat 服务器

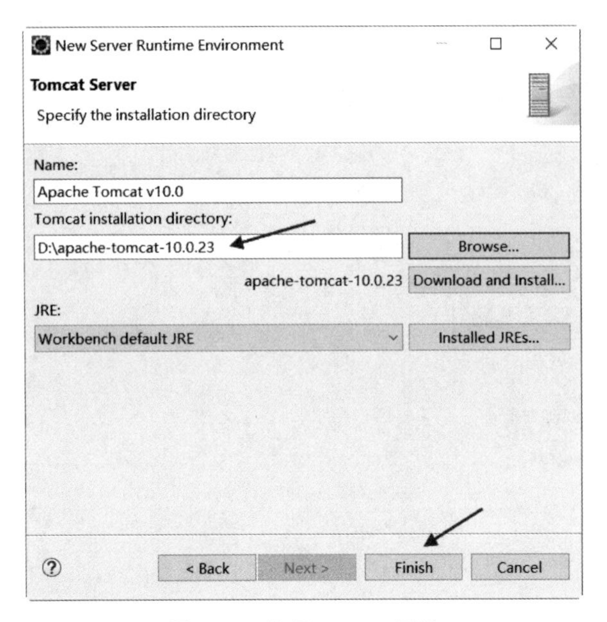

图 1-29　选择 Tomcat 目录

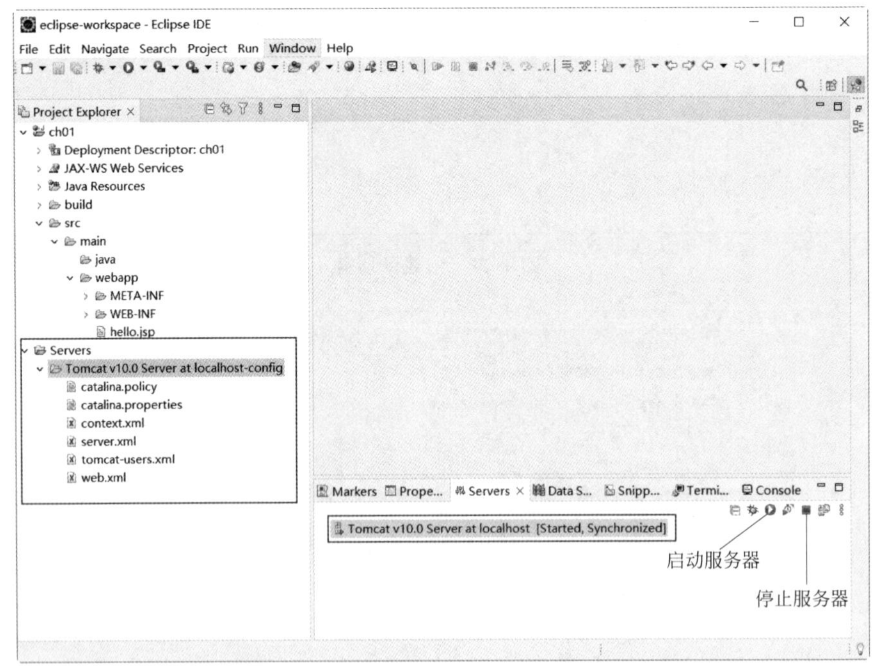

图 1-30　Eclipse 下的 Tomcat 配置

视频讲解

1.3　第一个 Java Web 项目

环境搭建完成后，接下来便可以进行具体的项目开发了。项目的开发过程一般会分为新建项目、创建文件、编写代码、运行项目、查看结果几个步骤。对于第一个 Java Web 项目，其创建过程可分为如下五个步骤。

(1) 新建 Java Web 项目；
(2) 创建 JSP 文件；
(3) 编写 JSP 代码；
(4) 部署运行项目；
(5) 查看运行结果。

1.3.1　新建 Java Web 项目

在 Eclipse 菜单栏中，选择 File→New→Dynamic Web Project 菜单项，如图 1-31 所示。或直接在项目资源管理器空白处右键单击，在弹出的菜单中选择 New→Dynamic Web Project，创建动态网站项目。

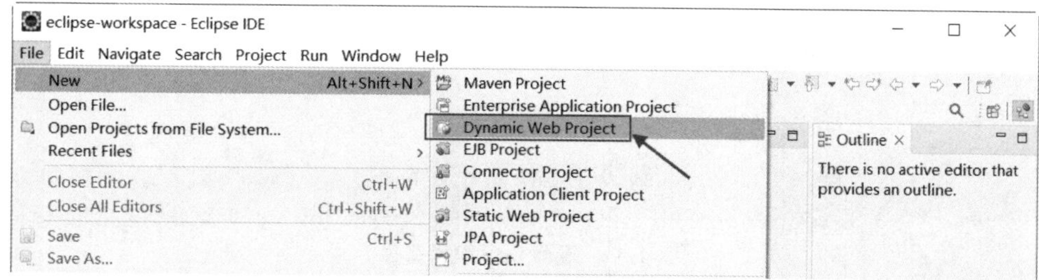

图 1-31　新建项目菜单

在弹出的新建项目对话框中，输入项目名称 ch01，在 Target runtime 选项中选择 Apache Tomcat v10.0 版，在 Dynamic web module version 选项中选择 5.0 版，如图 1-32 所示。

图 1-32　新建项目

单击 Next 按钮，会出现如图 1-33 所示的配置项目编译路径界面，此界面无须修改，使用默认设置。

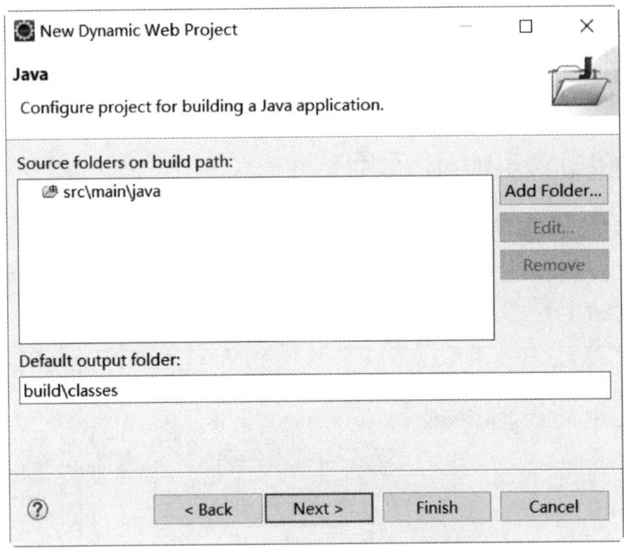

图 1-33 配置项目编译路径

继续单击 Next 按钮，会出现如图 1-34 所示的配置项目参数界面，在此界面中勾选 Generate web. xml deployment descriptor 选项。

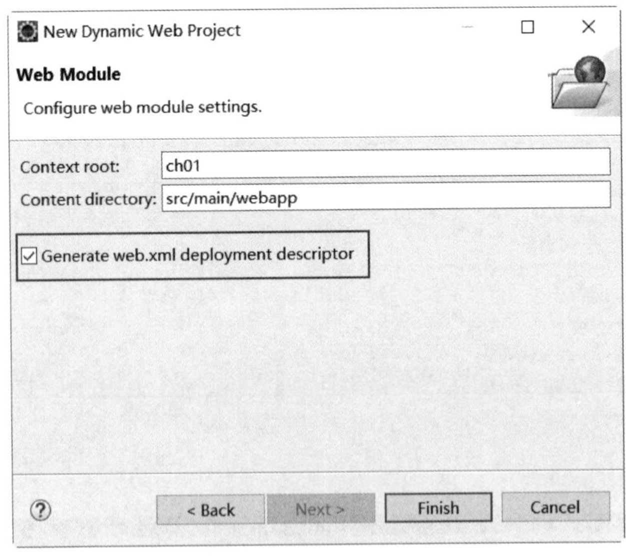

图 1-34 配置项目参数

单击 Finish 按钮，完成动态网站项目的创建。图 1-35 为项目创建成功后的界面。

1.3.2 创建 JSP 文件

接下来，在创建完成的 Web 项目中新建一个 JSP 文件。在 ch01 项目左侧目录树中展开 webapp 目录，右击，在弹出菜单中选择 New→JSP File，如图 1-36 所示。

在弹出的如图 1-37 所示的 New JSP File 窗口中，输入文件名称 hello. jsp。

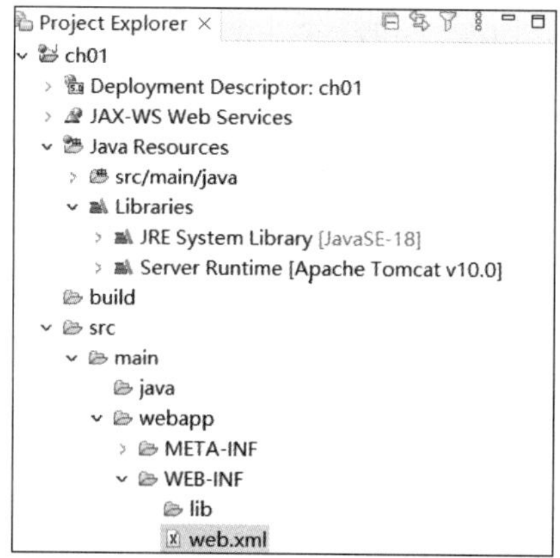

图 1-35　项目创建完成

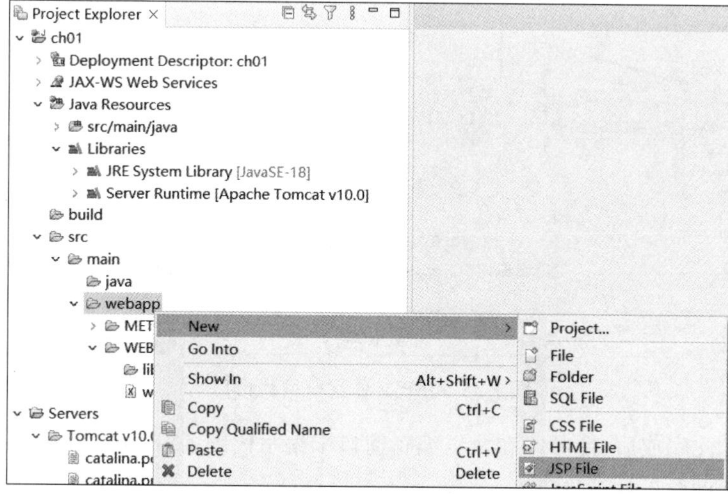

图 1-36　新建 JSP 文件菜单

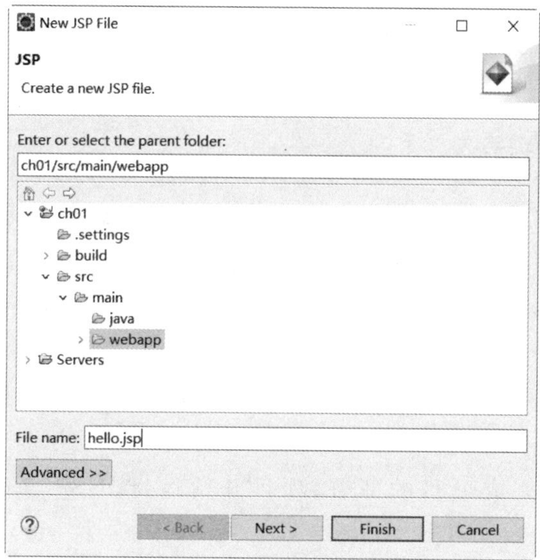

图 1-37　新建 JSP 文件命名

单击 Finish 按钮,JSP 文件创建完成。Eclipse 会自动打开新建文件的代码编辑窗口,如图 1-38 所示。

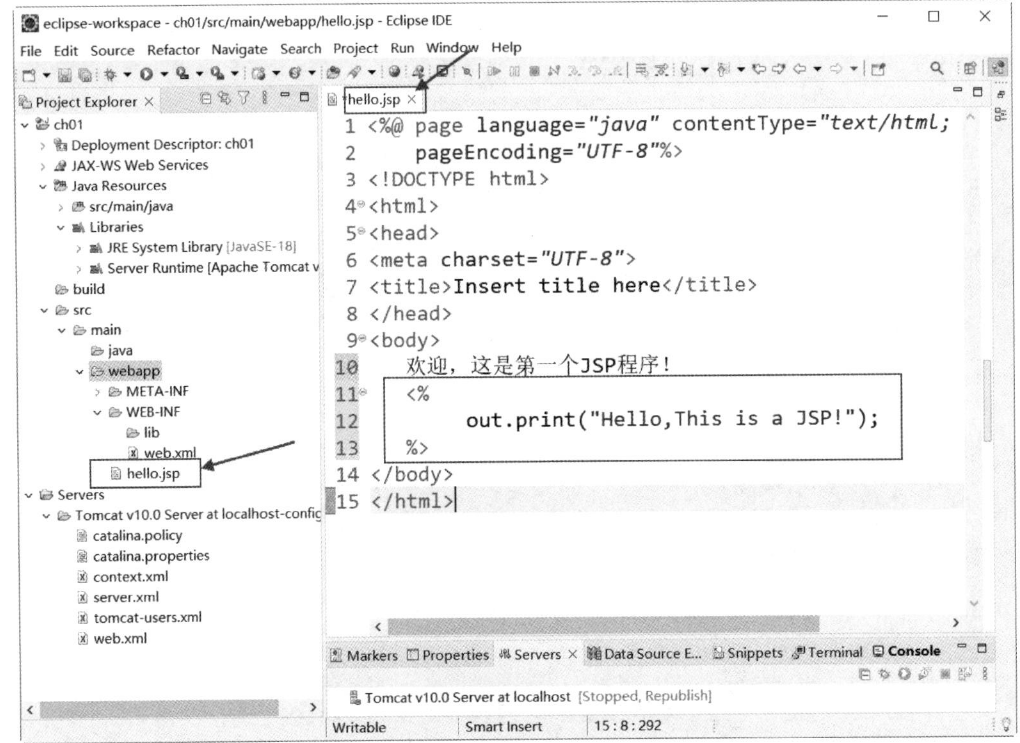

图 1-38　JSP 文件代码编辑窗口

JSP 文件创建完成后,便可以在代码编辑窗口中编写代码了,在 HTML 代码的< body >和</body >标签中间输入如下代码:

```
<%
out.print("Hello,This is a JSP!");
%>
```

1.3.3　运行程序

程序代码编写完成后,接下来便需要对项目进行部署和运行。Java Web 项目的部署和运行在 Eclipse 中的操作过程如下。

在代码编辑窗口右击,在弹出的菜单中选择 Run As→Run on Server,如图 1-39 所示。

在弹出的窗口中选择 Tomcat 10.0 服务器,如图 1-40 所示。

单击 Next 按钮,进入如图 1-41 所示的服务器项目部署界面,选择需要部署在服务器下的项目并单击 Add 按钮。

单击 Finish 按钮,完成项目的部署,项目开始运行。JSP 页面运行结果如图 1-42 所示。

选择 Window→Web Browser,可以设置项目运行的浏览器,如图 1-43 所示。

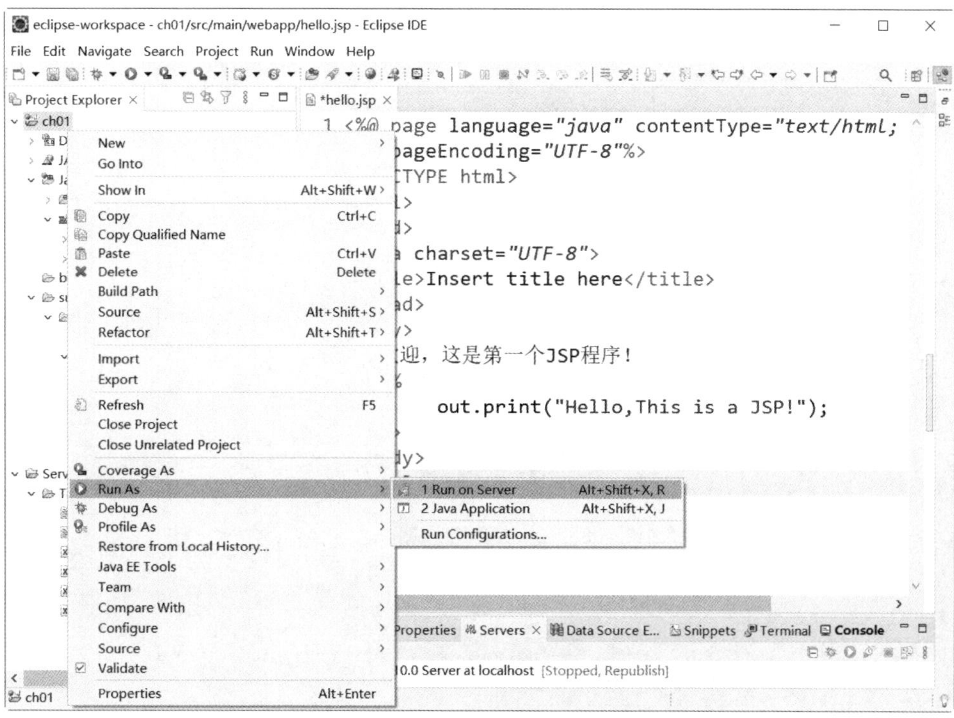

图 1-39　项目运行菜单

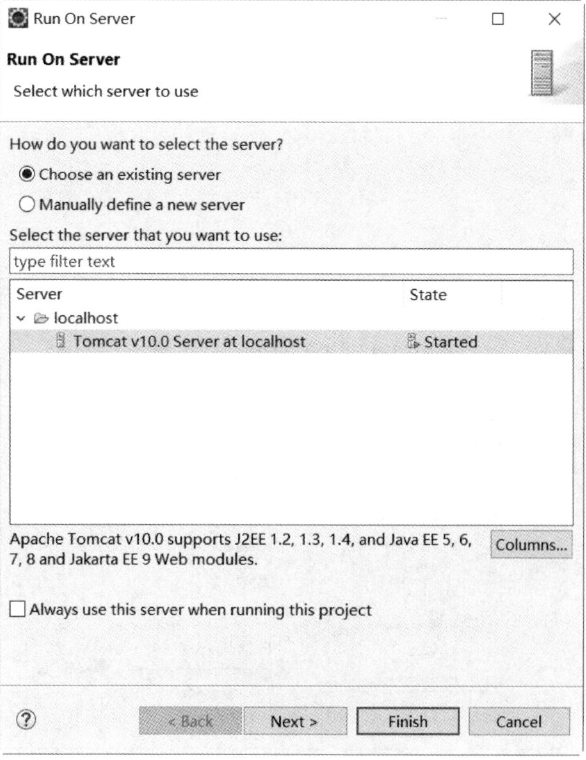

图 1-40　选择服务器

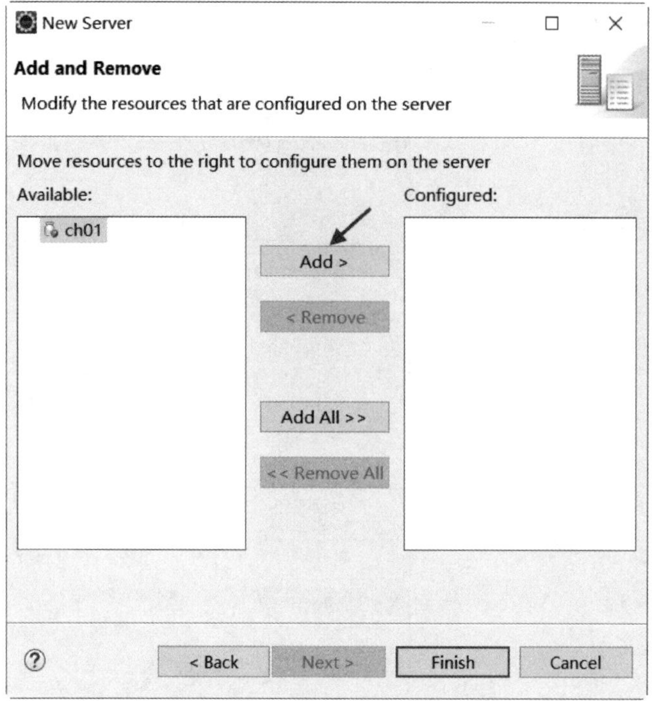

图 1-41 服务器项目部署

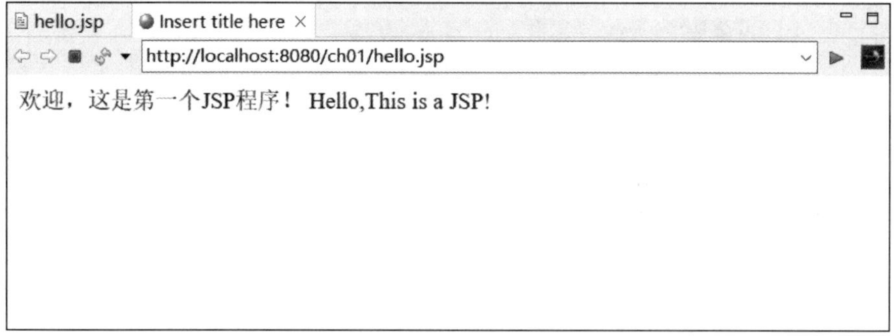

图 1-42 JSP 页面运行结果

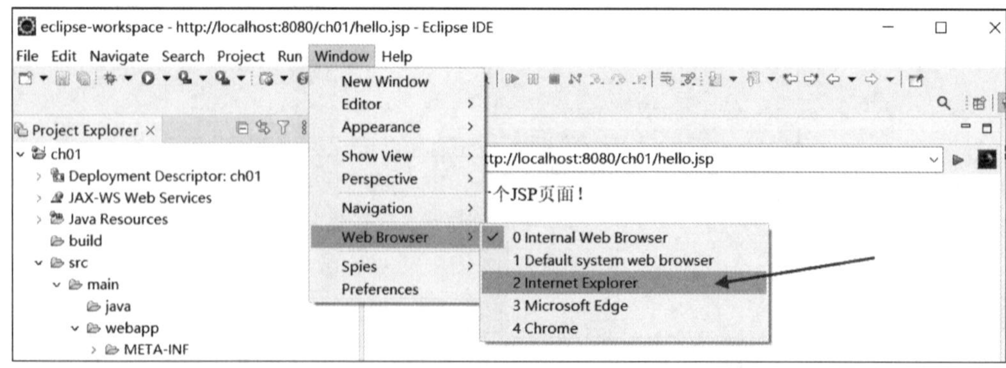

图 1-43 设置项目运行的浏览器

本章总结

- 静态网站所能实现的任务仅仅是静态的信息展示，而不能与服务器进行数据交互。动态网站是指可以和用户产生交互，并能够根据用户输入的信息产生对应响应的网站。在实际应用中，动态网站一般采用动静结合的原则。动态网站是靠动态网站技术实现的。
- 在流行的 Web 应用软件开发模式中，C/S 架构和 B/S 架构占据了主导。B/S 架构是对 C/S 架构的一种改进，而非 C/S 架构的替代品。
- Web 应用程序的处理过程分为三个阶段：用户通过浏览器向服务器发送请求；服务器处理用户的请求；服务器将处理结果返回给浏览器。
- 使用 Servlet 和 JSP 技术的 Web 应用程序具有平台无关性、效率高、功能强大、可重用性强等优势。
- Java Web 开发环境的搭建分三大步骤：JDK 的安装配置、IDE 的安装、服务器的安装。

本章习题

1. 画出 B/S 架构的工作原理图，并能够口头叙述出来。
2. Tomcat 安装目录中 bin 目录、lib 目录、webapps 目录分别存放什么文件？
3. 客户发出请求、服务器端响应请求的过程中，说法正确的是________。
   A. 在客户发起请求后，DNS 域名解析地址前，浏览器与服务器建立连接
   B. 客户在浏览器上看到结果后，释放浏览器与服务器的连接
   C. 客户端直接调用数据库数据
   D. Web 服务器把结果页面发送给浏览器后，浏览器与服务器断开连接

4. Tomcat 安装目录为："d:\Tomcat10"，使用默认端口号。启动 Tomcat 后，为显示默认主页，在浏览器地址栏目中输入________。
   A. http://localhost:80　　B. http://127.0.0.1:80
   C. http://127.0.0.1:8080　　D. d:\Tomcat10\index.jsp

5. JDK 安装配置完成后，在 MS DOS 命令提示符下执行________命令，可测试安装是否正确。
   A. java　　B. JAVA
   C. java-version　　D. JAVA-version

6. 下列几项中，不属于基于 B/S 架构的 Web 应用的组成部分的是________。
   A. 客户端浏览器　　B. Web 服务器
   C. 客户端软件　　D. 数据库服务器

7. 安装并配置 Java Web 开发工具。
8. 编写 JSP 页面显示"Hello Java Web!"，文字颜色为红色。

第2章 Servlet入门

CHAPTER 2

本章思维导图

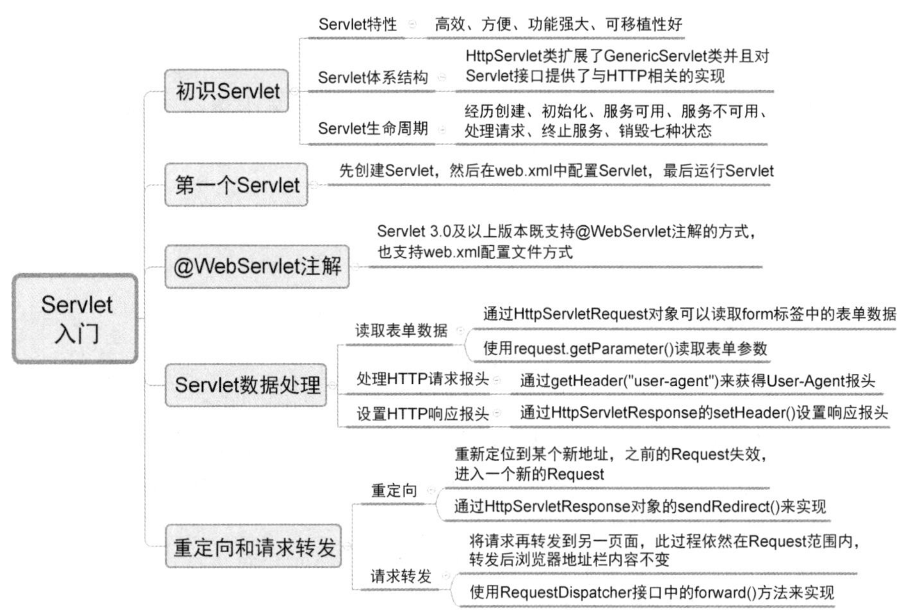

本章目标

- 理解 Servlet 的运行原理及生命周期。
- 掌握 Servlet 的编写及部署。
- 掌握 Servlet 对表单数据的处理。
- 掌握 Servlet 对 HTTP 请求报头的处理。
- 掌握重定向和请求转发的使用以及区别。

2.1 初识 Servlet

在动态网站技术发展初期，为替代笨拙的 CGI(通用网关接口)技术，Sun 公司在制定 Java EE 规范时引入了 Servlet，实现了基于 Java 语言的动态 Web 技术，奠定了 Java EE 的基础，使动态 Web 开发技术达到了一个新的境界。如今，Servlet 在普遍使用的 MVC 模式的 Web 开发中仍占据着重要地位，目前流行的 Web 框架基本上都基于 Servlet 技术，如

Struts、WebWork 和 Spring MVC 等。只有掌握了 Servlet，才能真正掌握 Java Web 编程的核心和精髓。

2.1.1 Servlet 特性

Servlet 是基于 Java 语言的 Web 服务器端编程技术，是 Sun 公司提供的一种实现动态网页的解决方案。按照 Java EE 规范定义，Servlet 是运行在 Servlet 容器中的 Java 类，它能处理 Web 客户的 HTTP 请求，并产生 HTTP 响应。例如：当浏览器发送一个请求到服务器后，服务器会把请求交给一个特定的 Servlet，该 Servlet 对请求进行处理后会构造一个合适的响应（通常以 HTML 网页形式）返回给客户，如图 2-1 所示。

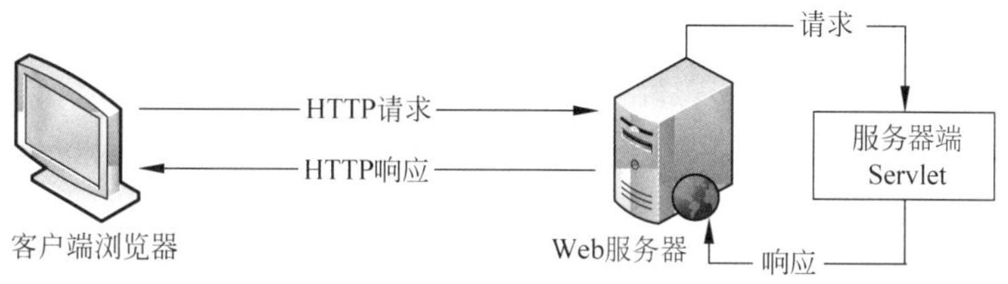

图 2-1 Servlet 作用

Servlet 对请求的处理和响应过程可进一步细分为如下几个步骤。

(1) 接收 HTTP 请求。

(2) 取得请求信息，包括请求头和请求参数数据。

(3) 调用其他 Java 类方法，完成具体的业务功能。

(4) 实现到其他 Web 组件的跳转（包括重定向或请求转发）。

(5) 生成 HTTP 响应（包括 HTML 或非 HTML 响应）。

Servlet 是目前最流行的动态网站开发技术之一，与传统的 CGI 和许多其他类似 CGI 的技术相比，Servlet 技术具有如下特点。

(1) **高效**：在传统的 CGI 中，每个请求都要启动一个新的进程，如果 CGI 程序本身的执行时间较短，启动进程所需要的开销很可能超过实际执行时间；而在 Servlet 中，每个请求由一个轻量级的 Java 线程处理（而不是重量级的操作系统进程）。另外，在传统 CGI 中，如果有 N 个并发的对同一 CGI 程序的请求，则该 CGI 程序的代码在内存中重复装载了 N 次；而对于 Servlet，处理请求的是 N 个线程，只需要装载一份 Servlet 类代码即可。在性能优化方面，Servlet 也比 CGI 有着更多的选择。

(2) **方便**：Servlet 提供了大量的实用工具例程，例如，自动地解析和解码 HTML 表单数据、读取和设置 HTTP 头、处理 Cookie、跟踪会话状态等。

(3) **功能强大**：在 Servlet 中，许多使用传统 CGI 程序很难完成的任务都可以被轻松地完成。例如，Servlet 能够直接和 Web 服务器交互，而普通的 CGI 程序不能。Servlet 还能在各个程序之间共享数据，使得数据库连接池之类的功能很容易实现。

(4) **可移植性好**：Servlet 是用 Java 语言编写的，因此具备 Java 的可移植性特点。另外，Servlet API 具有完善的标准，支持 Servlet 规范的容器都可以运行 Servlet 程序，如 Tomcat、Resin 等。

Servlet 是 Java EE 的基础，随 Java EE 规范一起发布。Servlet 运行在服务器端，由

Servlet 容器管理。Servlet 容器也叫 Servlet 引擎，是 Web 服务器或应用服务器的一部分，用于在发送的请求和响应之上提供网络服务、解码基于 MIME 的请求、格式化基于 MIME 的响应。目前主流的 Web 服务器是 Tomcat(包含 Servlet 容器)。

2.1.2 Servlet 体系结构

Servlet 是使用 Servlet API(应用程序设计接口)及相关类和方法的 Java 程序。Servlet API 包含两个软件包。

(1) jakarta.servlet 包：包含支持所有协议的通用的 Web 组件接口和类，主要有 jakarta.servlet.Servlet 接口、jakarta.servlet.GenericServlet 类、jakarta.servlet.ServletRequest 接口、jakarta.servlet.ServletResponse 接口等。

(2) jakarta.servlet.http 包：包含支持 HTTP 的接口和类，主要有 jakarta.servlet.http.HttpServlet 类、jakarta.servlet.http.HttpServletRequest 接口、jakarta.servlet.http.HttpServletResponse 接口。

Servlet API 的主要接口和类之间的关系如图 2-2 所示。

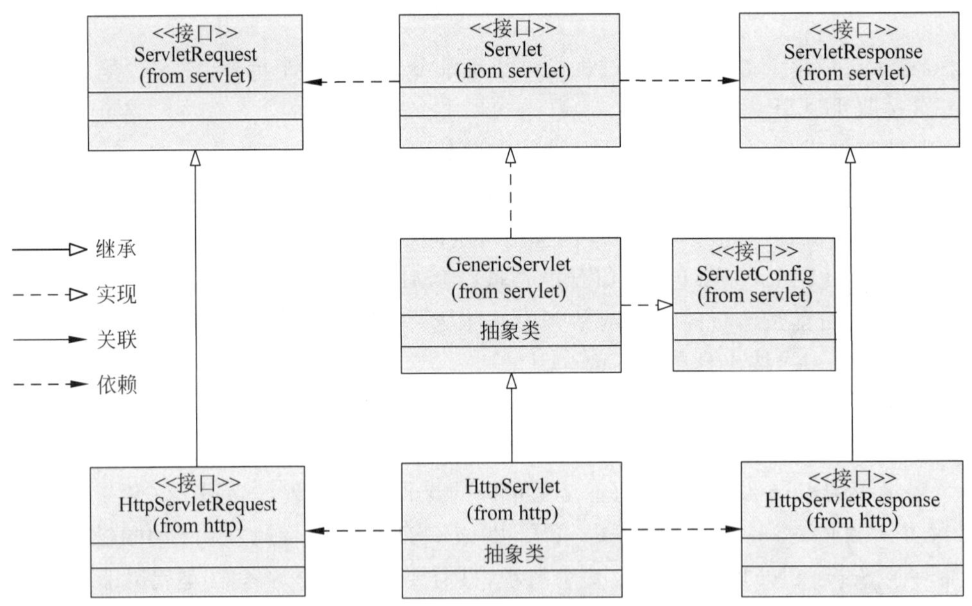

图 2-2　Servlet API 的主要接口和类之间的关系

创建 Servlet 时，需要继承 HttpServlet 类。同时需要导入 Servlet API 的两个包：jakarta.servlet 和 jakarta.servlet.http。

HttpServlet 在 Web 应用中处理 HTTP 请求的 Servlet，其定义如下：

```
public abstract class HttpServlet
    extends GenericServlet
    implements Serializable
```

HttpServlet 类扩展了 GenericServlet 类并且对 Servlet 接口提供了与 HTTP 相关的实现，是在 Web 开发中定义 Servlet 最常使用的类。

HttpServlet 类中的主要方法及其描述如表 2-1 所示。

表 2-1 HttpServlet 类中的主要方法及其描述

方 法	方法描述
service(HttpServletRequest req, HttpServletResponse resp)	HttpServlet 在实现 Servlet 接口时,重写了 service()方法,该方法会自动判断用户的请求方式;若为 GET 请求,则调用 HttpServlet 的 doGet()方法;若为 POST 请求,则调用 doPost()方法。因此,开发人员在编写 Servlet 时,通常只需要重写 doGet()或 doPost()方法,而不需要去重写 service()方法。如果 Servlet 收到一个 HTTP 请求而开发人员没有重载相应的 do 方法,它就返回一个说明此方法对本资源不可用的标准 HTTP 错误
doGet(HttpServletRequest req, HttpServletResponse resp)	此方法被本类的 service()方法调用,用来处理一个 HTTP GET 请求
doPost(HttpServletRequest req, HttpServletResponse resp)	此方法被本类的 service()方法调用,用来处理一个 HTTP POST 请求

HttpServlet 作为 HTTP 请求的分发器,除了提供对 GET 和 POST 请求的处理方法 doGet()和 doPost()外,对于其他请求类型,如 HEAD、OPTIONS、DELETE、PUT、TRACE 也提供了相应的处理方法,如 doHead()、doOptions()、doDelete()、doPut()、doTrace()。

2.1.3 Servlet 生命周期

Servlet 程序本身不直接在 Java 虚拟机上运行,而是由 Servlet 容器负责管理其整个生命周期。Servlet 生命周期是指 Servlet 实例从创建到响应客户请求,直至销毁的过程。在 Servlet 生命周期中,会经历创建、初始化、服务可用、服务不可用、处理请求、终止服务、销毁七种状态,各状态之间的转换如图 2-3 所示。

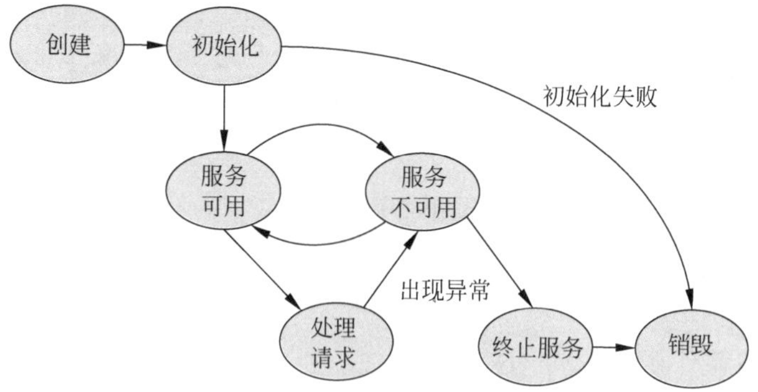

图 2-3 Servlet 的状态转换

Servlet 的生命周期按照七种状态间的转换,可分为以下四个阶段。

1) 加载和实例化

Servlet 的创建是指加载和实例化两个过程。Servlet 容器在如下时刻加载和实例化一个 Servlet。

(1) 在服务器运行中,客户机首次向 Servlet 发出请求时。

(2) 重新装入 Servlet 时(如服务器重新启动、Servlet 被修改)。

(3) 若为 Servlet 配置了自动装入选项(load-on-startup),则服务器在启动时会自动装入此 Servlet。

2) 初始化

Servlet 实例化后,Servlet 容器将调用 Servlet 的 init(ServletConfig config)方法来对 Servlet 实例进行初始化。在这一过程中,可以读取一些固定的数据、初始化 JDBC 的连接以及建立与其他资源的连接等。init()方法的参数 ServletConfig 对象由 Servlet 容器创建并传递给 Servlet,且在初始化完成后一直存在于内存中,直到 Servlet 被销毁。

如果初始化没有问题,Servlet 在 Web 容器中会处于服务可用状态;如果初始化失败,Servlet 容器会从运行环境中清除掉该实例。当 Servlet 运行出现异常时,Servlet 容器会使该实例变为服务不可用状态。Web 程序维护人员可以设置 Servlet 使其成为服务不可用状态,或者从服务不可用状态恢复成服务可用状态。

3) 处理请求

服务器接收到客户端请求后,会为该请求创建一个"请求"对象和一个"响应"对象并调用 service()方法,service()方法再调用其他方法来处理请求。在 Servlet 生命周期中,service()方法可能被多次调用。当多个客户端同时访问某个 Servlet 的 service()方法时,服务器会为每个请求创建一个线程,这样就可以并行处理多个请求,减少请求处理的等待时间,提高服务器的响应速度。但同时也要注意对同一对象的并发访问问题。

4) 销毁

当 Servlet 容器需要终止 Servlet 时(比如 Web 服务器即将被关闭或需要出让资源),它会先调用 Servlet 的 destroy()方法使其释放正在使用的资源。在 Servlet 容器调用 destroy()方法之前,必须让当前正在执行 service()方法的线程完成执行,或者超过了服务器定义的时间限制。在 destroy()方法完成后,Servlet 容器必须释放 Servlet 实例以便被垃圾回收。

注意 在 Servlet 的生命周期中,Servlet 的初始化和销毁只会发生一次,因此 init()和 destroy()方法只能被 Servlet 容器调用一次,而 service()方法的调用次数则取决于 Servlet 被客户端访问的次数。

在一个请求到来时,Servlet 生命周期时序图如图 2-4 所示。

时序图的处理过程如下。

(1) 客户端发送请求至 Servlet 容器。

(2) Servlet 容器对请求信息进行解析。

(3) Servlet 容器根据请求目标创建 Servlet 实例。

(4) Servlet 容器调用 Servlet 实例的 init()方法对其进行初始化。

(5) Servlet 容器为该请求创建"请求"和"响应"对象作为参数传递给 service()方法。

(6) service()方法在对请求信息进行处理后,将结果转给 Servlet 容器。

(7) Servlet 容器将结果信息响应给客户端。

(8) 当 Servlet 容器需要终止 Servlet 时,将调用其 destroy()方法使其终止服务并将其销毁。

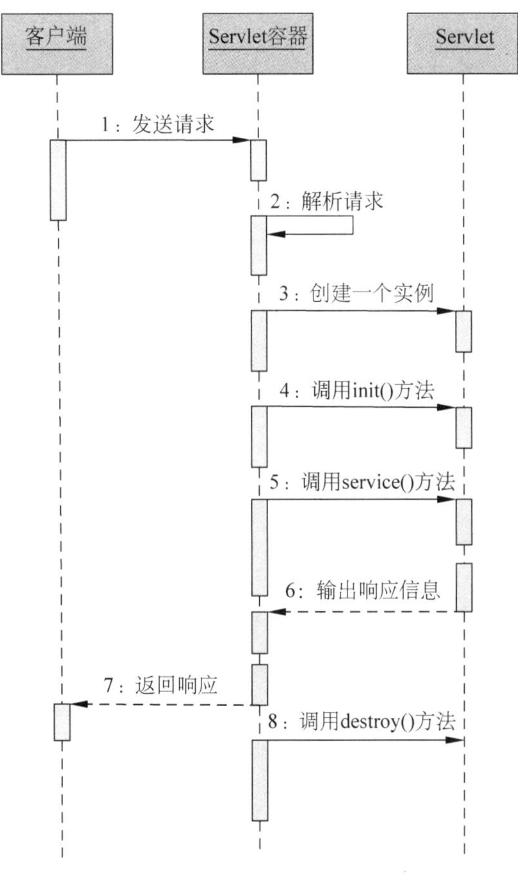

图 2-4　Servlet 生命周期时序图

2.2　第一个 Servlet

视频讲解

Servlet 本质上是平台独立的 Java 类，编写一个 Servlet，实际上就是按照 Servlet 规范编写一个 Java 类。下面以一个简单的向客户端浏览器返回“Hello Servlet!”字符串的 Servlet 为例，介绍一下如何使用 Eclipse 开发第一个 Servlet。

2.2.1　创建 Servlet

在 Web 项目中，右击选择 New→Servlet 选项，如图 2-5 所示。

在弹出的 Servlet 创建窗口中，输入新建的 Servlet 的包名和类名，如图 2-6 所示。

按照提示逐步单击 Next 按钮，在进行到如图 2-7 所示的界面时，选中 init、destroy、doGet 和 doPost 方法前的复选框，然后单击 Finish 按钮完成 Servlet 的创建。

Eclipse 会自动生成 HelloServlet 类代码框架，在 HelloServlet 的 init()、destroy()和 doGet()方法中输入如下代码。

【案例 2-1】　HelloServlet.java

```
/**
 * Servlet implementation class HelloServlet
```

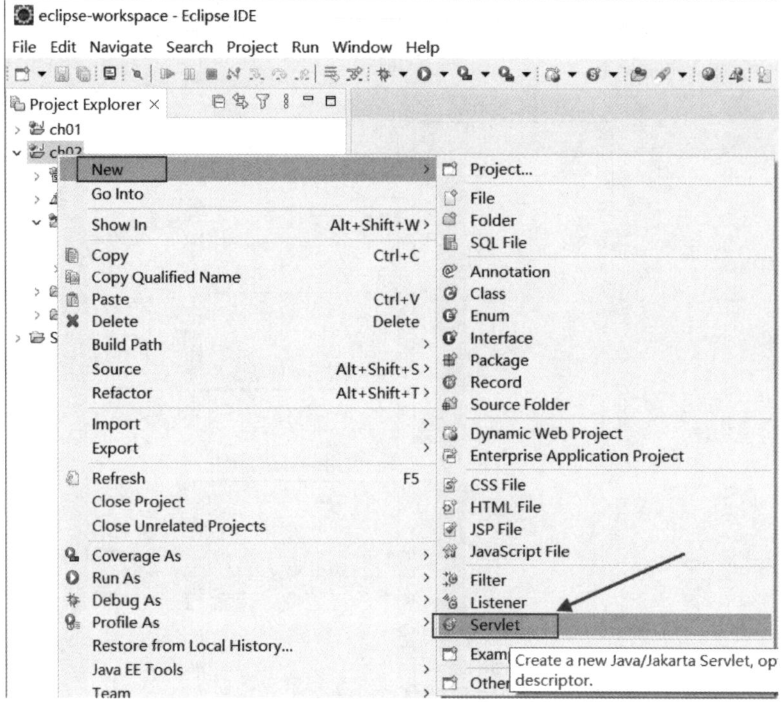

图 2-5 新建 Servlet

Create Servlet

Create Servlet

Specify class file destination.

Project: ch02

Source folder: /ch02/src/main/java Browse...

Java package: com.zkl.ch02.servlet Browse...

Class name: HelloServlet

Superclass: jakarta.servlet.http.HttpServlet Browse...

Use an existing Servlet class or JSP

Class name: HelloServlet Browse...

< Back Next > Finish Cancel

图 2-6 Servlet 信息配置

```
 */
public class HelloServlet extends HttpServlet {
    private static final long serialVersionUID = 1L;

    /**
     * @see HttpServlet#HttpServlet()
     */
    public HelloServlet() {
        super();
    }
```

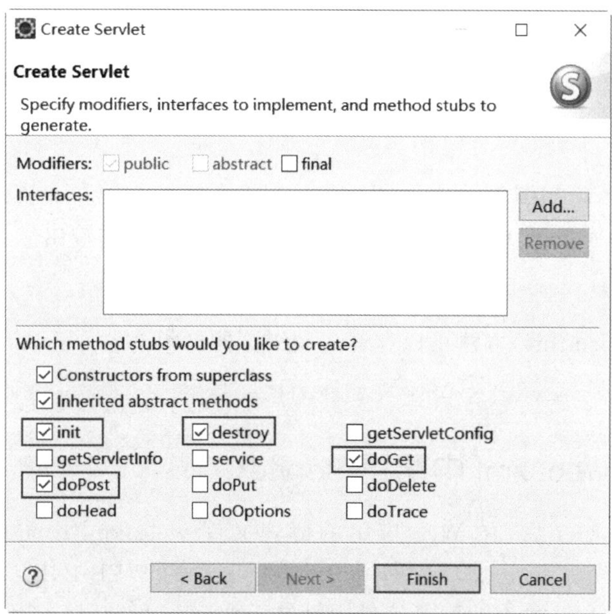

图 2-7 选择 Servlet 中需要重写的方法

```
    /**
     * @see Servlet#init(ServletConfig)
     */
    public void init(ServletConfig config) throws ServletException {
        System.out.println(this.getClass().getName() + "的 init()方法被调用.");
    }
    /**
     * @see Servlet#destroy()
     */
    public void destroy() {
        System.out.println(this.getClass().getName() + "的 destroy()方法被调用.");
    }
    /**
     * @see HttpServlet#doGet(HttpServletRequest request, HttpServletResponse response)
     */
    protected void doGet(HttpServletRequest request, HttpServletResponse response) throws
ServletException, IOException {
        response.setContentType("text/html;charset = UTF - 8");
        PrintWriter out = response.getWriter();
        out.println("<HTML>");
        out.println("<HEAD><TITLE>The First Servlet</TITLE></HEAD>");
        out.println("<BODY>");
        out.println("Hello Servlet!这是第一个 Servlet!");
        out.println("</BODY>");
        out.println("</HTML>");
        out.flush();
        out.close();
    }
    /**
     * @see HttpServlet#doPost(HttpServletRequest request, HttpServletResponse response)
     */
```

```
    protected void doPost(HttpServletRequest request, HttpServletResponse response) throws
ServletException, IOException {
        doGet(request, response);
    }
}
```

上述代码会向客户端浏览器中打印"Hello Servlet！这是第一个 Servlet！"信息。通过 response 对象的 getWriter()方法可以获取向客户端输出信息的输出流：

```
PrintWriter out = response.getWriter();
```

调用输出流的 println()方法可以在客户端浏览器打印消息。例如：

```
out.println("Hello Servlet！这是第一个 Servlet！");
```

2.2.2 在 web.xml 中配置 Servlet

当创建一个 Servlet 后，在 Web 应用的部署文件 web.xml 中可以查看自动生成的 HelloServlet 配置信息。web.xml 文件位于 Web 项目的 WEB-INF 目录下，其内容遵循 XML 语法格式。Servlet 的声明配置信息主要包括 Servlet 的描述、名称、初始参数、类路径以及访问地址等。

【案例 2-2】 web.xml 中生成的 Servlet 配置信息

```
<?xml version="1.0" encoding="UTF-8"?>
<web-app xmlns:xsi="http://www.w3.org/2001/XMLSchema-instance"
     xmlns="https://jakarta.ee/xml/ns/jakartaee" version="5.0" ...>
  <display-name>ch02</display-name>
  <welcome-file-list>
    <welcome-file>index.html</welcome-file>
  </welcome-file-list>
  <servlet>
    <description></description>
    <display-name>HelloServlet</display-name>
    <servlet-name>HelloServlet</servlet-name>
    <servlet-class>com.zkl.ch02.servlet.HelloServlet</servlet-class>
  </servlet>
  <servlet-mapping>
    <servlet-name>HelloServlet</servlet-name>
    <url-pattern>/HelloServlet</url-pattern>
  </servlet-mapping>
</web-app>
```

在 web.xml 中，"<servlet></servlet>"元素用于 Servlet 声明，其子元素及其描述如表 2-2 所示。

表 2-2 web.xml 中<servlet>子元素及其描述

属 性 名	类型	描 述
<description>	String	指定该 Servlet 的描述信息
<display-name>	String	指定该 Servlet 的显示名，通常配合工具使用
<servlet-name>	String	指定 Servlet 的名称，一般与 Servlet 的类名相同，要求在一个 web.xml 文件内名字唯一

续表

属　性　名	类型	描　　述
< servlet-class >	String	指定 Servlet 类的全限定名,即：包名.类名
< init-param >		指定 Servlet 初始化参数,此元素为可选配置
< param-name >	String	指定初始参数名
< param-value >	String	指定初始参数名对应的值
< load-on-startup >	int	指定 Servlet 的加载顺序
< async-supported >	boolean	指定 Servlet 是否支持异步操作模式,默认为 false

与“< servlet ></servlet >”元素相对应的“< servlet-mapping ></servlet-mapping >”元素用于指定 Servlet 的 URL 映射,其子元素及其描述如表 2-3 所示。

表 2-3　web. xml 中< servlet-mapping>子元素及其描述

属　性　名	类型	描　　述
< servlet-name >	String	用来指定要映射的 Servlet 名称,要与< servlet >声明中的< servlet-name >值一致
< url-pattern >	String	指定 Servlet 的 URL 匹配模式,通常以“/”开头

在 web. xml 中配置 HelloServlet 的相关信息,其 URL 的访问地址为：

```
http://localhost:8080/ch02/HelloServlet
```

2.2.3　运行 Servlet

web. xml 和 HelloServlet. java 在 Web 项目中的目录如图 2-8 所示。打开 HelloServlet. java 文件,右击,在弹出的菜单中选择 Run As→Run on Server。

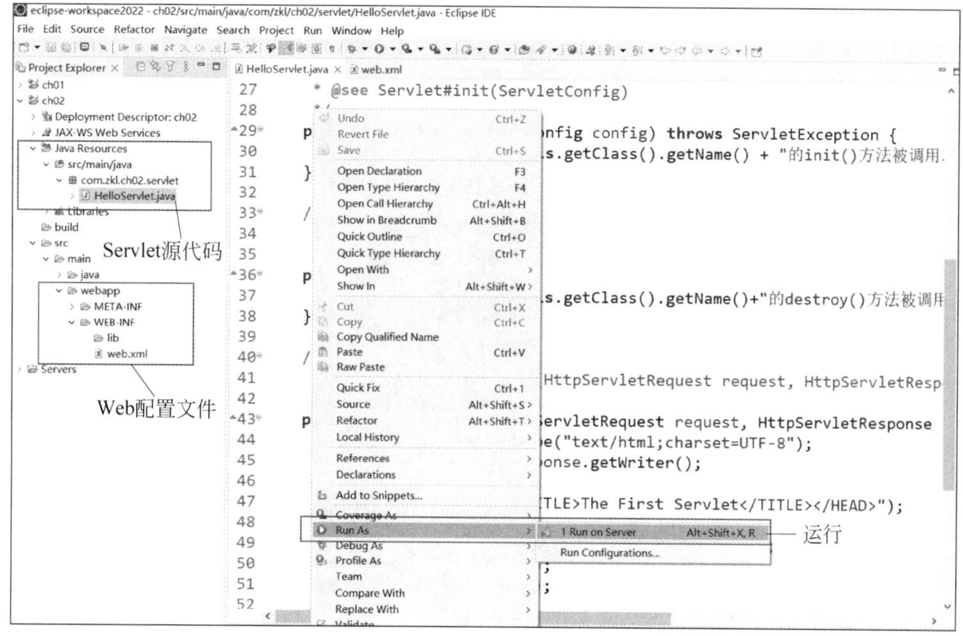

图 2-8　部署 HelloServlet

在弹出的菜单中,选择要运行 Servlet 的 Web 服务器,如图 2-9 所示。

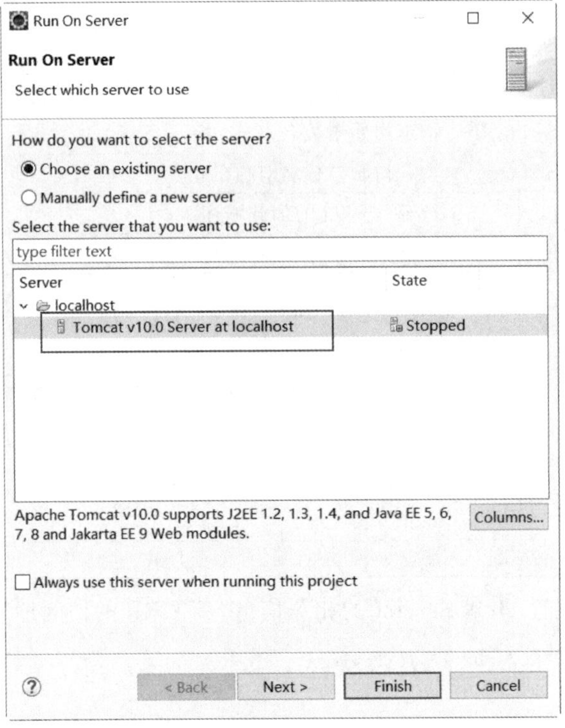

图 2-9 选择 Web 服务器

单击 Next 按钮,进入如图 2-10 所示界面,选择要发布的 Web 项目。

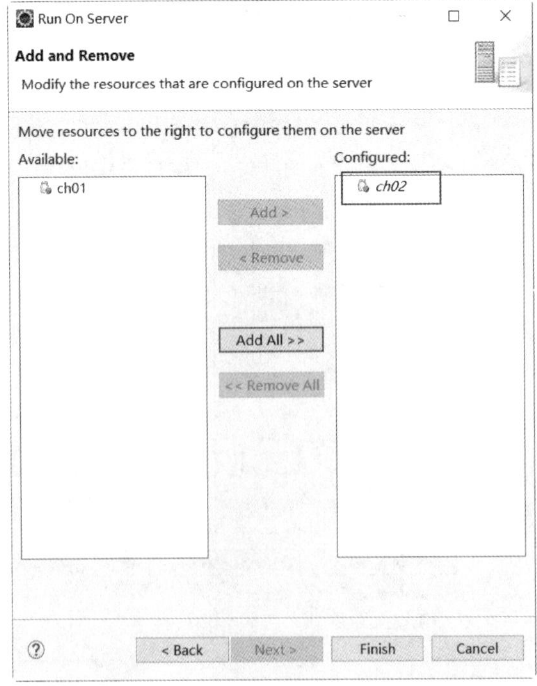

图 2-10 选择要发布的 Web 项目

单击 Finish 按钮，启动运行 Tomcat 服务，运行 Servlet。在浏览器中访问 http://localhost:8080/ch02/HelloServlet，运行结果如图 2-11 所示。

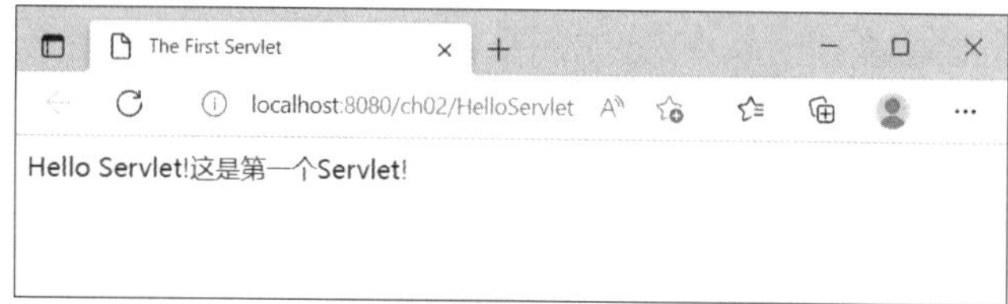

图 2-11 第一个 Servlet

2.3 @WebServlet 注解

Web 项目中的 Servlet 文件太多会导致 web.xml 配置信息过长，且云开发时不便操作，因此 Servlet 的声明配置还可以通过@WebServlet 注解方式来实现。注解@WebServlet 用于将一个类声明为 Servlet，该注解会在程序部署时被 Servlet 容器处理，容器将根据具体的属性配置把相应的类部署为 Servlet。该注解常用属性如表 2-4 所示。

表 2-4 注解@WebServlet 的常用属性

属性名	类型	描述
name	String	指定 Servlet 的名字，可以为任何字符串，一般与 Servlet 的类名相同，如果没有显式指定，则该 Servlet 的取值即为类的全限定名
urlPatterns	String[]	指定一组 Servlet 的 URL 匹配模式，可以是匹配地址映射(如：/SimpleServlet)、匹配目录映射(如：/servlet/＊)和匹配扩展名映射(如：＊.action)
value	String[]	该属性等价于 urlPatterns 属性。两个属性不能同时使用
loadOnStartup	int	指定 Servlet 的加载顺序。当此选项没有指定时，表示容器在这个 Servlet 第一次被请求时才加载；当值为 0 或者大于 0 时，表示容器在应用启动时就加载这个 Servlet。值越小，启动这个 Servlet 的优先级越高。原则上不同的 Servlet 应该使用不同的启动顺序数字
initParams	WebInitParam[]	指定一组 Servlet 初始化参数，为可选项
asyncSupported	boolean	声明 Servlet 是否支持异步操作模式，默认为 false
description	String	指定这个 Servlet 的描述信息
displayName	String	指定这个 Servlet 的显示名，通常配合工具使用

使用@WebServlet 注解声明配置 Servlet 的示例如下所示。

【示例】 使用@WebServlet 注解声明配置 Servlet

```
@WebServlet(
        name = "XXServlet", urlPatterns = { "/XX" },
        initParams = { @WebInitParam(name = "username", value = "qst") },
        loadOnStartup = 0, asyncSupported = true,
        displayName = "XXServlet",description = "Servlet 样例"
        )
public class XXServlet extends HttpServlet{
    …
}
```

Servlet3.0 及以上版本既支持@WebServlet 注解的方式，也支持 web.xml 配置文件方式。而在 Servlet 2.5 及以下版本的规范中，Servlet 的声明只能通过 web.xml 配置。

注意 Servlet3.0 之前的版本中 Servlet 还未增加异步处理支持，故在 web.xml 中的 Servlet 配置不能使用<async-supported>属性。

下面代码使用@WebServlet 注解声明配置一个 ZJServlet，代码如下所示。

【案例 2-3】 ZJServlet.java

```
@WebServlet("/ZJServlet")
public class ZJServlet extends HttpServlet {
    private static final long serialVersionUID = 1L;
    public ZJServlet() {
        super();
        // TODO Auto - generated constructor stub
    }
    protected void doGet(HttpServletRequest request, HttpServletResponse response) throws
ServletException, IOException {
    response.setContentType("text/html;charset = UTF - 8");
        PrintWriter out = response.getWriter();
        out.println("<HTML>");
        out.println("<HEAD><TITLE> The First Servlet </TITLE></HEAD>");
        out.println("<BODY>");
        out.println("使用@WebServlet 注解配置 Servlet!");
        out.println("</BODY>");
        out.println("</HTML>");
        out.flush();
        out.close();
    }
    protected void doPost(HttpServletRequest request, HttpServletResponse response) throws
ServletException, IOException {
        // TODO Auto - generated method stub
        doGet(request, response);
    }
}
```

运行结果如图 2-12 所示。

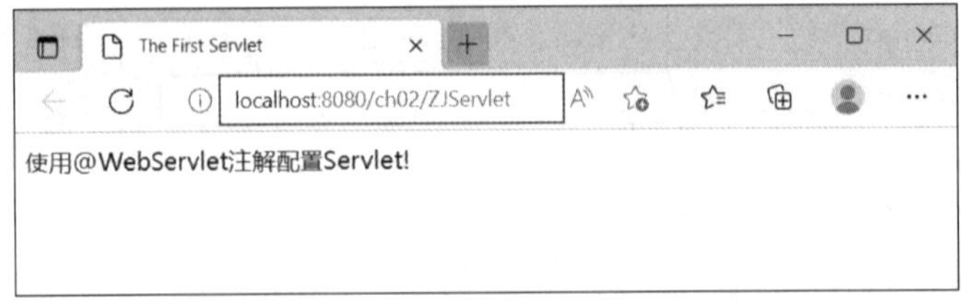

图 2-12 注解配置 Servlet

2.4 Servlet 数据处理

Servlet 数据处理主要包括读取表单数据、HTTP 请求报头的处理和 HTTP 响应报头的设置。

2.4.1 读取表单数据

当访问 Internet 网站时，在浏览器地址栏中会经常看到如下所述的字符串：

```
http://host/path?usr = tom&dest = ok
```

该字符串问号后面的部分为表单数据（Form Data）或查询数据（Query Data），这些数据是以“name=value”形式通过 URL 传送，多个数据使用“&”分开，这种形式也称为“查询字符串”。查询字符串紧跟在 URL 中的“?”后面，所有“名/值”对会被传递到服务器，这是服务器获取客户端信息所采用的最常见的方式。

表单数据可以通过 GET 请求方式提交给服务器，此种方式将数据跟在问号后附加到 URL 的结尾（查询字符串形式）；也可以采用 POST 请求方式提交给服务器，此种方式在地址栏看不到表单数据信息，可用于大量的数据传输，并且比 GET 方式更安全。

在学习处理 Form 表单数据前，先回顾 HTML 网页中学过的关于表单的基本知识。

使用 form 标签创建 HTML 表单，使用 action 属性指定对表单进行处理的 Servlet 或 JSP 页面的地址，可以使用绝对或相对 URL。例如：

```
< form action = "...">...</form >
```

如果省略 action 属性，那么数据将提交给当前页面对应的 URL。

（1）使用输入元素收集用户数据。

将这些元素放在 form 标签内，并为每个输入元素赋予一个 name。文本字段是最常用的输入元素，其创建方式如下：

```
< input type = "text" name = "...">
```

（2）在接近表单的尾部放置提交按钮。

例如：

```
< input type = "submit"/>
```

单击提交按钮时，浏览器会将数据提交给表单 action 对应的服务器端程序。

1. Form 表单数据

通过 HttpServletRequest 对象可以读取 form 标签中的表单数据。HttpServletRequest 接口在 jakarta.servlet.http 包中定义，它扩展了 ServletRequest，并定义了描述一个 HTTP 请求的方法。当客户端请求 Servlet 时，一个 HttpServletRequest 类型的对象会被传递到 Servlet 的 service()方法，进而传递到 doGet()或 doPost()方法中去。此对象中封装了客户端的请求扩展信息，包括 HTTP 方法（GET 或 POST）、Cookie、身份验证和表单数据等信息。

表 2-5 列出了 HttpServletRequest 接口中用于读取表单数据的方法。

表 2-5　HttpServletRequest 接口中读取表单数据的方法

方　法	说　明
getParameter(String name)	单值读取，返回与指定参数相应的值。参数区分大小写，参数没有相应的值则返回空 String，如果没有该参数则返回 null。多个同一参数名则返回首次出现的值

续表

方　法	说　明
getParameterValues(String name)	多个值的读取,返回字符串的数组,对于不存在的参数名,返回值为 null,如果参数只有单一的值,则返回只有一个元素的数组
getPammeterNames()	返回 Enumeration 的形式参数名列表,如果当前请求中没有参数,返回空的 Enumeration(不是 null)
getReader()/getInputStream()	获得输入流,如果以这种方式读取数据,不能保证可以同时使用 getParameter()。当数据来自于上载的文件时,可以用此方法

默认情况下,request.getParameter()使用服务器的当前字符集解释输入。要改变这种默认行为,需要使用 setCharacterEncoding(String env)方法来设置字符集,例如:

```
request.setCharacterEncoding("GBK");
```

下述内容使用 Servlet 处理表单数据,当用户提交的数据正确时(用户名 zhaokeling,密码 123456),输出"登录成功!",否则提示"登录失败!"。

首先,编写静态页面,用于接收用户信息。

【案例 2-4】 index.html

```
<html>
<head>
<meta http-equiv="Content-Type" content="text/html; charset=gbk">
<title>登录</title>
<script language="javascript" type="">
        function LoginSubmit(){
            var user=document.Login.loginName.value;
            var pass=document.Login.password.value;
            if(user==null||user==""){
                alert("请填写用户名");
            }
            else if(pass==null||pass==""){
                alert("请填写密码");
            }
            else document.Login.submit();
        }
</script>
</head>
<body>
<form method="POST" name="Login" action="LoginServlet">
  <p align="left">
  用户名:<input type="text" name="loginName" size="20"></p>
  <p align="left">
  密   码:<input type="password" name="password" size="20"></p>
  <p align="left">
  <input type="button" value="提交" name="B1" onclick="LoginSubmit()">
  <input type="reset" value="重置" name="B2"></p>
</form>
</body>
</html>
```

上述 HTML 代码使用 JavaScript 对用户表单进行初始验证,验证成功后才提交给 LoginSevlet 进行处理。

然后，编写 Servlet 处理用户提交的表单数据。

【案例 2-5】 LoginServlet. java

```
@WebServlet("/LoginServlet ")
public class LoginServlet extends HttpServlet {
    public LoginServlet() {
        super();
    }
public void doGet(HttpServletRequest request, HttpServletResponse response)
            throwsServletException, IOException {
        doPost(request, response);
    }
public void doPost(HttpServletRequest request, HttpServletResponse response)
            throws ServletException, IOException {
        // 设置请求的编码字符为 GBK(中文编码)
        request.setCharacterEncoding("GBK");
        // 设置响应的文本类型为 html,编码字符为 GBK
        response.setContentType("text/html;charset = GBK");
        // 获取输出流
        PrintWriter out = response.getWriter();
        // 获取表单数据
        String pass = request.getParameter("password");
        String user = request.getParameter("loginName");
        if ("zhaokeling".equals(user) && "123456".equals(pass)) {
            out.println("登录成功!");
        } else {
            out.println("登录失败!");
        }
}
}
```

上述代码中，在 doGet()方法中调用了 doPost()方法，这样不管用户以什么方式提交，处理过程都一样。页面中使用了中文，为了防止出现中文乱码问题，需要设置请求和响应的编码字符集，使之能够支持中文，如下所示：

```
request.setCharacterEncoding("GBK");
response.setContentType("text/html;charset = GBK");
```

获取表单中数据时，使用 getParameter()方法通过参数名获得参数值，例如：

```
String pass = request.getParameter("password");
```

上面语句通过参数名“password”来获取该参数的值。

注意 如果 index. html 中表单的提交方式为 GET 方式，则在浏览器地址栏中会出现查询字符串形式的表单数据(如，password=123456&user=zhaokeling)，但在 LoginServlet 中获取参数值的方式完全相同。

上述代码中，注册了一个名为 LoginServlet 的 Servlet，当请求的相对 URL 为“/LoginServlet”时，Servlet 容器会将请求交给该 Servlet 进行处理。

启动 Tomcat，在浏览器中访问 http://localhost:8080/ch02/index. html，运行结果如图 2-13 所示。

图 2-13 index. html 页面

在用户名栏中输入 zhaokeling，密码栏中输入 123456。然后单击“提交”按钮，显示结果如图 2-14 所示。

图 2-14 LoginServlet 验证成功

当输入错误的用户名或密码时，则显示“登录失败!”，如图 2-15 所示。

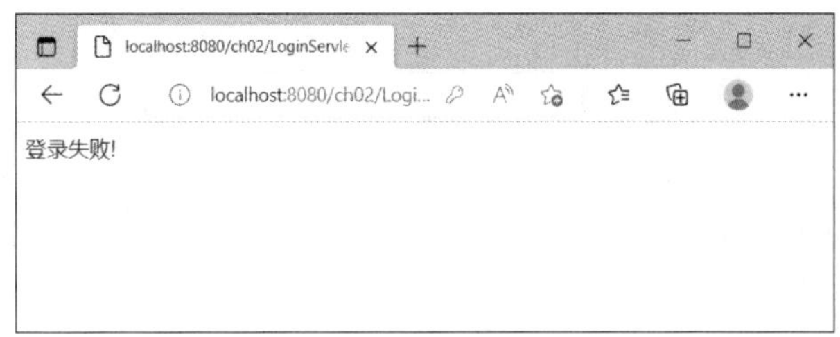

图 2-15 LoginServlet 验证失败

Form 表单数据中除了普通的表单项之外，在实际开发中会广泛应用到隐藏域。隐藏域是隐藏的 HTML 表单变量，可以用来存储状态信息，操作起来与一般的 HTML 输入域（比如文本输入域、复选框和单选按钮）类似，同样会被提交到服务器。隐藏域与普通 HTML 输入域之间的不同之处在于客户端不能看到或修改隐藏域的值。

隐藏域可以用来在客户端和服务器之间透明地传输状态信息，示例代码如下。

【案例 2-6】 hidden. html

```
<html>
<head>
<title>隐藏域</title>
</head>
<body bgcolor = "blue">
    <form method = "post" action = "nameservlet">
    <p>请输入用户名:<br>
    <input type = "text" name = "uname"><br>
```

```
        <input type = "hidden" name = "bcolor" value = "blue"><br>
        <input type = "submit" value = "submit">
    </form>
    </body>
    </html>
```

上述代码中使用隐藏域将用户所喜欢的背景色传递给服务器。在服务器端获取隐藏域的数据与表单其他元素一样，都是使用 getParameter()方法通过参数名获取其数据值。

2. 查询字符串

查询字符串是表单数据的另一种情况，它们实质上是相同的。服务器端的 Servlet 也是通过 HttpServletRequest 对象的 getParameter()或者 getParameterValues()方法读取 URL 中查询字符串的信息，然后根据信息可以进行查询，再把查询的结果返回。

下述代码演示查询字符串的应用。

【案例 2-7】 querystr. html

```
<html>
<head>
<meta http-equiv = "Content-Type" content = "text/html; charset = GBK">
<title>查询字符串</title>
</head>
<body>
<a href = "TestURL?id = 2022">下一页</a>
</body>
</html>
```

上述代码中，在超链接的 URL 中使用查询字符串，在"?"后添加了"id＝2022"，该语句传递了一个参数 id，其值为 2022。

【案例 2-8】 TestURL

```
@WebServlet("/TestURL ")
public class TestURL extends HttpServlet {
    public TestURL() {
        super();
    }
    protected void doGet(HttpServletRequest request,
            HttpServletResponse response) throws ServletException, IOException {
        doPost(request, response);
    }
    protected void doPost(HttpServletRequest request,
            HttpServletResponse response) throws ServletException, IOException {
        response.setContentType("text/html;charset = GBK");
        PrintWriter out = response.getWriter();
        String id = request.getParameter("id");
        out.println("URL 参数值是:" + id);
    }
}
```

在上述代码中，使用 request 对象的 getParameter()方法获取 URL 中的参数值，并输出。

启动 Tomcat，在浏览器中访问 http://localhost:8080/ch02/querystr. html，显示结果如图 2-16 所示。

单击"下一页"超链接，显示结果如图 2-17 所示。

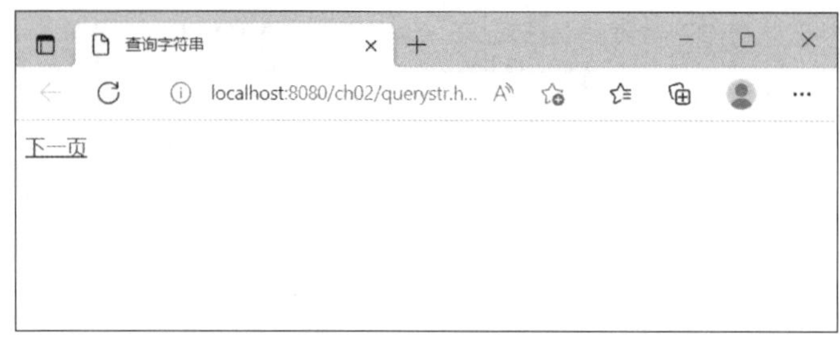

图 2-16　显示结果

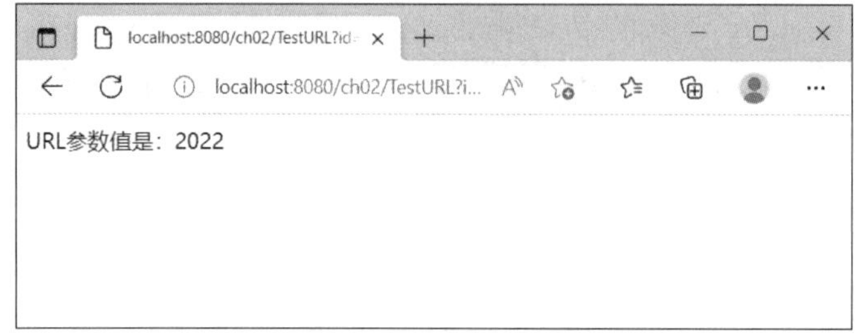

图 2-17　TestURL 结果

视频讲解

2.4.2　处理 HTTP 请求报头

客户端浏览器向服务器发送请求时，除了用户输入的表单数据或者查询数据之外，通常还会在 GET/POST 请求行后面加上一些附加的信息；服务器对客户端的请求做出响应时，也会自动向客户端发送一些附加的信息。这些附加信息被称为 HTTP 报头，信息附加在请求信息后面称为 HTTP 请求报头，而附加在响应信息后则称为 HTTP 响应报头。在 Servlet 中可以获取或设置这些报头的信息。

报头信息的读取比较简单：只需将报头的名称作为参数，调用 HttpServletRequest 的 getHeader 方法；如果当前的请求中提供了对应的报头信息，则返回一个 String，否则返回 null。

另外，这些报头的参数名称不区分大小写，也就是说，也可以通过 getHeader("user-agent")来获得 User-Agent 报头。常用的 HTTP 请求报头如表 2-6 所示。

表 2-6　常用 HTTP 请求报头

请求报头名称	说　　明
Accept	浏览器可接受的 MIME 类型
Accept-Charset	浏览器可接受的字符集
Accept-Encoding	浏览器能够进行解码的数据编码方式
Accept-Language	浏览器所希望的语言种类，当服务器能够提供一种以上的语言版本时要用到这个请求头信息，特别是在有国际化要求的应用中，需要通过这个信息以确定应该向客户端显示何种语言的界面
Authorization	授权信息，通常出现在对服务器发送的 WWW-Authenticate 头的应答中
Connection	表示是否需要持久连接。如果它的值为“Keep-Alive”，或者该请求使用的是 HTTP 1.1(HTTP 1.1 默认进行持久连接)，它就可以利用持久连接的优点，当页面包含多个元素时(例如 Applet、图片)，显著地减少下载所需要的时间

续表

请求报头名称	说　明
Content-Length	表示请求消息正文的长度
Cookie	向服务器返回服务器之前设置的 Cookie 信息
Host	初始 URL 中的主机和端口，可以通过这个信息获得提出请求的机器主机名称和端口号
Referer	包含一个 URL，用户从该 URL 代表的页面出发访问当前请求的页面。也就是说，是从哪个页面进入这个 Servlet 的
User-Agent	浏览器相关信息，如果 Servlet 返回的内容与浏览器类型有关则该值非常有用
If-Modified-Since	只有当所请求的内容在指定的日期之后又经过修改才返回它，否则返回 304 "Not Modified"应答，这样浏览器就可以直接使用缓存中的内容而不需要再次从服务器下载。和它相反的一个报头是"If-Unmodified-Since"
Pragma	指定"no-cache"值表示不使用浏览器的缓存，即使它是代理服务器而且已经有了页面的本地备份

尽管 getHeader()方法是读取输入报头的通用方式，但由于几种报头的应用很普遍，故而 HttpServletRequest 为它们提供了专门的访问方法，如表 2-7 所示。

表 2-7　HttpServletRequest 获取报头信息的方法

方 法 名	描　述
getAuthType()	返回客户采用的身份验证方案
getContentLength()	返回请求中 Content-Length HTTP 标题的值上下文长度
getContentType()	返回请求中 Content-Type HTTP 标题的值上下文长度
getHeader()	返回指定标题域的值
getHeaderNames()	返回一个包含所请求报头名称的 Enumeration 类型的值
getPathInfo()	返回 Servlet 路径以后的查询字符串以前的所有路径信息
getPathTranslated()	检索 Servlet(不包括查询字符串)后面的路径信息并把它转交成一个真正的路径
getRequesURI()	返回 URL 中主机和端口之后，表单数据之前的部分
getQueryString()	返回一个 URL 查询字符串
getRemoteAddr()	返回远程服务器地址
getRemoteHost()	返回远程服务器名
getRemoteUser()	返回由 HTTP 身份验证提交的用户名
getMethod()	返回请求中使用的 HTTP 方法
getServerName()	返回服务器名
getServerPort()	返回服务器端口号
getProtocol()	返回服务器协议名
getCookies()	返回 Cookie 对象数组

下述代码用于演示报头信息的读取方式。

【案例 2-9】　HttpHeadServlet. java

```
@WebServlet("/HttpHeadServlet")
public class HttpHeadServlet extends HttpServlet {
    protected void doGet(HttpServletRequest request,
            HttpServletResponse response) throws ServletException, IOException {
        doPost(request, response);
```

```
    }
    protected void doPost(HttpServletRequest request,
            HttpServletResponse response) throws ServletException, IOException {
        response.setContentType("text/html;charset = gbk");
        PrintWriter out = response.getWriter();
        StringBuffer buffer = new StringBuffer();
        buffer.append("<!DOCTYPE HTML PUBLIC \" - //W3C//DTD HTML 4.0 "
                + "Transitional//EN\">");
        buffer.append("<html>");
        buffer.append("<head><title>");
        String title = "请求报头信息";
        buffer.append(title);
        buffer.append("</title></head>");
        buffer.append("<body>");
        buffer.append("<h1 align = 'center'>" + title + "</h1>");
        buffer.append("<b>Request Method: </b>");
        buffer.append(request.getMethod() + "<br/>");
        buffer.append("<b>Request URL: </b>");
        buffer.append(request.getRequestURI() + "<br/>");
        buffer.append("<b>Request Protocol: </b>");
        buffer.append(request.getProtocol() + "<br/>");
        buffer.append("<b>Request Local: </b>");
        buffer.append(request.getLocale() + "<br/><br/>");
        buffer.append("<table border = '1' align = 'center'>");
        buffer.append("<tr bgcolor = '#FFAD00'>");
        buffer.append("<th>Header Name</th><th>Header Value</th>");
        buffer.append("</tr>");
        Enumeration<String> headerNames = request.getHeaderNames();
        while (headerNames.hasMoreElements()) {
            String headerName = (String) headerNames.nextElement();
            buffer.append("<tr>");
            buffer.append("<td>" + headerName + "</td>");
            buffer.append("<td>" + request.getHeader(headerName) + "</td>");
            buffer.append("</tr>");
        }
        buffer.append("</body>");
        buffer.append("</html>");
        out.println(buffer.toString());
    }
}
```

上述代码通过调用 request 对象中的 getMethod()方法来获取用户请求方式；调用 getRequestURI()方法来获取用户请求路径；调用 getHeaderNames()方法返回所有请求报头名称的集合，遍历此集合并使用 getHeader()方法提取显示报头信息。

启动 Tomcat，在浏览器中访问 http://localhost:8080/ch02/HttpHeadServlet，运行结果如图 2-18 所示。

视频讲解

2.4.3 设置 HTTP 响应报头

在 Servlet 中可以通过 HttpServletResponse 的 setHeader()方法来设置 HTTP 响应报

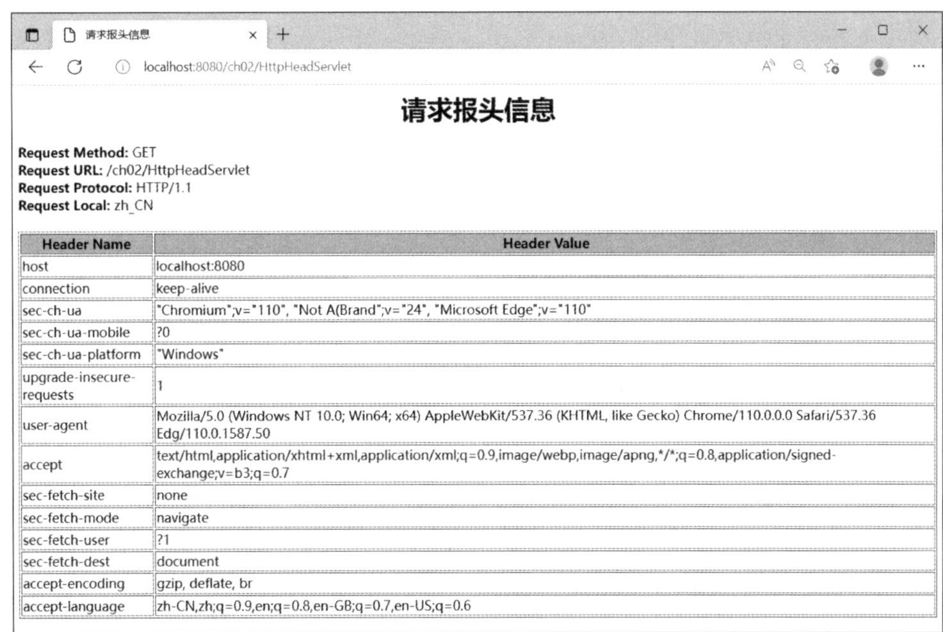

请求报头信息

Request Method: GET
Request URL: /ch02/HttpHeadServlet
Request Protocol: HTTP/1.1
Request Local: zh_CN

Header Name	Header Value
host	localhost:8080
connection	keep-alive
sec-ch-ua	"Chromium";v="110", "Not A(Brand";v="24", "Microsoft Edge";v="110"
sec-ch-ua-mobile	?0
sec-ch-ua-platform	"Windows"
upgrade-insecure-requests	1
user-agent	Mozilla/5.0 (Windows NT 10.0; Win64; x64) AppleWebKit/537.36 (KHTML, like Gecko) Chrome/110.0.0.0 Safari/537.36 Edg/110.0.1587.50
accept	text/html,application/xhtml+xml,application/xml;q=0.9,image/webp,image/apng,*/*;q=0.8,application/signed-exchange;v=b3;q=0.7
sec-fetch-site	none
sec-fetch-mode	navigate
sec-fetch-user	?1
sec-fetch-dest	document
accept-encoding	gzip, deflate, br
accept-language	zh-CN,zh;q=0.9,en;q=0.8,en-GB;q=0.7,en-US;q=0.6

图 2-18 请求报头信息

头，它接收两个参数，用于指定响应报头的名称和对应的值，语法格式如下所示。

```
setHeader(String headerName,String headerValue)
```

常用的 HTTP 响应报头如表 2-8 所示。

表 2-8 常用 HTTP 响应报头

响应报头	说明
Content-Encoding	用于标明页面在传输过程中的编码方式
Content-Type	用于设置 Servlet 输出的 MIME(Multipurpose Internet Mail Extension)类型。在 Tomcat 安装目录下的 conf 目录下，有一个 web. xml 文件，里面列出了几乎所有的 MIME 类型和对应的文件扩展名。正式注册的 MIME 类型格式为 maintype/subtype，如 text/html、text/javascript 等；而未正式注册的类型格式为 maintype/x-subtype，如 audio/x-mpeg 等
Content-Language	用于标明页面所使用的语言，例如 en、en-us 等
Expires	用于标明页面的过期时间，可用来在指定时间内取消页面缓存(cache)
Refresh	这个报头表明浏览器自动重新调用最新的页面

注意 一些旧版本的浏览器只支持 HTTP1.0 的报头，所以为了保证程序具有良好的兼容性，应该慎重地使用这些报头，或者使用 HttpServletRequest 的 getRequestProtocol() 方法获得 HTTP 的版本后再做选择。

除了 setHeader()方法以外，还有以下两个方法用于设置日期和整型数据格式报头。

```
setDateHeader(String headerName, long ms)
setIntHeader(String headerName, int headerValue)
```

此外，对于一些常用的报头，在 API 中也提供了更方便的方法来设置它们，如表 2-9 所示。

表 2-9　HttpServletResponse 响应方法

响 应 头	说　　明
setContentType(String mime)	该方法用于设置 Content-Type 报头。使用这个方法可以设置 Servlet 的 MIME 类型，甚至字符编码(Encoding)，特别是在需要将 Servlet 的输出设置为非 HTML 格式时
setContentLength(int length)	设置 Content-Length 报头
addCookie(Cookie c)	设置 Set-Cookie 报头(有关 Cookie 的内容请参见第 3 章)
sendRedirect(String location)	设置 Location 报头，让 Servlet 跳转到指定的 URL

下述代码通过设置响应报头实现动态时钟。

【案例 2-10】 DateServlet.java

```
@WebServlet("/DateServlet")
public class DateServlet extends HttpServlet {
    public void doPost(HttpServletRequest request, HttpServletResponse response)
            throwsServletException, IOException {       // 获得一个向客户发送数据的输出流
        response.setContentType("text/html; charset = GBK");       // 设置响应的 MIME 类型
        PrintWriter out = response.getWriter();
        out.println("<html>");
        out.println("<body>");
        response.setHeader("Refresh", "1");                         // 设置 Refresh 的值
        out.println("现在时间是:");
        SimpleDateFormat sdf = new SimpleDateFormat("yyyy - MM - dd hh:mm:ss");
        out.println("<br/>" + sdf.format(new Date()));
        out.println("</body>");
        out.println("</html>");
    }
    public void doGet(HttpServletRequest request, HttpServletResponse response)
            throwsServletException, IOException {
        doPost(request, response);
    }
}
```

上述代码通过设置响应报头，使得客户端每隔 1s 访问一次当前 Servlet，从而在客户端能够动态地观察时钟的变化。实现每隔 1s 动态刷新的功能代码如下：

```
response.setHeader("Refresh", "1");
```

其中，Refresh 为响应头部信息；1 是时间间隔值，以秒为单位。

启动 Tomcat，在浏览器中访问 http://localhost:8080/ch02/DateServlet，运行结果如图 2-19 所示。

图 2-19　动态时钟

2.5 重定向和请求转发

重定向和请求转发是 Servlet 处理完数据后进行页面跳转的两种主要方式。

2.5.1 重定向

重定向是指页面重新定位到某个新地址，之前的 Request 失效，进入一个新的 Request，且跳转后浏览器地址栏内容将变为新的指定地址。重定向是通过 HttpServletResponse 对象的 sendRedirect()方法来实现的，该方法用于生成 302 响应码和 Location 响应头，从而通知客户端去重新访问 Location 响应头中指定的 URL，其语法格式如下：

```
pubilc void sendRedirect(java.lang.String location)throws java.io.IOException
```

其中，location 参数指定了重定向的 URL，可以是相对路径也可是绝对路径。

sendRedirect()方法不仅可以重定向到当前应用程序中的其他资源，还可以重定向到其他应用程序中的资源，例如：

```
response.sendRedirect("/ch02/index.html");
```

上面语句重定向到当前站点(ch02)的根目录下的 index.html 界面。

下述代码演示使用请求重定向方式。

【案例 2-11】 RedirectServlet.java

```
@WebServlet("/RedirectServlet")
public class RedirectServlet extends HttpServlet {
    public void doGet(HttpServletRequest request, HttpServletResponse response)
            throwsServletException, IOException {
        response.setContentType("text/html; charset = "GBK");
        PrintWriter out = response.getWriter();
        out.println("重定向前");
        response.sendRedirect(request.getContextPath() + "/MyServlet");
        out.println("重定向后");
    }
}
```

MyServlet 对应的 Servlet 代码如下所示。

【案例 2-12】 MyServlet.java

```
@WebServlet("/MyServlet")
public class MyServlet extends HttpServlet {
    public void doGet(HttpServletRequest request, HttpServletResponse response)
            throwsServletException, IOException {
        // 设置响应到客户端的文本类型为 HTML
        response.setContentType("text/html; charset = GBK");
        // 获取输出流
        PrintWriter out = response.getWriter();
        out.println("重定向和请求转发");
    }
}
```

启动 Tomcat，在浏览器中访问 http://localhost:8080/ch02/RedirectServlet，显示出了 MyServlet 输出网页中的内容，这时浏览器地址栏中的地址变成了 MyServlet 的 URL "http://localhost:8080/ch02/MyServlet"，结果如图 2-20 所示。

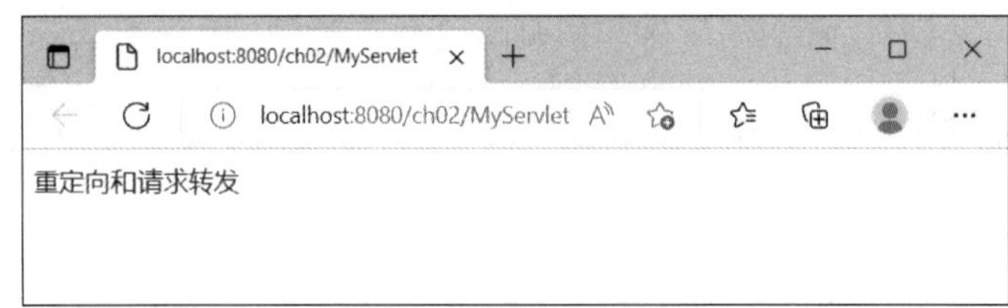

图 2-20 重定向地址栏变化

2.5.2 请求转发

请求转发是指将请求再转发到另一页面，此过程依然在 Request 范围内，转发后浏览器地址栏内容不变。请求转发使用 RequestDispatcher 接口中的 forward()方法来实现，该方法可以把请求转发到另外一个资源，并让该资源对浏览器的请求进行响应。

RequestDispatcher 接口有以下两个方法。

- forward()方法：请求转发，可以从当前 Servlet 跳转到其他 Servlet。
- include()方法：引入其他 Servlet。

RequestDispatcher 是一个接口，通过使用 HttpRequest 对象的 getRequestDispatcher()方法可以获得该接口的实例对象，例如：

```
RequestDispatcher rd = request.getRequestDispatcher(path);
rd.forward(request,response);
```

下述代码演示使用请求转发方式。

【案例 2-13】 ForwardServlet.java

```
//请求转发
@WebServlet("/ForwardServlet")
public class ForwardServlet extends HttpServlet {
    public void doGet(HttpServletRequest request, HttpServletResponse response)
            throwsServletException, IOException {
        response.setContentType("text/html; charset = GBK");
        PrintWriter out = response.getWriter();
        out.println("请求转发前");
        RequestDispatcher rd = request.getRequestDispatcher("/MyServlet");
        rd.forward(request, response);
        out.println("请求转发后");
    }
}
```

在浏览器中访问 http://localhost:8080/ch02/ForwardServlet，浏览器中显示出了 MyServlet 输出网页中的内容，这时浏览器地址栏中的地址不会发生改变，结果如图 2-21 所示。

通过上述 ForwardServlet 和 RedirectServlet 的运行结果可以看出，转发和重定向两种方式在调用后地址栏中的 URL 是不同的，前者的地址栏不变，后者地址栏中的 URL 变成

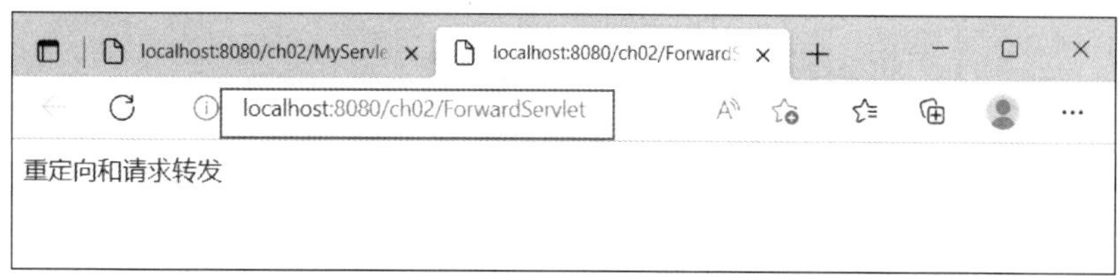

图 2-21 请求转发地址栏变化

目标 URL。

此外,转发和重定向最主要的区别是:转发前后共享同一个 request 对象,而重定向前后不在一个请求中。

为了演示请求转发和重定向的区别,在示例中会用到 HttpServletRequest 的存取/读取属性值的两个方法。

- getAttribute(String name):取得 name 的属性值,如果属性不存在则返回 null。
- setAttribute(String name, Object value):将 value 对象以 name 名称绑定到 request 对象中。

注意 除 HttpServletRequest 接口外,HttpSession 和 ServletContext 接口也拥有 getAttribute()和 setAttribute()方法,分别用来存取/读取这两类对象中的属性值。

下述内容通过请求参数的传递来验证 forward()方法和 sendRedirect()方法在 request 对象共享上的区别。改写 RedirectServlet,在 sendRedirect()方法中加上查询字符串。

【案例 2-14】 RedirectServlet.java

```
@WebServlet("/RedirectServlet")
public class RedirectServlet extends HttpServlet {
    public void doGet(HttpServletRequest request, HttpServletResponse response)
            throwsServletException, IOException {
        response.setContentType("text/html; charset = GBK");
        PrintWriter out = response.getWriter();
        request.setAttribute("test","helloworld");
        out.println("重定向前");
        response.sendRedirect(request.getContextPath() + "/MyServlet ");
        out.println("重定向后");
    }
}
```

上述代码中,调用了 setAttribute()方法把 test 属性值 helloworld 存储到 request 对象中。

改写 MyServlet,获取 request 对象中的 test 属性值。

【案例 2-15】 MyServlet.java

```
@WebServlet("/MyServlet")
public class MyServlet extends HttpServlet {
    public void doGet(HttpServletRequest request, HttpServletResponse response)
            throwsServletException, IOException {
        // 设置响应到客户端的文本类型为 HTML
```

```
            response.setContentType("text/html; charset = GBK");
            String test = (String)request.getAttribute("test");
            // 获取输出流
            PrintWriter out = response.getWriter();
            out.println("重定向和请求转发");
            out.println(test);
        }
}
```

上述代码中,从 request 对象中获取 test 属性值。

启动 Tomcat,在浏览器中访问 http://localhost:8080/ch02/ RedirectServlet,运行结果如下所示:

```
重定向和请求转发 null
```

由此可知,在 MyServlet 的 request 对象中并没有获得 RedirectServlet 中 request 对象设置的值。

改写 ForwardServlet,依然调用 setAttribute()方法设置 request 对象中的 test 属性值。

【案例 2-16】 ForwardServlet.java

```
//请求转发
@WebServlet("/ForwardServlet")
public class ForwardServlet extends HttpServlet {
    public void doGet(HttpServletRequest request, HttpServletResponse response)
            throwsServletException, IOException {
        response.setContentType("text/html; charset = GBK");
        request.setAttribute("test","helloworld");
        PrintWriter out = response.getWriter();
        out.println("请求转发前");
        RequestDispatcher rd = request.getRequestDispatcher("/MyServlet");
        rd.forward(request, response);
        out.println("请求转发后");
    }
}
```

上述代码中,页面转发请求给 MyServlet,MyServlet 再从 request 对象中获取 test 属性值。

启动 Tomcat,在浏览器中访问 http://localhost:8080/ch02/ForwardServlet,运行结果如下所示:

```
重定向和请求转发 helloworld
```

由此可知,在 MyServlet 的 request 对象中获得了 ForwardServlet 中 request 对象设置的值。

通过对上述示例的运行结果进行比较,将 forward()和 sendRedirect()两者的区别总结如下。

- forward()只能将请求转发给同一个 Web 应用中的组件,而 sendRedirect 方法不仅可以重定向到当前应用程序中的其他资源,还可以重定向到其他站点的资源。如果传给 sendRedirect()方法的相对 URL 以“/”开头,它是相对于整个 Web 站点的根目录;如果创建 RequestDispatcher 对象时指定的相对 URL 以“/”开头,它是相对于当前 Web 应用程序的根目录。

- 调用 sendRedirect()方法的重定向访问过程结束后，浏览器地址栏中显示的 URL 会发生改变，由初始的 URL 地址变成重定向的目标 URL；而调用 forward()方法的请求转发过程结束后，浏览器地址栏保持初始的 URL 地址不变。
- forward()方法的调用者与被调用者之间共享相同的 request 对象和 response 对象，它们属于同一个请求和响应过程；而 sendRedirect()方法调用者和被调用者使用各自的 request 对象和 response 对象，它们属于两个独立的请求和响应过程。

本章总结

- Servlet 是运行在 Servlet 容器中的 Java 类，它能处理 Web 客户的 HTTP 请求，并产生 HTTP 响应。
- Servlet 技术具有高效、方便、功能强大、可移植性好等特点。
- Servlet API 包含两个软件包：jakarta.servlet 包和 jakarta.servlet.http 包。
- Servlet 接口规定了必须由 Servlet 类实现且由 Servlet 引擎识别和管理的方法集。
- 简单地扩展 GenericServlet 并实现其 service()方法就可以编写一个基本的 Servlet，但若要实现一个在 Web 中处理 HTTP 的 Servlet，则需要继承 HttpServlet 类。
- Servlet 生命周期是指 Servlet 实例从创建到响应客户请求直至销毁的过程。
- 在 Servlet 生命周期中，会经历创建、初始化、服务可用、服务不可用、处理请求、终止服务、销毁七种状态。
- Servlet 的生命周期按照七种状态间的转换，可分为四个阶段：加载和实例化、初始化、处理请求、终止服务。
- Servlet 既可使用注解@WebServlet 进行配置，也可在 web.xml 文件中配置。
- HttpServletRequest 的 getParameter("参数名称")获取表单、URL 参数值。
- HttpServletResponse 的 getWriter()获取向客户端发送信息的输出流。
- HttpServletRequest 的 getHeader("报头名称")获取相关报头信息。
- 在 Servlet 中主要可以通过两种方式完成对新 URL 地址的转向：重定向和请求转发。
- 请求转发和重定向都可以使浏览器获得另外一个 URL 所指向的资源。
- Servlet 处理 GET/POST 请求时分别使用 doGet()/doPost()方法进行处理。
- 请求转发通常由 RequestDispatcher 接口的 forward()方法实现，转发前后共享同一个请求对象。
- 重定向由 HttpServletResponse 接口的 sendRedirect()方法实现，重定向不共享同一个请求对象。

本章习题

1. 下述 Servlet 的处理流程中表述不正确的步骤是________。

   A. 客户端发送一个请求至服务器端，服务器将请求信息发给 Servlet

   B. Servlet 引擎，也就是 EJB 容器负责调用 Servlet 的 service()方法

C. Servlet构建一个响应,并将其传给服务器,这个响应是动态构建的,相应的内容通常取决于客户端的请求,这个过程中也可以使用外部资源

D. 服务器将响应返回给客户端

2. 以下关于Java Servlet API说法错误的是________。

A. JavaServletAPI是一组Java类,它定义了Web客户端和Servlet之间的标准接口

B. JavaServletAP由两个包组成：jakarta. servlet和jakarta. servlet. http

C. jakarta. servlet. http包对HTTP提供了特别的支持

D. jakarta. servlet包提供了对除HTTP外的其他协议的支持

3. 基于HTTP的Servlet通常继承________,也可以继承________。这些类型都实现了接口________。

A. jakarta. servlet. Servlet　　B. jakarta. servlet. GenericServlet

C. jakarta. servlet. http. HttpServlet

4. 对于Java Web中HttpServlet类的描述,正确的是________。

A. 若用户编写的Servlet继承了HttpServlet类,则必须重写doPost()、doGet()和service()方法

B. HttpServlet类扩展了GenericServlet类,实现了GenericServlet类的抽象方法service()

C. HttpServlet类有两个service()方法,都是对Servlet接口的实现

D. 若用户编写的Servlet继承了HttpServlet类,一般只需要覆盖doPost()或者doGet()方法,不必覆盖service()方法,因为service()方法会调用doPost()或doGet()方法

5. 以下________方法不是Servlet的生命周期接口定义的。

A. init()　　B. service()　　C. destroy()　　D. create()

6. Servlet程序的入口点是________。

A. init()　　B. main()　　C. service()　　D. doGet()

7. Servlet编写完成后,如果要作为Web应用的组成部分,需要在Web应用的配置文件________(位于________子目录下)中进行配置。

A. server. xml　　B. web. xml　　C. conf. xml

D. classes　　E. WEB-INF　　F. WebContent

8. 以下是web. xml文档的一部分：

```
<servlet>
<servlet-name>Display</servlet-name>
<servlet-class>myPackage.DisplayServlet</servlet-class>
<load-on-startup>2</load-on-startup>
</servlet>

<servlet>
<servlet-name>Search</servlet-name>
<jsp-file>/search/search.jsp</jsp-file>
<load-on-startup>1</load-on-startup>
</servlet>
```

请问以上 web. xml 文档中的设置指示服务器首先装载和初始化的 Servlet 是________。

A. Display　　　　B. DisplayServlet

C. search. jsp　　　　D. 由 search. jsp 生成的 Servlet

9. 简述 Servlet 的生命周期。Servlet 在第一次和第二次被访问时，其生命周期方法的执行有何区别？

10. 简述转发和重定向两种页面跳转方式的区别，这两种方式在 Servlet 中分别使用什么方法实现？

第3章 CHAPTER 3 Servlet会话跟踪

本章思维导图

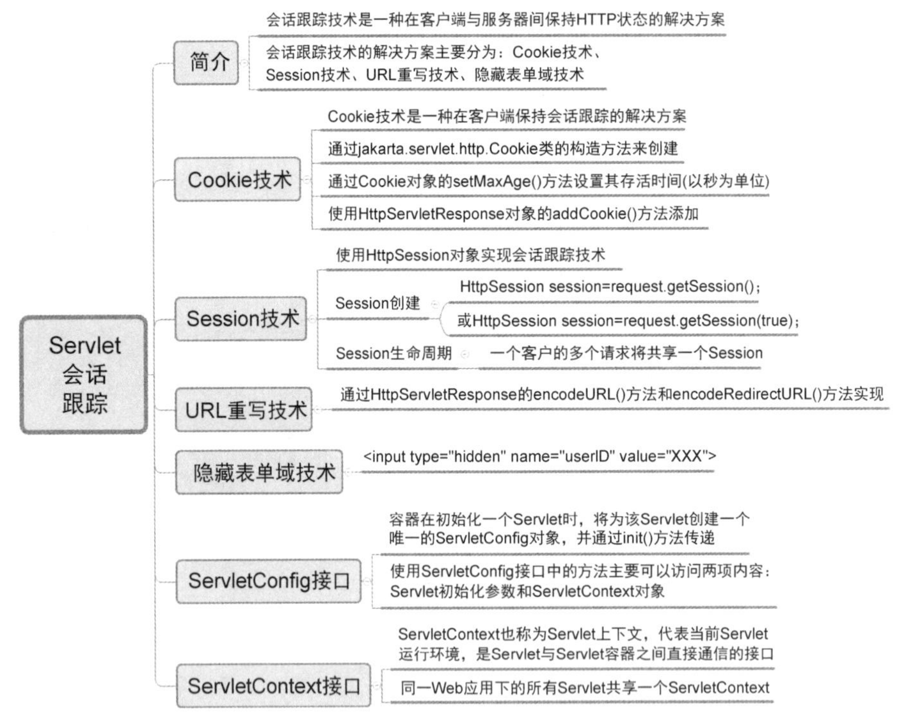

本章目标

- 掌握会话跟踪的相关技术。
- 理解 Cookie 的原理。
- 掌握 Cookie 的读写方法。
- 理解 Session 的原理。
- 理解 Session 的生命周期。
- 熟练掌握 Session 的使用方法。
- 掌握 ServletConfig 的使用方法。
- 掌握 ServletContext 的使用方法。

3.1　会话跟踪技术简介

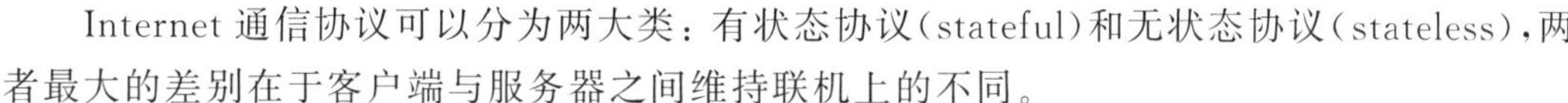

Internet 通信协议可以分为两大类：有状态协议（stateful）和无状态协议（stateless），两者最大的差别在于客户端与服务器之间维持联机上的不同。

HTTP 即是一种无状态协议。HTTP 采用“连接—请求—应答—关闭连接”模式。当客户端发出请求时，服务器才会建立连接，一旦客户端的请求结束，服务器便会中断连接，不会一直与客户端保持联机的状态。当下一次请求发起时，服务器会把这个请求看成一个新的连接，与之前的请求无关。

对于交互式的 Web 应用，保持状态是非常重要的。一个有状态协议可以用来帮助在多个请求和响应之间实现复杂的业务逻辑。例如：在购物网站中，服务器会为每个用户分配一个购物车，购物车会一直伴随该用户的整个购物过程并且互不混淆，此种情况下，就需要为客户端和服务器之间的交互存储状态。本章所要讲述的会话跟踪技术可以解决这些问题。

会话跟踪技术是一种在客户端与服务器间保持 HTTP 状态的解决方案。从开发角度考虑，就是使上一次请求所传递的数据能够维持状态到下一次请求，并可辨认出是否为同一客户端所发送出来的。会话跟踪技术的解决方案主要分为以下几种。

- Cookie 技术。
- Session 技术。
- URL 重写技术。
- 隐藏表单域技术。

3.2　Cookie 技术

Cookie 技术是一种在客户端保持会话跟踪的解决方案。Cookie 是指某些网站为了辨别用户身份而储存在用户终端上的文本信息（通常经过加密）。Cookie 在用户第一次访问服务器时，由服务器通过响应头的方式发送给客户端浏览器；当用户再次向服务器发送请求时会附带上这些文本信息。图 3-1 为服务器对第一次客户端请求所响应的含有“Set-Cookie”响应头的报文信息，图 3-2 为客户端再次请求时附带的含有“Cookie”请求头的报文信息。

```
HTTP/1.1 200 OK
Server: Apache-Coyote/1.1
Set-Cookie: JSESSIONID=144EFED6474EA40DFE7AE585EEC25D47; Path=/chapter04/; HttpOnly
Content-Type: text/html;charset=UTF-8
Content-Length: 317
Date: Tue, 18 Nov 2014 05:28:41 GMT
```

图 3-1　第一次请求时服务器响应的 Cookie 报头

```
GET /chapter04/CookieExampleServlet HTTP/1.1
Host: localhost:8080
Connection: keep-alive
Accept: text/html,application/xhtml+xml,application/xml;q=0.9,image/webp,*/*;q=0.8
User-Agent: Mozilla/5.0 (Windows NT 6.1) AppleWebKit/537.36 (KHTML, like Gecko) Chrome/35.0.1916.114
Referer: http://localhost:8080/chapter04/commonPage.jsp
Accept-Encoding: gzip,deflate,sdch
Accept-Language: zh-CN,zh;q=0.8
Cookie: JSESSIONID=144EFED6474EA40DFE7AE585EEC25D47
```

图 3-2　再次请求时附带的 Cookie 报头

服务器在接收到来自客户端浏览器的请求时，通过 Cookie 能够分析请求头的内容而得到客户端特有的信息，从而动态生成与该客户端相对应的内容。例如，在很多登录界面中可以看到“记住我”这样的选项，如果勾选则下次再访问该网站时就会自动记住用户名和密码。另外，一些网站可以根据用户的使用喜好不同浏览器设置稍有不同，进行个性化的风格设置、广告投放等，这些功能都可以通过存储在客户端的 Cookie 实现。

注意 在使用 Cookie 时，要保证浏览器接受 Cookie。对 IE 浏览器来说，设置接受 Cookie 的方法：选择浏览器的右上角“工具”菜单→“Internet 选项”→“隐私”→“高级”→“接受”选项。

Cookie 可以通过 jakarta. servlet. http. Cookie 类的构造方法来创建，其示例代码如下所示。

【示例】 Cookie 对象的创建

```
Cookie unameCookie = new Cookie("username","zhaokeling");
```

其中，Cookie 的构造方法通常需要两个参数。

- 第一个 String 类型的参数用于指定 Cookie 的属性名。
- 第二个 String 类型的参数用于指定属性值。

创建完成的 Cookie 对象可以使用 HttpServletResponse 对象的 addCookie()方法，通过增加“Set-Cookie”响应头的方式(不是替换原有的)将其响应给客户端浏览器，存储在客户端机器上，示例代码如下所示。生成的 Cookie 仅在当前浏览器有效，不能跨浏览器。

【示例】 服务器向客户端响应 Cookie

```
response.addCookie(unameCookie);
```

其中，addCookie()方法中的参数为一个 Cookie 对象。存储在客户端的 Cookie，通过 HttpServletRequest 对象的 getCookies()方法获取，该方法返回所访问网站的所有 Cookie 的对象数组，遍历该数组可以获得各个 Cookie 对象，示例代码如下所示。

【示例】 获取并遍历客户端 Cookie

```
Cookie[] cookies = request.getCookie();
if(cookies != null)
for(Cookie c : cookies){
    out.println("属性名:" + c.getName());
    out.println("属性值" + c.getValue());
}
```

在默认情况下，Cookie 只能被创建它的应用获取。Cookie 的 setPath()方法可以重新指定其访问路径，例如将其设置为可被某个应用下的某个路径共享，或被同一服务器内的所有应用共享，如下述示例所示。

【示例】 设置 Cookie 在某个应用下的访问路径

```
unameCookie.setPath("/ch03/jsp/");
```

【示例】 设置 Cookie 在服务器中所有应用下的访问路径

```
unameCookie.setPath("/");
```

Cookie 有一定的存活时间，不会在客户端一直保存。默认情况下，Cookie 保存在浏览器内存中，在浏览器关闭时失效，这种 Cookie 也称为临时 Cookie(或会话 Cookie)。若要让其长久地保存在磁盘上，可以通过 Cookie 对象的 setMaxAge()方法设置其存活时间(以秒为单位)，时间若为正整数，表示其存活的秒数；若为负数，表示其为临时 Cookie；若为 0，表示通知浏览器删除相应的 Cookie。保存在磁盘上的 Cookie 也称为持久 Cookie。下述示例描述存活时间为 1 周的持久 Cookie。

【示例】 设置 Cookie 的存活时间

```
unameCookie.setMaxAge(7 * 24 * 60 * 60);                //参数以秒为基本单位
```

下述代码演示使用 Cookie 保存用户名和密码，当用户再次登录时在相应的文本栏显示上次登录时输入的信息。

首先，编写用于接收用户输入的 HTML 表单文件，在该例子中，没有使用 HTML 文件而是用一个 Servlet 来完成此功能，这是因为需要通过 Servlet 去读取客户端的 Cookie，而 HTML 文件无法完成此功能。

【案例 3-1】 LoginServlet.java

```
@WebServlet("/LoginServlet")
public class LoginServlet extends HttpServlet {
    public void doGet(HttpServletRequest request, HttpServletResponse response)
            throwsServletException, IOException {
        String cookieName = "userName";
        String cookiePwd = "pwd";
        // 获得所有 Cookie
        Cookie[] cookies = request.getCookies();
        String userName = "";
        String pwd = "";
        String isChecked = "";
        // 如果 Cookie 数组不为 null,说明曾经设置过
        // 也就是曾经登录过,那么取出上次登录的用户名和密码
        if (cookies != null) {
            // 如果曾经设置过 Cookie,checkbox 状态应该是 checked
            isChecked = "checked";
            for (inti = 0; i < cookies.length; i++) {
                // 取出登录名
                if (cookies[i].getName().equals(cookieName)) {
                    userName = cookies[i].getValue();
                }
                // 取出密码
                if (cookies[i].getName().equals(cookiePwd)) {
                    pwd = cookies[i].getValue();
                }
            }
        }
        response.setContentType("text/html;charset = GBK");
        PrintWriter out = response.getWriter();
        out.println("<html>\n");
        out.println("<head><title>登录</title></head>\n");
        out.println("<body>\n");
        out.println("<center>\n");
        out.println("<form action = 'CookieTest'" + " method = 'post'>\n");
        out.println("姓名:<input type = 'text'" + " name = 'UserName' value = '"
```

```
            + userName + "'>< br/>\n");
        out.println("密码:< input type = 'password' name = 'Pwd' value = '" + pwd
            + "'>< br/>\n");
        out.println("保存用户名和密码< input type = 'checkbox'"
            + "name = 'SaveCookie' value = 'Yes' " + isChecked + ">\n");
        out.println("        < br/>\n");
        out.println("        < input type = \"submit\">\n");
        out.println("    </form >\n");
        out.println("</center >\n");
        out.println("</body >\n");
        out.println("</html >\n");
    }
    public void doPost(HttpServletRequest request, HttpServletResponse response)
            throwsServletException, IOException {
        doGet(request, response);
    }
}
```

上述代码先使用 request. getCookies()获取客户端 Cookie 数组；再遍历该数组，找到对应的 Cookie，取出用户名和密码；最后将信息显示在相应的表单控件中。

然后，编写 CookieTest. java 程序创建 Cookie 并保存到客户端。

【案例 3-2】 CookieTest. java

```
@WebServlet("/CookieTest")
public class CookieTest extends HttpServlet {
    public void doGet(HttpServletRequest request, HttpServletResponse response)
            throwsServletException, IOException {
        Cookie userCookie = new Cookie("userName", request
                .getParameter("UserName"));
        Cookie pwdCookie = new Cookie("pwd", request.getParameter("Pwd"));
        if (request.getParameter("SaveCookie") != null
                &&request.getParameter("SaveCookie").equals("Yes")) {
            userCookie.setMaxAge(7 * 24 * 60 * 60);
            pwdCookie.setMaxAge(7 * 24 * 60 * 60);
        } else {
            //删除客户端对应的 Cookie
            userCookie.setMaxAge(0);
            pwdCookie.setMaxAge(0);
        }
        response.addCookie(userCookie);
        response.addCookie(pwdCookie);
        PrintWriter out = response.getWriter();
        out.println("Welcome," + request.getParameter("UserName"));
    }

    public void doPost(HttpServletRequest request, HttpServletResponse response)
            throwsServletException, IOException {
        doGet(request, response);
    }
}
```

上述代码创建了两个 Cookie 对象，分别用来储存表单中传递过来的用户名和密码，然后根据客户端的“SaveCookie”元素的值，决定是否向客户端发送 Cookie，或者删除以前存储的 Cookie。

启动 Tomcat 服务器,在浏览器中访问 http://localhost:8080/ch03/LoginServlet,第一次请求的访问登录页面,如图 3-3 所示。

图 3-3 第一次请求的响应报文

输入姓名和密码,选中保存复选框,单击提交按钮,显示结果如图 3-4 所示。

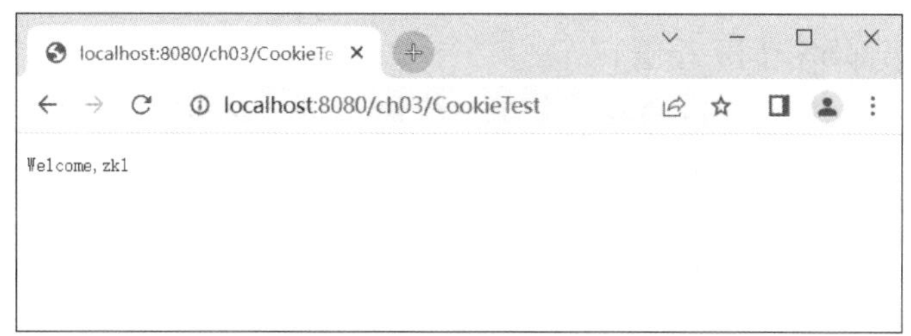

图 3-4 第二次请求的请求报文

当再次登录时,用户名和密码已显示,如图 3-5 所示。

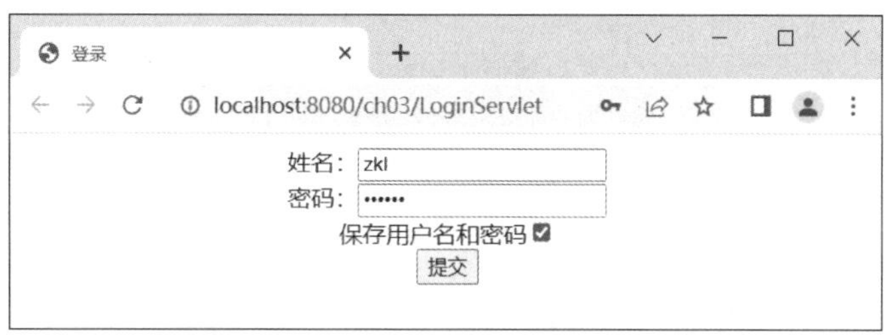

图 3-5 第二次请求的响应报文

上述实例效果只限于使用同一浏览器且允许 Cookie 下访问,这是由 Cookie 本身的局限性决定的。Cookie 的缺点主要集中在其安全性和隐私保护上,主要包括以下几点。

- Cookie 可能被禁用,当用户非常注重个人隐私保护时,很可能会禁用浏览器的 Cookie 功能。
- Cookie 是与浏览器相关的,这意味着即使访问的是同一个页面,不同浏览器之间所保存的 Cookie 也是不能互相访问的。
- Cookie 可能被删除,因为每个 Cookie 都是硬盘上的一个文件,因此很有可能被用户删除。
- Cookie 的大小和个数受限,单个 Cookie 保存的数据不能超过 4KB,很多浏览器都限制一个站点最多保存 20 个 Cookie。
- Cookie 安全性不够高,所有的 Cookie 都是以纯文本的形式记录于文件中,因此如果要保存用户名和密码等信息,最好事先经过加密处理。

视频讲解

3.3 Session 技术

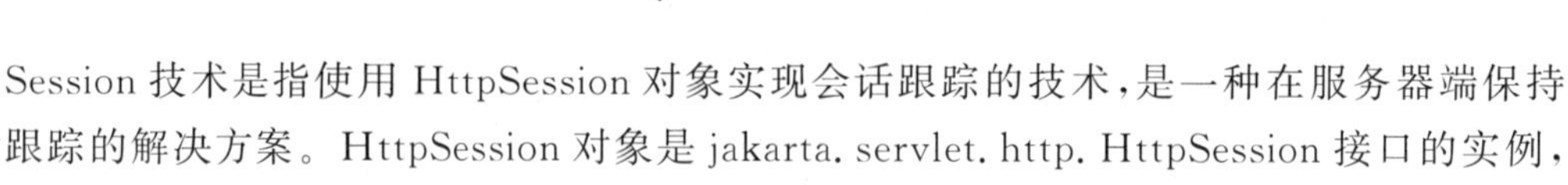

Session 技术是指使用 HttpSession 对象实现会话跟踪的技术，是一种在服务器端保持会话跟踪的解决方案。HttpSession 对象是 jakarta. servlet. http. HttpSession 接口的实例，也称为会话对象，该对象用来保存单个用户访问时的一些信息，是服务器在无状态的 HTTP 下用来识别和维护具体某个用户的主要方式。

3.3.1 Session 创建

HttpSession 对象会在用户第一次访问服务器时由容器创建（注意只有访问 JSP、Servlet 等程序时才会创建，只访问 HTML、IMAGE 等静态资源并不会创建），当用户调用其失效方法（invalidate()方法）或超过其最大不活动时间时会失效。在此期间，用户与服务器之间的多次请求都属于同一个会话。

服务器在创建会话对象时，会为其分配一个唯一的会话标识——SessionId，在用户随后的请求中，服务器通过读取 SessionId 属性值来识别不同的用户，从而实现对每个用户的会话跟踪。

HttpServletRequest 接口提供了获取 HttpSession 对象的方法，如表 3-1 所示。

表 3-1 获取 HttpSession 对象的方法

方法	描述
getSession()	获取与客户端请求关联的当前的有效的 Session，若没有 Session 关联则新建一个
getSession(boolean create)	获取与客户端请求关联的当前的有效的 Session，若没有 Session 关联，当参数为真时，Session 被新建，为假时，返回空值

获取一个会话对象的示例代码如下所示。

【示例】 获取会话对象

```
HttpSession session = request.getSession();
HttpSession session = request.getSession(true);
```

HttpSession 接口提供了存取会话域属性和管理会话生命周期的方法，如表 3-2 所示。

表 3-2 HttpSession 接口常用方法

方法	描述
void setAttribute(String key, Object value)	以 key/value 的形式将对象保存在 HttpSession 对象中
Object getAttribute(String key)	通过 key 获取对象值
void removeAttribute(String key)	从 HttpSession 对象中删除指定名称 key 所对应的对象
void invalidate()	设置 HttpSession 对象失效
void setMaxInactiveInterval(int interval)	设定 HttpSession 对象的最大不活动时间（以秒为单位），若超过这个时间，HttpSession 对象将会失效
int getMaxInactiveInterval()	获取 HttpSession 对象的有效最大不活动时间（以秒为单位）
String getId()	获取 HttpSession 对象标识 SessionID
long getCreationTime()	获取 HttpSession 对象产生的时间，单位是毫秒
long getLastAccessedTime()	获取用户最后通过这个 HttpSession 对象送出请求的时间

其中，存取会话域属性数据的方法示例如下所示。

【示例】 存取会话域属性

```
//存储会话域属性"username",值为"zkl"
session.setAttribute("username","zkl");
//通过属性名"username"从会话域中获取属性值
String uname = (String)session.getAttribute("username");
//通过属性名将属性从会话域中移除
session.removeAttribute("username");
```

HttpSession 接口用于管理会话生命周期的方法示例如下所示。

【示例】 获取会话的最大不活动时间

```
int time = session.getMaxInactiveInterval();        //单位为秒
```

会话的最大不活动时间是指，会话超过此时间不进行任何操作则会话自动失效的时间。HttpSession 对象的最大不活动时间与容器配置有关，对于 Tomcat 容器，默认时间为 1800s。实际开发中，可以根据业务需求，通过 web.xml 重新设置该时间，设置方式如下所示。

【示例】 在 web.xml 中设置会话最大不活动时间

```
<session-config>
    <session-timeout>10</session-timeout><!-- 单位为分钟 -->
</session-config>
```

其中设置时间的单位为分钟。

除了此种方式外，还可以通过会话对象的 setMaxInactiveInterval()方法进行设置，示例如下。

【示例】 使用代码设置会话最大不活动时间

```
session.setMaxInactiveInterval(600);                //单位为秒
```

会话对象除了在超过最大不活动时间自动失效外，也可以通过调用 invalidate()方法让其立即失效，示例代码如下所示。

【示例】 设置会话立即失效

```
session.invalidate();
```

服务器在执行会话失效代码后，会清除会话对象及其所有会话域属性，同时响应客户端浏览器 Session。在实际应用中，此方法多用来实现系统的“安全退出”，使客户端和服务器彻底结束此次会话，清除所有与会话相关的信息，防止会话劫持等黑客攻击。

3.3.2 Session 生命周期

Session 生命周期经过以下几个过程。

(1) 客户端向服务器第一次发送请求时，request 中并无 SessionID。

(2) 此时服务器会创建一个 Session 对象，并分配一个 SessionID。Serssion 对象保存在服务器端，此时为新建状态，调用 session.isNew()返回 true。

(3) 当服务器端处理完毕后，会将 SessionID 通过 response 对象传回到客户端，浏览器负责保存到当前进程中。

(4) 当客户端再次发送请求时,会同时将 SessionID 发送给服务器。

(5) 服务器根据传递过来的 SessionID 将这次请求(request)与保存在服务器端的 Session 对象联系起来。此时 Session 已不处于新建状态,调用 session.isNew()返回 false。

(6) 循环执行上面的过程(3)~(5),直到 Session 超时或销毁。

Session 的生命周期和访问范围如图 3-6 所示。每个客户(如 Client1)可以访问多个 Servlet,但是一个客户的多个请求将共享一个 Session,同一 Web 应用下的所有 Servlet 共享一个 ServletContext,即 Servlet 上下文。有关 ServletContext 在本章后续章节将详细介绍。

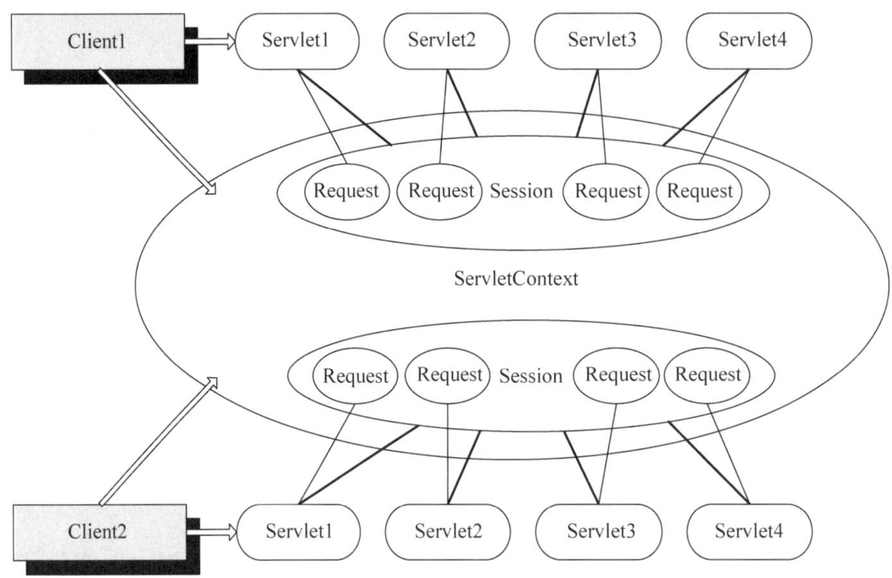

图 3-6 Session 的生命周期和访问范围

3.3.3 Session 应用

下述代码演示使用 Session 实现一个购物车。其中,案例 3-3 中的 bookChoose.jsp 页面用于让用户选择需要放入购物车的书籍,案例 3-4 中的 ShoppingCarServlet.java 用于将书籍存入购物车,案例 3-5 中的 ShoppingListServlet.java 用于从购物车中取出书籍进行显示。

【案例 3-3】 bookChoose.jsp

```
<%@ page language = "java" contentType = "text/html; charset = UTF - 8"
    pageEncoding = "UTF - 8" %>
<!DOCTYPE html PUBLIC " - //W3C//DTD HTML 4.01 Transitional//EN" "http://www.w3.org/TR/html4/
loose.dtd">
<html>
<head>
<meta http - equiv = "Content - Type" content = "text/html; charset = UTF - 8">
<title>书籍选购</title>
</head>
<body>
<h2>请选择您要购买的书籍:</h2>
```

```
<form action = "ShoppingCarServlet" method = "post">
<p><input type = "checkbox" name = "book" value = "JavaSE 应用与开发"> JavaSE 应用与开发</p>
<p><input type = "checkbox" name = "book" value = "JavaWeb 应用与开发"> JavaWeb 应用与开发</p>
<p><input type = "checkbox" name = "book" value = "JavaEE 应用与开发"> JavaEE 应用与开发</p>
<p><input type = "submit" value = "提交"></p>
</form>
</body>
</html>
```

启动 Tomcat 服务器，在浏览器中访问“http://localhost:8080/ch03/bookChoose.jsp”，运行结果如图 3-7 所示。

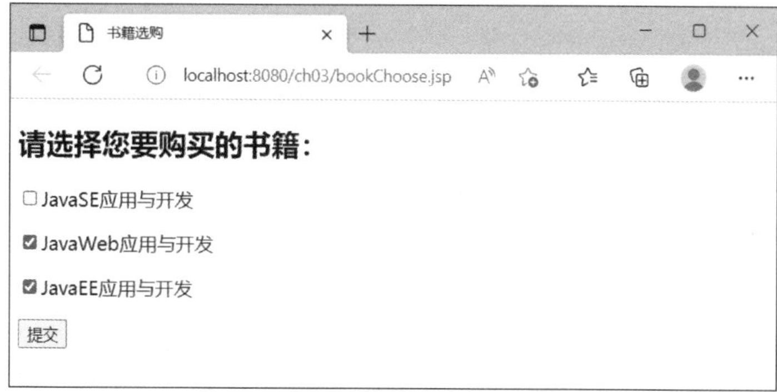

图 3-7　bookChoose.jsp 运行结果

实现购物车功能的 ShoppingCarServlet 代码如下所示。

【案例 3-4】　ShoppingCarServlet.java

```
@WebServlet("/ShoppingCarServlet")
public class ShoppingCarServlet extends HttpServlet {

    protected void doPost(HttpServletRequest request,
            HttpServletResponse response) throws ServletException, IOException {
        request.setCharacterEncoding("UTF-8");
        response.setContentType("text/html;charset = UTF-8");
        PrintWriter out = response.getWriter();

        // 获取会话对象
        HttpSession session = request.getSession();

        // 从会话域中获取 shoppingCar 属性对象(即:购物车)
        // 对象定义为 Map 类型,key 为书名,value 为购买数量
        Map<String, Integer> car = (Map<String, Integer>) session
                .getAttribute("shoppingCar");
        // 若会话域中无 shoppingCar 属性对象,则实例化一个
        if (car == null) {
            car = new HashMap<String, Integer>();
        }
        // 获取用户选择的书籍
        String[] books = request.getParameterValues("book");
        if (books != null && books.length > 0) {
            for (String bookName : books) {
                // 判断此书籍是否已在购物车中
```

```
                if (car.get(bookName) != null) {
                    int num = car.get(bookName);
                    car.put(bookName, num + 1);
                } else {
                    car.put(bookName, 1);
                }
            }
        }
        // 将更新后的购物车存储在会话域中
        session.setAttribute("shoppingCar", car);
        response.sendRedirect("ShoppingListServlet");
    }
}
```

在 ShoppingListServlet 中，从会话域中取出购物车，对其存储的货物进行遍历显示，代码如下所示。

【案例 3-5】 ShoppingListServlet.java

```
@WebServlet("/ShoppingListServlet")
public class ShoppingListServlet extends HttpServlet {

    protected void doGet(HttpServletRequest request,
            HttpServletResponse response) throws ServletException, IOException {
        this.doPost(request, response);
    }

    protected void doPost(HttpServletRequest request,
            HttpServletResponse response) throws ServletException, IOException {
        response.setContentType("text/html;charset = UTF - 8");
        PrintWriter out = response.getWriter();

        HttpSession session = request.getSession();
        Map < String, Integer > car = (Map < String, Integer >) session
                .getAttribute("shoppingCar");

        if (car != null && car.size() > 0) {
            out.println("< p >您购买的书籍有:</p >");
            // 遍历显示购物车中的书籍名称和选择次数
            for (StringbookName : car.keySet()) {
                out.println("< p >" + bookName + " , " + car.get(bookName)
                        + "本</p >");
            }
        } else {
            out.println("< p >您还未购买任何书籍!</p >");
        }
        out.println("< p >< a href = 'bookChoose.jsp'>继续购买</a ></p >");
    }
}
```

用户提交书籍选择表单后的运行结果如图 3-8 所示。

单击“继续购买”链接，返回到 bookChoose.jsp 图书页面可以继续购买，结果如图 3-9 所示。

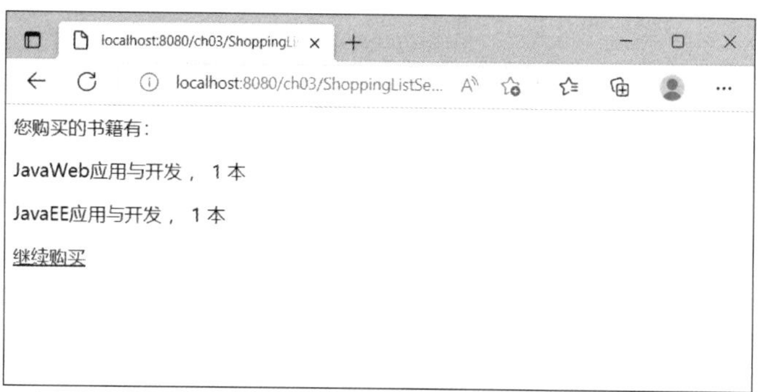

图 3-8 表单提交后的运行结果

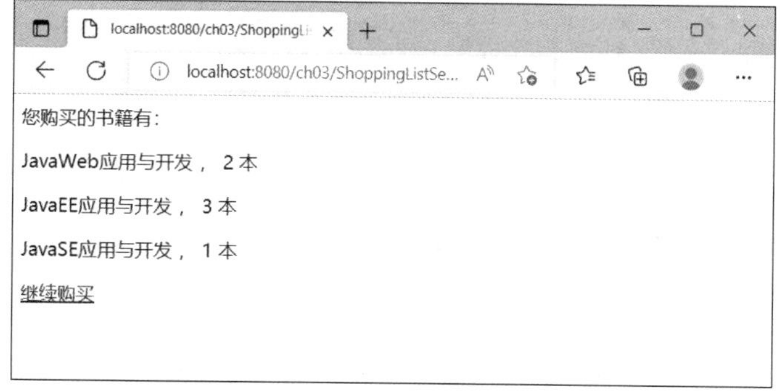

图 3-9 继续购买后的运行结果

3.4 URL 重写技术

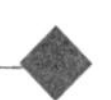

视频讲解

URL 重写是指服务器程序对接收的 URL 请求重新写成网站可以处理的另一个 URL 的过程。URL 重写技术是实现动态网站会话跟踪的重要保障。在实际应用中，当不能确定客户端浏览器是否支持 Cookie 的情况下，使用 URL 重写技术可以对请求的 URL 地址追加会话标识，从而实现用户的会话跟踪功能。

例如，对于如下格式的请求地址：

```
http://localhost:8080/ch03/EncodeURLServlet
```

经过 URL 重写后，地址格式变为：

```
http://localhost:8080/ch03/EncodeURLServlet;jsessionid=24666BB458B4E0A68068CC49A97FC4A9
```

其中"jsessionid"即为追加的会话标识，服务器可以通过它来识别跟踪某个用户的访问。

URL 重写通过 HttpServletResponse 的 encodeURL()方法和 encodeRedirectURL()方法实现，其中 encodeRedirectURL()方法主要对使用 sendRedirect()方法的 URL 进行重写。URL 重写方法根据请求信息中是否包含"Set-Cookie"请求头来决定是否进行 URL 重写，若包含该请求头，会将 URL 原样输出；若不包含，则会将会话标识重写到 URL 中。

URL 重写的示例代码如下所示。

【示例】 encodeURL()方法的使用

```
out.print("<a href = '" + response.encodeURL("EncodeURLServlet") + "'>链接请求</a>">
```

【示例】 encodeRedirectURL()方法的使用

```
response.sendRedirect(response.encodeRedirectURL("EncodeURLServlet"));
```

下述代码演示在浏览器 Cookie 禁用后，普通请求和重定向请求的 URL 重写方法，以及重写后会话标识"jsessionid"的跟踪情况。

图 3-10 演示对 IE 浏览器 Cookie 的禁用设置。

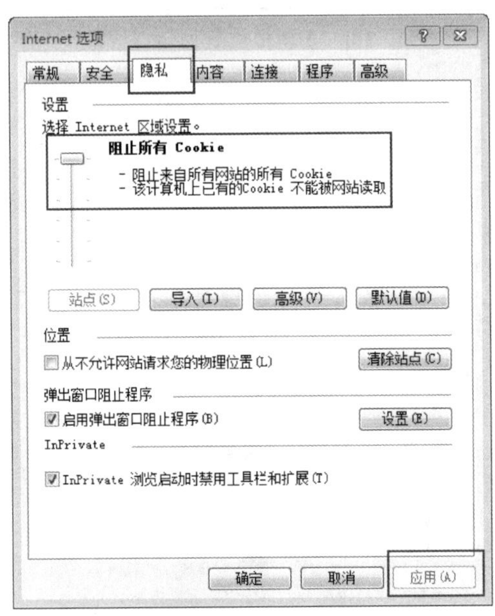

图 3-10 IE 浏览器 Cookie 的禁用设置

【案例 3-6】 UrlRewritingServlet.java

```
@WebServlet("/UrlRewritingServlet")
public class UrlRewritingServlet extends HttpServlet {

    protected void doGet(HttpServletRequest request,
            HttpServletResponse response) throws ServletException, IOException {
        response.setContentType("text/html;charset = UTF - 8");
        PrintWriter out = response.getWriter();
        // 获取会话对象
        HttpSession session = request.getSession();

        // 对 CommonServlet 和 UseRedirectServlet 两个请求地址进行 URL 重写
        String link1 = response.encodeURL("CommonServlet");
        String link2 = response.encodeURL("UseRedirectServlet");
        // 使用超链接形式对 URL 重写地址进行请求
        out.println("<a href = '" + link1 + "'>对一个普通 Servlet 的请求</a>");
        out.println("<a href = '" + link2 + "'>对一个含有重定向代码的 Servlet 的请求</a>");
    }

}
```

启动服务器，在 IE 中访问"http://localhost:8080/ch03/UrlRewritingServlet"，运行结果和页面源码如图 3-11 所示。

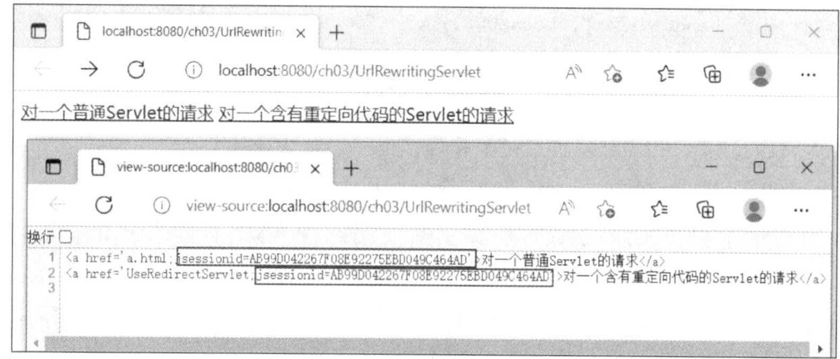

图 3-11　UrlRewritingServlet.java 运行结果和页面源码

从运行结果可以看出，两个 Servlet 请求地址经 URL 重写后，都被附加了 jsessionid 标识。下述代码演示第一个超链接 CommonSevlet 对会话标识的获取。

【案例 3-7】 CommonServlet.java

```
@WebServlet("/CommonServlet")
public class CommonServlet extends HttpServlet {

    protected void doGet(HttpServletRequest request, HttpServletResponse response) throws
ServletException, IOException {
        PrintWriter out = response.getWriter();
        // 获取经 URL 重写传递来的会话标识值
        String sessionId = request.getSession().getId();
        out.println(sessionId);
    }

}
```

单击第一个超链接，运行结果如图 3-12 所示。

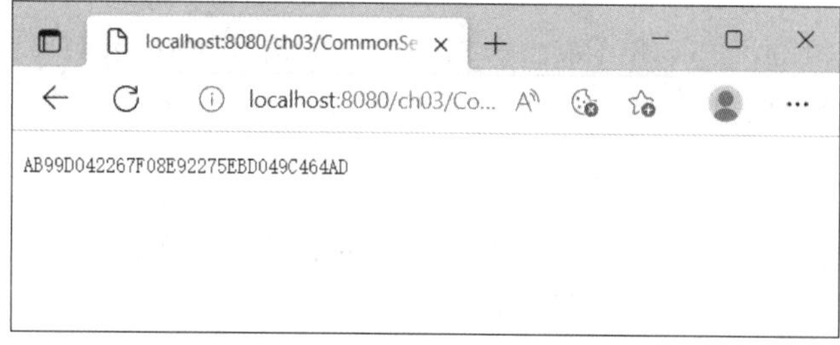

图 3-12　CommonServlet.java 运行结果

下述代码演示第二个超链接 UseRedirectServlet 对重定向 URL 的重写方法。

【案例 3-8】 UseRedirectServlet.java

```
@WebServlet("/UseRedirectServlet")
public class UseRedirectServlet extends HttpServlet {
    protected void doGet(HttpServletRequest request, HttpServletResponse response) throws
ServletException, IOException {
```

```
        //对重定向的URL进行重写
        String encodeURL = response.encodeRedirectURL("CommonServlet");
        //进行重定向
        response.sendRedirect(encodeURL);
    }
}
```

单击第二个超链接,可以发现运行结果与图 3-12 完全相同。

由此实例可以看出,在客户端浏览器完全禁用了 Cookie 后,通过在请求地址后附加会话标识的 URL 重写技术仍可实现会话的跟踪。但使用此种方式,有以下几个方面需要注意。

- 如果应用需要使用 URL 重写,那么必须对应用的所有请求(包括所有的超链接、表单的 action 属性值和重定向地址)都进行重写,从而将 jsessionid 维持下来。
- 浏览器对 URL 地址长度有限制,所以在对含有查询参数的 GET 请求进行 URL 重写时,需要注意其总长度。
- 由于静态页面不能进行会话标识的传递,因此所有的 URL 地址都必须为动态请求地址。

3.5 隐藏表单域技术

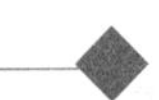

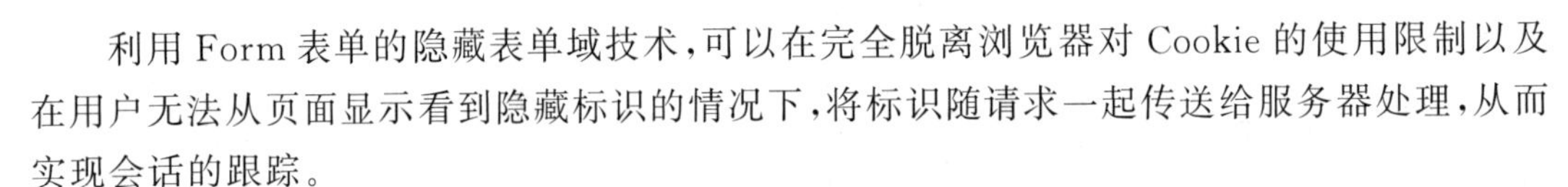

利用 Form 表单的隐藏表单域技术,可以在完全脱离浏览器对 Cookie 的使用限制以及在用户无法从页面显示看到隐藏标识的情况下,将标识随请求一起传送给服务器处理,从而实现会话的跟踪。

设置隐藏表单域的示例代码如下所示。

【示例】 在 Form 表单中定义隐藏域

```
<form action="xx" method="post">
    <input type="hidden" name="userID" value="10010">
    <input type="submit" value="提交">
</form>
```

在服务器端通过 HttpServletRequest 对象获取隐藏域的值,示例代码如下所示。

【示例】 隐藏域的获取

```
String flag = request.getParameter("userID");
```

由于使用隐藏表单域技术进行会话跟踪的基本前提是只能通过 Form 表单来传递标识信息,因此此技术在实际应用中并不常用。

3.6 ServletConfig 接口

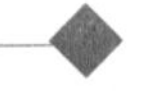

jakarta.servlet.ServletConfig 接口的定义为:

```
public abstract interface jakarta.servlet.ServletConfig
```

容器在初始化一个 Servlet 时,将为该 Servlet 创建一个唯一的 ServletConfig 对象,并将这个 ServletConfig 对象通过 init(ServletConfig config)方法传递并保存在此 Servlet 对象中。

ServletConfig 接口的主要方法如表 3-3 所示。

表 3-3 ServletConfig 接口的主要方法

方法	方法描述
getInitParameter(String param)	根据给定的初始化参数名称，返回参数值，若参数不存在，返回 null
getInitParameterNames()	返回一个 Enumeration 对象，里面包含了所有的初始化参数名称
getServletContext()	返回当前 ServletContext()对象
getServletName()	返回当前 Servlet 的名字，即@WebServlet 的 name 属性值。如果没有配置这个属性，则返回 Servlet 类的全限定名

使用 ServletConfig 接口中的方法主要可以访问两项内容：Servlet 初始化参数和 ServletContext 对象。前者通常由容器从 Servlet 的配置属性中读取(如 initParams 或 <init-param>所指定的参数)；后者为 Servlet 提供有关容器的信息。

在实际应用中经常会遇到一些随需求不断变更的信息，例如数据库的链接地址、账号、密码等，若将这些信息硬编码到 Servlet 类中，则信息的每次修改都将使 Servlet 重新编译，这将大大降低系统的可维护性。这时可以采用 Servlet 的初始参数配置来解决这类问题。

下述示例演示通过 web.xml 文件配置初始化参数和使用 ServletConfig 对象获取初始化参数。

【示例】 Servlet 初始化参数在 web.xml 文件中的配置

```
<servlet>
        <servlet-name>HelloServlet</servlet-name>
        <servlet-class>com.zkl.ch03.servlet.HelloServlet</servlet-class>
        <init-param>
            <param-name>url</param-name>
            <param-value>jdbc:oracle:thin:@localhost:1521:orcl</param-value>
        </init-param>
        <init-param>
            <param-name>user</param-name>
            <param-value>zkl</param-value>
        </init-param>
        <init-param>
            <param-name>password</param-name>
            <param-value>123456</param-value>
        </init-param>
</servlet>
```

在上述代码中，配置 Servlet 时使用<init-param>元素设定初始化参数信息，该元素有两个子元素：<param-name>子元素设置初始化参数名，<param-value>子元素设置初始化参数值。

【示例】 Servlet 初始化参数的获取

```
public class HelloServlet extends HttpServlet {

    public void init(ServletConfig config) throws ServletException {
        String url = config.getInitParameter("url");
        String user = config.getInitParameter("user");
        String password = config.getInitParameter("password");
        try {
            Connection conn = DriverManager.getConnection(url, user, password);
```

```
            } catch (SQLException e) {
                e.printStackTrace();
            }
        }
    ...
```

通过上述示例可以看出，在项目开发和应用过程中若要对数据库连接信息进行变更，只需修改 web. xml 中的 Servlet 配置属性即可，而不需要修改代码和重新编译代码。

3.7 ServletContext 接口

jakarta. servlet. ServletContext 接口的定义为：

```
public abstract interface jakarta.servlet.ServletContext
```

ServletContext 也称为 Servlet 上下文，代表当前 Servlet 运行环境，是 Servlet 与 Servlet 容器之间直接通信的接口。Servlet 容器在启动一个 Web 应用时，会为该应用创建一个唯一的 ServletContext 对象供该应用中的所有 Servlet 对象共享，Servlet 对象可以通过 ServletContext 对象来访问容器中的各种资源。

获得 ServletContext 对象可以通过以下两种方式。

(1) 通过 ServletConfig 接口的 getServletContext()方法获得 ServletContext 对象。

(2) 通过 GenericServlet 抽象类的 getServletContext()方法获得 ServletContext 对象，实质上该方法也是调用了 ServletConfig 接口的 getServletContext()方法。

ServletContext 接口提供了以下几种类型的方法。

- 获取应用范围的初始化参数的方法。
- 存取应用域属性的方法。
- 获取当前 Web 应用信息的方法。
- 获取当前容器信息和向容器输出日志的方法。
- 获取服务器文件资源的方法。

下述各小节将依次对其进行详细介绍。

视频讲解

3.7.1 获取应用范围的初始化参数

在 Web 应用开发中可以通过 web. xml 配置应用范围的初始化参数，容器在应用程序加载时会读取这些配置参数并存入 ServletContext 对象中。ServletContext 接口提供了这些初始化参数的获取方法，如表 3-4 所示。

表 3-4 ServletContext 接口获取应用范围的初始化参数的方法

方　法	方法描述
getInitParameter(String name)	返回 Web 应用范围内指定的初始化参数值。在 web. xml 中使用 <context-param>元素表示应用范围内的初始化参数
getInitParameterNames()	返回一个包含所有初始化参数名称的 Enumeration 对象

下述代码演示 Web 应用范围的初始化参数的配置及获取。

首先，在 web. xml 配置文件中配置 Web 应用范围的初始化参数，该参数通过<content-

param >元素来指定,代码如下所示。

【案例 3-9】 web.xml

```
<?xml version = "1.0" encoding = "UTF-8"?>
<web-app xmlns:xsi = "http://www.w3.org/2001/XMLSchema-instance" ...
    version = "5.0">
    <display-name>ch03</display-name>
    <context-param>
        <param-name>webSite</param-name>
        <param-value>www.baidu.com</param-value>
    </context-param>
    <context-param>
        <param-name>adminEmail</param-name>
        <param-value>zkl@qq.com</param-value>
    </context-param>
    <welcome-file-list>
        <welcome-file>index.html</welcome-file>
        <welcome-file>index.jsp</welcome-file>
    </welcome-file-list>
...
```

然后,通过使用 ServletContext 对象获取初始化参数的值,其代码如下所示。

【案例 3-10】 ContextInitParamServlet.java

```
@WebServlet("/ContextInitParamServlet")
public class ContextInitParamServlet extends HttpServlet {
    private static final long serialVersionUID = 1L;
    public ContextInitParamServlet() {
        super();
    }
    protected void doGet(HttpServletRequest request,
            HttpServletResponse response) throws ServletException, IOException {
        // 设置响应到客户端的 MIME 类型及编码方式
        response.setContentType("text/html;charset = UTF-8");
        // 使用 ServletContext 对象获取所有初始化参数
        Enumeration<String> paramNames = super.getServletContext()
                .getInitParameterNames();
        // 使用 ServletContext 对象获取某个初始化参数
        String webSite = super.getServletContext().getInitParameter("webSite");
        StringadminEmail = super.getServletContext().getInitParameter(
                "adminEmail");
        // 获取输出流
        PrintWriter out = response.getWriter();
        // 输出响应结果
        out.print("<p>当前 Web 应用的所有初始化参数:");
        while (paramNames.hasMoreElements()) {
            String name = paramNames.nextElement();
            out.print(name + " ");
        }
        out.println("</p><p>webSite 参数的值:" + webSite);
        out.println("</p><p>adminEmail 参数的值:" + adminEmail + "</p>");
    }

}
```

启动服务器，在 IE 中访问“http://localhost:8080/cha03/ContextInitParamServlet”，运行结果如图 3-13 所示。

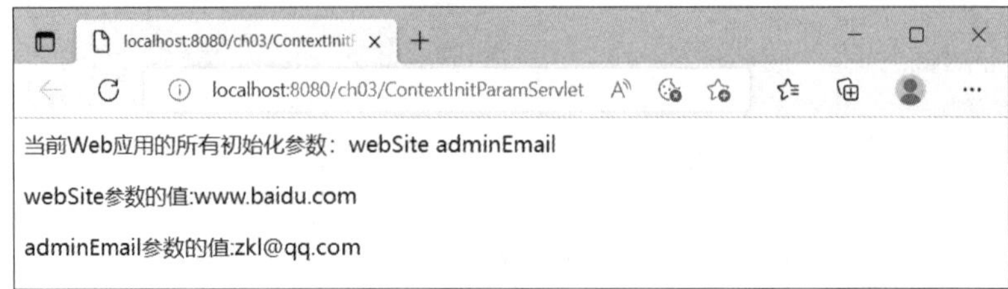

图 3-13 ContextInitParamServlet 运行结果

视频讲解

3.7.2 存取应用域属性

ServletContext 对象可以理解为容器内的一个共享空间，可以存放具有应用级别作用域的数据，Web 应用中的各个组件都可以共享这些数据。这些共享数据以 key/value 的形式存放在 ServletContext 对象中，并以 key 作为其属性名被访问。具体的应用域属性的存取方法如表 3-5 所示。

表 3-5 ServletContext 对象应用域属性的存取方法

方 法	方法描述
setAttribute(String name, Object object)	把一个对象和一个属性名绑定并存放到 ServletContext 中，参数 name 指定属性名，参数 Object 表示共享数据
getAttribute(String name)	根据参数给定的属性名，返回一个 Object 类型的对象
getAttributeNames()	返回一个 Enumeration 对象，该对象包含了所有存放在 ServletContext 中的属性名
removeAttribute(String name)	根据参数指定的属性名，从 ServletContext 对象中删除匹配的属性

注意 应用域具有以下两层含义：一是表示由 Web 应用的生命周期构成的时间段；二是表示在 Web 应用范围内的可访问性。

下述代码通过一个网站访问计数的例子演示应用域属性的存取方法。

【案例 3-11】 ContextAttributeServlet.java

```
@WebServlet("/ContextAttributeServlet")
public class ContextAttributeServlet extends HttpServlet {
    private static final long serialVersionUID = 1L;

    public ContextAttributeServlet() {
        super();
    }

    protected void doGet(HttpServletRequest request,
            HttpServletResponse response) throws ServletException, IOException {
        //设置响应到客户端的文本类型
        response.setContentType("text/html;charset = UTF - 8");
        //获取 ServletContext 对象
        ServletContext context = super.getServletContext();
        //从 ServletContext 对象获取 count 属性存放的计数值
```

```
        Integer count = (Integer) context.getAttribute("count");
        if (count == null) {
            count = 1;
        } else {
            count = count + 1;
        }
        //将更新后的数值存放到 ServletContext 对象的 count 属性中
        context.setAttribute("count", count);
        //获取输出流
        PrintWriter out = response.getWriter();
        //输出计数信息
        out.println("<p>本网站目前访问人数是: " + count + "</p>");
    }
}
```

再新建一个 Servlet 命名为 ContextAttributeOtherServlet，代码内容与 ContextAttributeServlet 完全相同，启动服务器，在 IE 中先后访问“http://localhost:8080/ch03/ContextAttributeServlet”与“http://localhost:8080/ch03/ContextAttributeOtherServlet”，运行结果如图 3-14 所示。

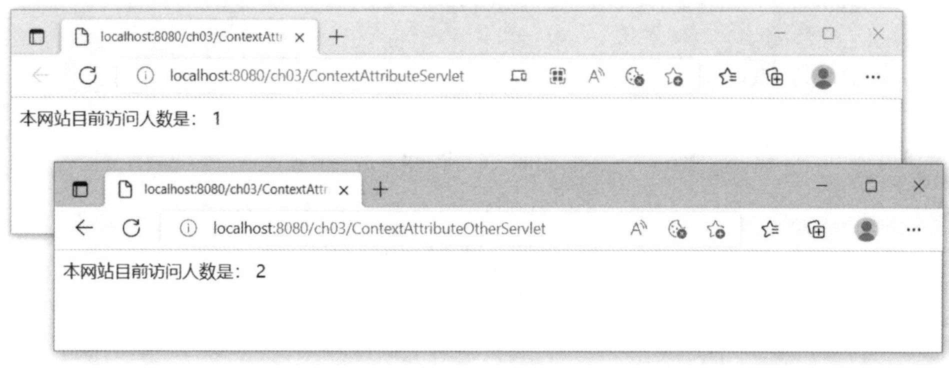

图 3-14 ContextAttributeServlet 与 ContextAttributeOtherServlet 运行结果

由上述代码可以看出，对于存放在 ServletContext 对象中的属性 count，不同的 Servlet 都可以通过 ServletContext 对象对其进行访问和修改，并且一方的修改会影响另一方获取的数据值，因此在多线程访问情况下，需要注意数据的同步问题。

3.7.3 获取当前应用信息

ServletContext 对象还包含有关 Web 应用的信息，例如：当前 Web 应用的根路径、应用的名称、应用组件间的转发，以及容器下其他 Web 应用的 ServletContext 对象等。具体信息的获取如表 3-6 所示。

表 3-6 ServletContext 接口访问当前应用信息的方法

方　法	方法描述
getContextPath()	返回当前 Web 应用的根路径
getServletContextName()	返回 Web 应用的名称，即<web-app>元素中<display-name>元素的值
getRequestDispatcher(String path)	返回一个用于向其他 Web 组件转发请求的 RequestDispatcher 对象
getContext(String uripath)	根据参数指定的 URL 返回当前 Servlet 容器中其他 Web 应用的 ServletContext()对象，URL 必须是以“/”开头的绝对路径

下述代码演示获取当前应用信息的方法的使用。

【案例 3-12】 ContextAppInfoServlet. java

```
@WebServlet("/ContextAppInfoServlet")
public class ContextAppInfoServlet extends HttpServlet {
    private static final long serialVersionUID = 1L;

    protected void doGet(HttpServletRequest request,
            HttpServletResponse response) throws ServletException, IOException {
        // 设置响应到客户端的文本类型为 HTML
        response.setContentType("text/html;charset = UTF - 8");
        // 获取当前 ServletContext 对象
        ServletContext context = super.getServletContext();
        // 获取当前 Web 应用的上下文根路径
        String contextPath = context.getContextPath();
        // 获取当前 Web 应用的名称
        String contextName = context.getServletContextName();
        // 获取输出流
        PrintWriter out = response.getWriter();
        out.println("<P>当前 Web 应用的上下文根路径是:" + contextPath + "</p>");
        out.println("<p>当前 Web 应用的名称是:" + contextName + "</p>");
    }
}
```

启动服务器，在 IE 中访问“http://localhost:8080/ch03/ContextAppInfoServlet”，运行结果如图 3-15 所示。

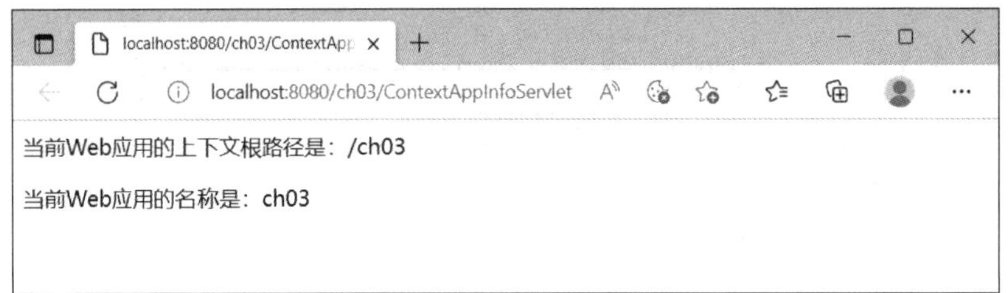

图 3-15 ContextAppInfoServlet. java 运行结果

注意 Tomcat 服务器默认不能跨应用访问，因此若要使用当前应用的 ServletContext 对象的 getContext(String uripath) 方法访问同一容器下的其他应用，需要将"%TOMCAT_HOME%/conf/context. xml"文件中的“< Context >”的属性"crossContext"设为"true"，例如：“< Context crossContext="true">”。

3.7.4 获取容器信息

ServletContext 接口还提供了获取有关容器信息和向容器输出日志的方法，如表 3-7 所示。

表 3-7 ServletContext 接口获取容器信息和向容器输出日志的方法

方 法	方法描述
getServerInfo()	返回 Web 容器的名字和版本
getMajorVersion()	返回 Web 容器支持的 Servlet API 的主版本号
getMinorVersion()	返回 Web 容器支持的 Servlet API 的次版本号
log(String msg)	用于记录一般的日志
log(String message,Throwable throw)	用于记录异常的堆栈日志

ServletContext 接口中常用方法的具体使用如下述代码所示。

【案例 3-13】 ContextLogInfoServlet.java

```
@WebServlet("/ContextLogInfoServlet")
public class ContextLogInfoServlet extends HttpServlet {
    private static final long serialVersionUID = 1L;

    protected void doGet(HttpServletRequest request, HttpServletResponse response) throws
ServletException, IOException {
        // 设置响应到客户端 MIME 类型和字符编码方式
        response.setContentType("text/html;charset = UTF - 8");
        // 获取 ServletContext 对象
        ServletContext context = super.getServletContext();
        // 获取 Web 容器的名字和版本
        String serverInfo = context.getServerInfo();
        // 获取 Web 容器支持的 Servlet API 的主版本号
        int majorVersion = context.getMajorVersion();
        // 获取 Web 容器支持的 Servlet API 的次版本号
        int minoVersion = context.getMinorVersion();
        // 记录一般的日志
        context.log("自定义日志信息");
        // 记录异常的堆栈日志
        context.log("自定义错误日志信息",new Exception("异常堆栈信息"));
        // 获取输出流
        PrintWriter out = response.getWriter();
        out.println("<p>Web 容器的名字和版本为:" + serverInfo + "</p>");
        out.println("<p>Web 容器支持的 Servlet API 的主版本号为:" + majorVersion + "</p>");
        out.println("<p>Web 容器支持的 Servlet API 的次版本号为:" + minoVersion + "</p>");

    }
}
```

启动服务器,在浏览器中访问 http://localhost:8080/ch03/ContextLogInfoServlet,运行结果如图 3-16 所示。

图 3-16 ContextLogInfoServlet.java 运行结果

ContextLogInfoServlet 中记录的日志信息在 Tomcat 服务器控制台显示效果如图 3-17 所示。

```
Markers  Properties  Servers  Data Source Explorer  Snippets  Terminal  Console ×
Tomcat v10.0 Server at localhost [Apache Tomcat] C:\Program Files\Java\jdk-18.0.2.1\bin\javaw.exe (2022年9月28日 下午5:42:55) [pid: 12904]
信息: [522]毫秒后服务器启动
9月 28, 2022 5:42:58 下午 org.apache.catalina.core.ApplicationContext log
信息: 自定义日志信息
9月 28, 2022 5:42:58 下午 org.apache.catalina.core.ApplicationContext log
严重: 自定义错误日志信息
java.lang.Exception: 异常堆栈信息
        at com.zkl.ch03.servlet.ContextLogInfoServlet.doGet(ContextLogInfoServlet.java:31)
        at jakarta.servlet.http.HttpServlet.service(HttpServlet.java:668)
        at jakarta.servlet.http.HttpServlet.service(HttpServlet.java:777)
        at org.apache.catalina.core.ApplicationFilterChain.internalDoFilter(ApplicationFilterChain.java
        at org.apache.catalina.core.ApplicationFilterChain.doFilter(ApplicationFilterChain.java:158)
        at org.apache.tomcat.websocket.server.WsFilter.doFilter(WsFilter.java:53)
        at org.apache.catalina.core.ApplicationFilterChain.internalDoFilter(ApplicationFilterChain.java
```

图 3-17 日志信息在 Tomcat 服务器控制台显示效果

3.7.5 获取服务器文件资源

使用 ServletContext 接口可以直接访问 Web 应用中的静态内容文件，例如 HTML、GIF、Properties 文件等，同时还可以获取文件资源的 MIME 类型以及其在服务器中的真实存放路径，具体方法如表 3-8 所示。

表 3-8 ServletContext 接口访问服务器端文件系统资源的方法

方　法	方法描述
getResourceAsStream(String path)	返回一个读取参数指定的文件的输入流，参数路径必须以"/"开头
getResource(String path)	返回由 path 指定的资源路径对应的一个 URL 对象，参数路径必须以"/"开头
getRealPath(String path)	根据参数指定的虚拟路径，返回文件系统中的一个真实的路径
getMimeType(String file)	返回参数指定的文件的 MIME 类型

下述代码演示使用 ServletContext 接口访问当前 ch03 应用中 images 目录下的 mypic.jpg 文件。

【案例 3-14】 ContextFileResourceServlet.java

```
@WebServlet("/ContextFileResourceServlet")
public class ContextFileResourceServlet extends HttpServlet {
    private static final long serialVersionUID = 1L;

    public ContextFileResourceServlet() {
        super();
    }

    protected void doGet(HttpServletRequest request,
            HttpServletResponse response) throws ServletException, IOException {
        // 设置响应到客户端 MIME 类型和字符编码方式
        response.setContentType("text/html;charset = UTF - 8");
        // 获取 ServletContext 对象
        ServletContext context = super.getServletContext();

        // 获取用于读取指定静态文件的输入流
```

```
        InputStream is = context.getResourceAsStream("/images/mypic.jpg");
        // 获取一个映射到指定静态文件路径的 URL
        URL url = context.getResource("/images/mypic.jpg");
        // 从 URL 对象中获取文件的输入流
        InputStream in = url.openStream();
        // 比较使用上述两种方法获取同一文件输入流的大小
        boolean isEqual = is.available() == in.available();

        // 根据指定的文件虚拟路径获取真实路径
        String fileRealPath = context.getRealPath("/images/mypic.jpg");
        // 获取指定文件的 MIME 类型
        String mimeType = context.getMimeType("/images/mypic.jpg");

        // 获取输出流
        PrintWriter out = response.getWriter();
        out.println("<p>两种方式获取同一文件输入流的大小是否相等:" + isEqual + "</p>");
        out.println("<p>虚拟路径"/images/mypic.jpg"的真实路径为:" + fileRealPath + "</p>");
        out.println("<p>mypic.jpg 的 MIME 类型为:" + mimeType + "</p>");
        out.close();
    }

}
```

启动服务器,在浏览器中访问 http://localhost:8080/ch03/ContextFileResourceServlet,运行结果如图 3-18 所示。

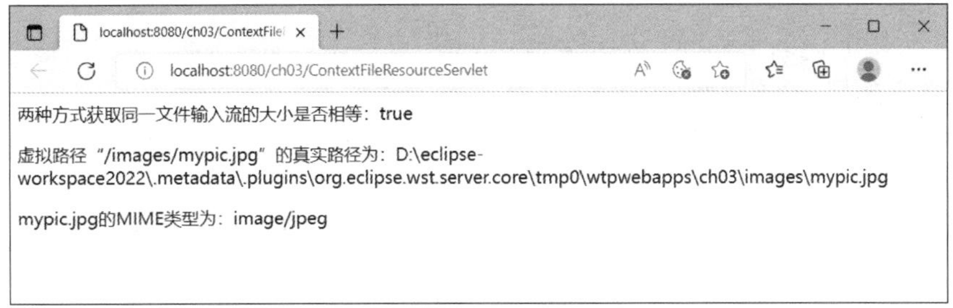

图 3-18 ContextFileResourceServlet 运行结果

本章总结

- Cookie 是保存在客户端的小段文本。
- 通过请求可以获得 Cookie,通过响应可以写入 Cookie。
- Session 是浏览器与服务器之间的一次通话,它包含浏览器与服务器之间的多次请求、响应过程。
- Session 可以在用户访问一个 Web 站点的多个页面时共享信息。
- 在 Servlet 中通过 request.getSession()获取当前 Session 对象。
- 关闭浏览器、调用 Session 的 invalidate()方法或者等待 Session 超时都可以使 Session 失效。
- HttpSession 使用 getAttribute()和 setAttribute()方法读写数据。

- ServletContext 是运行 Servlet 的容器。
- 在 Servlet 中可以通过 getServletContext()方法获取 ServletContext 实例。
- ServletContext 使用 getAttribute()和 setAttribute()方法读写数据。

本章习题

1. 下列关于 Cookie 的说法正确的是________。(多选)
   A. Cookie 保存在客户端　　B. Cookie 可以被服务器端程序修改
   C. Cookie 中可以保存任意长度的文本　　D. 浏览器可以关闭 Cookie 功能
2. 写入和读取 Cookie 的代码分别是________。
   A. request. addCookies()和 response. getCookies()
   B. response. addCookie()和 request. getCookie()
   C. response. addCookies()和 request. getCookies()
   D. response. addCookie()和 request. getCookies()
3. HttpServletRequest 的________方法可以得到会话。(多选)
   A. getSession()　　B. getSession(boolean)
   C. getRequestSession()　　D. getHttpSession()
4. 下列选项可以关闭会话的是________。(多选)
   A. 调用 HttpSession 的 close()方法
   B. 调用 HttpSession 的 invalidate()方法
   C. 等待 HttpSession 超时
   D. 调用 HttpServletRequest 的 getSession(false)方法
5. 在 HttpSession 中写入和读取数据的方法是________。
   A. setParameter()和 getParameter()　　B. setAttribute()和 getAttribute()
   C. addAttribute()和 getAttribute()　　D. set()和 get()
6. 关于 HttpSession 的 getAttribute()方法和 setAttribute()方法,说法正确的是________。(多选)
   A. getAttribute()方法返回类型是 String
   B. getAttribute()方法返回类型是 Object
   C. setAttribute()方法保存数据时如果名字重复会抛出异常
   D. setAttribute()方法保存数据时如果名字重复会覆盖以前的数据
7. 设置 session 的有效时间(也叫超时时间)的方法是________。
   A. setMaxinactivelnterval(int interval)
   B. getAttributeName()
   C. setAttrlbuteName(Strlng name,java. lang. Object value)
   D. getLastAccessedTime()
8. 使 HttpSession 失效的三种方式是________、________、________。
9. 测试在其他浏览器下 session 的生命周期,如 Firefox、chrome 等。

第4章 JSP基础

CHAPTER 4

本章思维导图

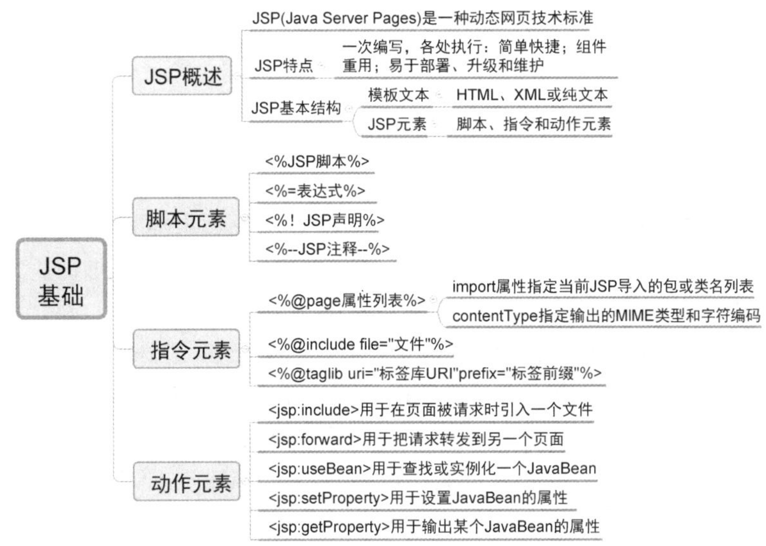

本章目标

- 了解JSP的概念及特点。
- 理解JSP和Servlet的区别与联系。
- 理解JSP的执行过程及原理。
- 掌握JSP页面的常用元素。
- 熟练使用JSP声明。
- 熟练使用JSP表达式。
- 熟练使用JSP脚本。

4.1 JSP概述

JSP(Java Server Pages)是由Sun Microsystems公司倡导、多家公司一起参与建立的一种动态网页技术标准。Sun公司于1998年发布JSP第一版，目前最新版本是Eclipse基金会发布的Jakarta EE 10所支持的JSP 3.1版。

JSP 是一种用于开发包含动态内容的 Web 页面的技术，与 Servlet 一样，也是一种基于 Java 的服务器端技术，主要用来产生动态网页内容。JSP 技术能够让网页开发人员轻松地编写功能强大、富有弹性动态内容的网页。

4.1.1 JSP 特点

JSP 是一种服务器端脚本语言，其出现降低了 Servlet 编写页面的难度。JSP 本质上就是 Servlet，实际上 JSP 是首先被翻译成 Servlet 后才编译运行的，因此 JSP 能实现 Servlet 所能实现的所有功能。但与 Servlet 相比，JSP 在以下方面有优势。

- JSP 可以使输出、阅读和维护 HTML 更为容易，而在 Servlet 中却需要大量的 out.print()语句来完成，而且难调试、易出错。
- JSP 页面的设计可以使用标准的 HTML 工具(例如：Adobe DreamWeaver 或 Adobe GoLive)来完成，这样可以由专门的页面设计人员完成 HTML 的布局，而无须关注 Java 编程。
- JSP 通过标签库等机制能很好地与 HTML 结合，即使不了解 Servlet 的开发人员也可以使用 JSP 开发动态页面。

JSP 技术具有以下优点。

- **一次编写，各处执行**。作为 Java 平台的一部分，JSP 技术拥有 Java 语言“一次编写，各处执行”的特性。若项目的服务器平台需求变更，JSP 可以使企业之前投入的经济成本以及项目程序影响度大为降低。
- **简单快捷**。在传统的 HTML 网页文件(*.htm 或 *.html)中插入 Java 程序段(Scriptlet)和 JSP 标记(Tag)，就可以形成 JSP 文件。对于有 Web 基础的开发人员，只需学习一些简单的 Java 知识就可以快速掌握 JSP 的开发。通过开发或扩展 JSP 标签库，Web 页面开发人员能够通过如同 HTML 一样的标签语法来完成特定功能需求，而无须再写复杂的 Java 语法。
- **组件重用**。JSP 页面可依赖于重复使用跨平台的组件(如 JavaBean 或 Enterprise JavaBean 组件)来执行更复杂的运算及数据处理。这些组件能够在多个 JSP 之间共享，由此加速了总体开发过程，方便维护和优化。
- **易于部署、升级和维护**。JSP 容器能够对 JSP 的修改进行检测，自动翻译和编译修改后的 JSP 文件，无须手动完成。同时作为 B/S 架构的应用技术，JSP 项目更加易于部署、升级和维护。

视频讲解

4.1.2 第一个 JSP 程序

下述代码实现了一个显示当前服务器系统时间的 JSP 页面。

【案例 4-1】 showDate.jsp

```
<%@ page language="java" contentType="text/html; charset=UTF-8"
        pageEncoding="UTF-8" %>
<!DOCTYPE html PUBLIC "-//W3C//DTD HTML 4.01 Transitional//EN"
    "http://www.w3.org/TR/html4/loose.dtd">
<html>
    <head>
```

```
        <meta http-equiv="Content-Type" content="text/html; charset=UTF-8">
        <title>第一个 JSP 页面</title>
    </head>
<body>
    <h1>您好!</h1>
    <%
        java.util.Date date = new java.util.Date();
        out.println("当前的时间是:" + date.toLocaleString());
    %>
    </body>
</html>
```

上述代码中,JSP 文件开头使用"<%@ page %>"指令进行页面设置,在该指令中,language 属性指定所使用的语言,contentType 属性指定服务器响应的内容的 MIME 类型和编码,pageEncoding 属性指定 JSP 页面的编码。

JSP 文件中大部分是 HTML 代码,在 HTML 代码的<body>标签体中,使用"<% %>"声明了一段 Java 脚本,脚本使用 Java 语法定义了一个 Date 对象用来封装当前系统时间,然后使用 JSP 的内置 out 对象将时间输出在脚本所在的页面位置处。

启动 Tomcat,在浏览器中访问 http://localhost:8080/ch4/showDate.jsp,运行结果如图 4-1 所示。

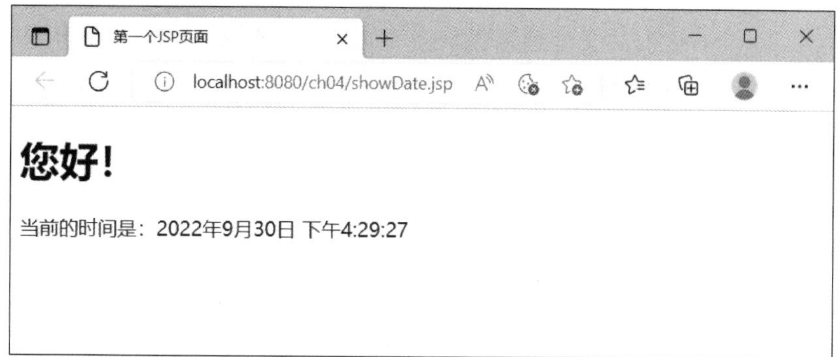

图 4-1 showDate.jsp 运行结果

通过浏览器查看"页面源文件",可看到服务器对 JSP 页面的执行输出结果。页面中的"<% %>"脚本都被解释成了 HTML 内容,如下所示。

```
<!DOCTYPE html PUBLIC "-//W3C//DTD HTML 4.01 Transitional//EN"
        "http://www.w3.org/TR/html4/loose.dtd">
<html>
    <head>
        <meta http-equiv="Content-Type" content="text/html; charset=UTF-8">
        <title>第一个 JSP 页面</title>
    </head>
    <body>
        <h1>您好!</h1>
        当前的时间是:2022 年 9 月 30 日 下午 4:29:27
    </body>
</html>
```

4.1.3 JSP 执行原理

JSP 同 Servlet 一样，都运行在 Servlet 容器中。当用户访问 JSP 页面时，. JSP 页面的处理过程如图 4-2 所示。

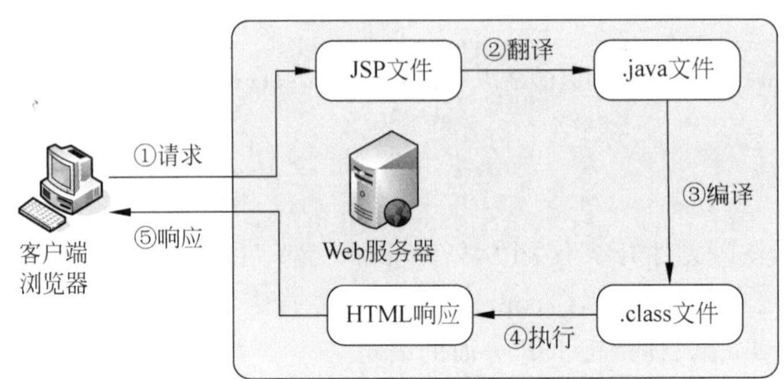

图 4-2 JSP 页面的处理过程（第一次请求）

图 4-2 所示的 JSP 执行过程可分为五个步骤。

(1) 客户端向服务器发送 JSP 页面请求。

(2) 容器接收到请求后检索对应的 JSP 页面，如果该 JSP 页面（或被修改后的 JSP 页面）是第一次被请求，则容器将此页面中的静态数据（HTML 文本）和动态数据（Java 脚本）全部转化成 Java 代码，将 JSP 文件翻译成一个 Java 文件，即 Servlet。

(3) 容器将翻译后的 Servlet 源代码编译形成字节码文件(. class)，对于 Tomcat 服务器而言，生成的字节码文件默认存放在"< Tomcat 安装目录>\work 目录下"。

(4) 编译后的字节码文件被加载到容器内存中执行，并根据用户的请求生成 HTML 格式的响应内容。

(5) 容器将响应内容发送回客户端。

当同一个 JSP 页面被再次请求时，只要该 JSP 文件没有发生过改动，容器将直接调用已装载的字节码文件，而不会再执行翻译和编译的过程，从而大大提高了服务器的性能。此过程如图 4-3 所示。

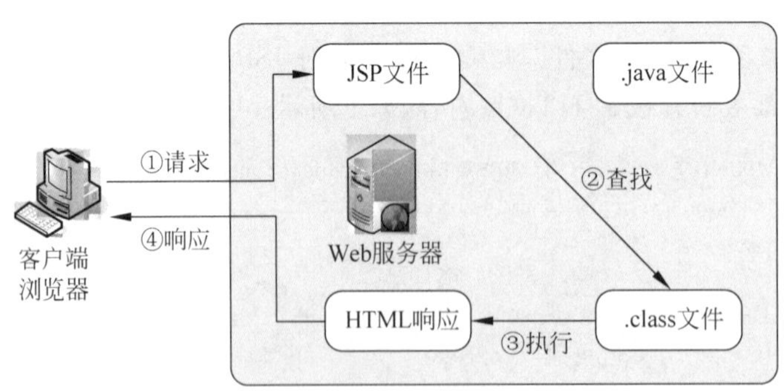

图 4-3 JSP 的执行过程（再次请求）

综上所述，JSP 整个执行流程如图 4-4 所示。

在 JSP 执行过程中，JSP 文件被翻译为 Servlet 的过程反映了 JSP 与 Servlet 的关系。案例 4-1 给出了 showDate. jsp 翻译后生成的 showDate_jsp. java 文件的源代码，由此可以

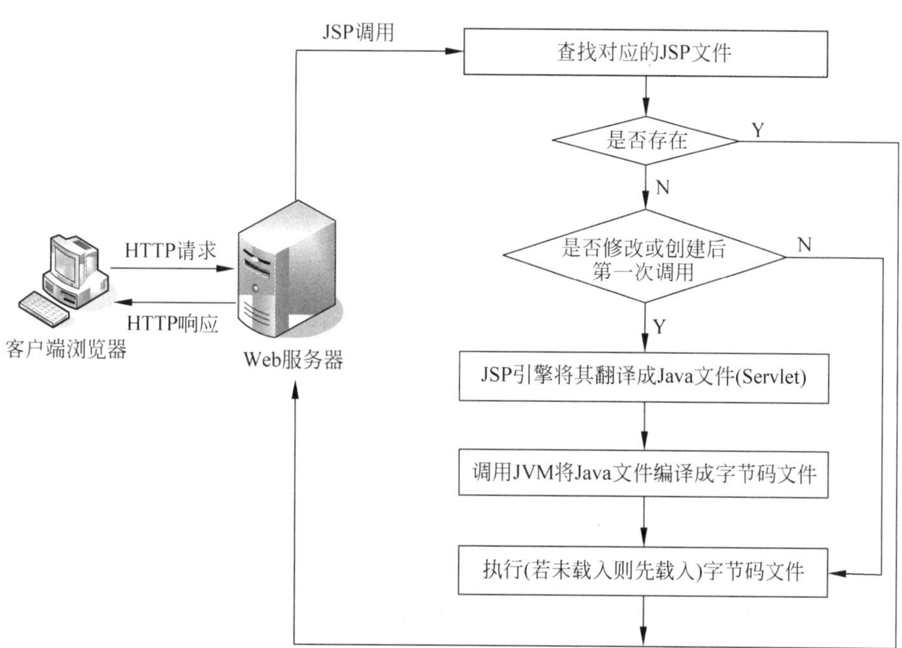

图 4-4 JSP 整个执行流程

看出 JSP 中的 HTML 代码和 Java 脚本是如何被翻译为 Java 代码的。

【案例 4-2】 showDate_jsp.java 部分代码

```
public final class showDate_jsp extends org.apache.jasper.runtime.HttpJspBase
    implements org.apache.jasper.runtime.JspSourceDependent {

    public void _jspService(final jakarta.servlet.http.HttpServletRequest request, final
jakarta.servlet.http.HttpServletResponse response)
        throws java.io.IOException, jakarta.servlet.ServletException {
    final jakarta.servlet.jsp.PageContext pageContext;
    jakarta.servlet.http.HttpSession session = null;
    final jakarta.servlet.ServletContext application;
    final jakarta.servlet.ServletConfig config;
    jakarta.servlet.jsp.JspWriter out = null;
    final java.lang.Object page = this;
    jakarta.servlet.jsp.JspWriter _jspx_out = null;
    jakarta.servlet.jsp.PageContext _jspx_page_context = null;

    try {
      response.setContentType("text/html; charset = UTF - 8");
      pageContext = _jspxFactory.getPageContext(this, request, response,
              null, true, 8192, true);
      _jspx_page_context = pageContext;
      application = pageContext.getServletContext();
      config = pageContext.getServletConfig();
      session = pageContext.getSession();
      out = pageContext.getOut();
      _jspx_out = out;

      out.write("\r\n");
```

```
        out.write("<! DOCTYPE html PUBLIC \" - //W3C//DTD HTML 4.01 Transitional//EN\" \"
http://www.w3.org/TR/html4/loose.dtd\">\r\n");
        out.write("<html>\r\n");
        out.write("<head>\r\n");
        out.write("<meta http-equiv = \"Content-Type\" content = \"text/html; charset =
UTF-8\">\r\n");
        out.write("<title>第一个 JSP 页面</title>\r\n");
        out.write("</head>\r\n");
        out.write("<body>\r\n");
        out.write("<h1>您好!</h1>\r\n");

   java.util.Date date = new java.util.Date();
   out.println("当前的时间是:" + date.toLocaleString());

        out.write("\r\n");
        out.write("</body>\r\n");
        out.write("</html>");
      } catch (java.lang.Throwable t) {
        if (!(t instanceof jakarta.servlet.jsp.SkipPageException)){
          out = _jspx_out;
          if (out != null && out.getBufferSize() != 0)
            try {
              if (response.isCommitted()) {
                out.flush();
              } else {
                out.clearBuffer();
              }
            } catch (java.io.IOException e) {}
          }
      } finally {
        _jspxFactory.releasePageContext(_jspx_page_context);
      }
    }
  }
```

上述代码中的方法"_jspService(HttpServletRequest request, HttpServletResponse response)"用来处理用户的请求，翻译过程中 JSP 网页的代码都在此方法中；同时该 Java 文件所继承的 HttpJspBase 类又继承了 HttpServlet 类。

4.1.4 JSP 基本结构

JSP 页面就是带有 JSP 元素的常规 Web 页面，它由模板文本和 JSP 元素组成。在一个 JSP 页面中，所有非 JSP 元素的内容称为模板文本(template text)。模板文本可以是任何文本，如 HTML、XML，甚至可以是纯文本。JSP 并不依赖于 HTML，它可以采用任何一种标记语言。模板文本通常被直接传递给浏览器。在处理一个 JSP 页面请求时，模板文本和 JSP 元素所生成的内容会合并，合并后的结果将作为响应内容发送给浏览器。

JSP 有三种类型的元素：脚本元素(scripting element)、指令元素(directive element)和动作元素(action element)。JSP 中各元素包含的内容如图 4-5 所示。

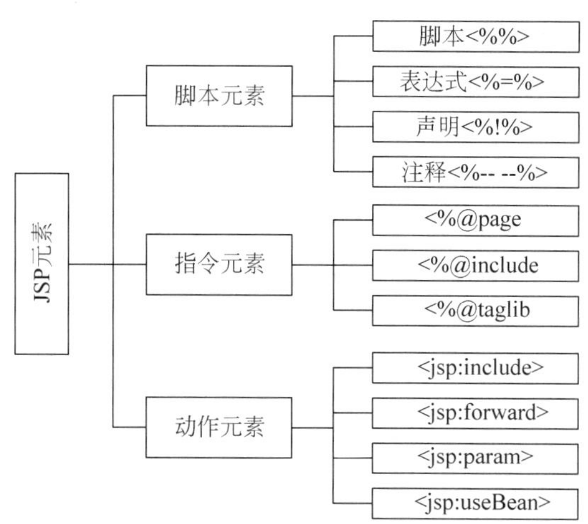

图 4-5 JSP 中各元素包含的内容

4.2 脚本元素

脚本元素允许用户将小段的代码(一般情况下是 Java 代码)添加到 JSP 页面中,例如,可以加入一个 if 语句,以根据具体情况产生不同的 HTML 代码。脚本元素在页面被请求时执行。JSP 脚本元素包括脚本、表达式、声明和注释。

4.2.1 JSP 脚本

脚本代码(Scriptlet)就是 JSP 中的代码部分,在这个部分中可以使用几乎任何 Java 的语法。

【语法】

```
<% JSP 脚本 %>
```

【示例】 判断语句

```
<%
    if(Calendar.getInstance().get(Calendar.AM_PM) == Calendar.AM){
%>
上午好!
<%
    } else {
%>
下午好!
<%
    }
%>
```

【案例 4-3】 validateEmail.jsp

```
<%@ page language = "java" contentType = "text/html; charset = UTF - 8"
    pageEncoding = "UTF - 8" %>
<!DOCTYPE html PUBLIC " - //W3C//DTD HTML 4.01 Transitional//EN"
```

```
    "http://www.w3.org/TR/html4/loose.dtd">
<html>
<head>
<meta http-equiv="Content-Type" content="text/html; charset=UTF-8">
<title>E-mail 格式验证</title>
</head>
<body>
<%
    String email = "zkl@itshixun.com";
    if(email.indexOf("@") == -1){
%>
您的 E-mail 地址中没有@.<br>
<%
    }else if(email.indexOf(" ")!= -1){
%>
您的 E-mail 地址中含有非法的空格.
<%
    }else if(email.indexOf("@")!= email.lastIndexOf("@")){
%>
您的 E-mail 地址有两个以上的@符号<br>
<%
    }else{
%>
您的 E-mail 地址书写正确.
<%
    }
%>
</body>
</html>
```

启动服务器，在浏览器中访问 http://localhost:8080/ch04/validateEmail.jsp，运行结果如图 4-6 所示。

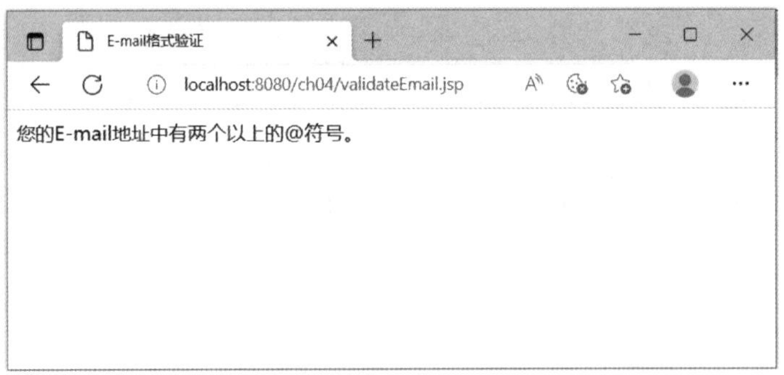

图 4-6　validateEmail.jsp 运行结果

注意　如果 JSP 页面中加入了过多的 Java 代码，会变得不容易维护，这与将 HTML 嵌入 Servlet 中是一样的。

视频讲解

4.2.2　JSP 表达式

JSP 中的表达式可以被看作一种简单的输出形式，需要注意的是，表达式一定要有一个可以输出的值。

【语法】

```
<% = 表达式 %>
```

【示例】 使用JSP表达式显示当前时间

```
<% = (new java.util.Date()).toLocaleString()) %>
```

【案例4-4】 multiplicationTable.jsp

```
<%@ page language = "java" contentType = "text/html; charset = UTF - 8"
  pageEncoding = "UTF - 8" %>
<!DOCTYPE html PUBLIC " - //W3C//DTD HTML 4.01 Transitional//EN"
  "http://www.w3.org/TR/html4/loose.dtd">
<html>
<head>
<meta http - equiv = "Content - Type" content = "text/html; charset = UTF - 8">
<title>九九乘法表</title>
</head>
<body>
<%
  for(int i = 1;i < 10;i++){
 %>
<p>
<%
  for(int j = 1;j <= i;j++){
 %>
<% = j + "*" + i + " = " + (i * j) %>
<%
  }
 %>
</p>
<%
  }
 %>
</body>
</html>
```

启动服务器，在浏览器中访问 http://localhost:8080/ch04/multiplicationTable.jsp，运行结果如图4-7所示。

4.2.3 JSP声明

视频讲解

JSP中的声明用于声明一个或多个变量和方法，并不输出任何的文本到输出流。在声明元素中声明的变量和方法将在JSP页面初始化时进行初始化。

【语法】

```
<%! JSP声明 %>
```

【示例】 声明变量和方法

```
<%!int i = 0; %>
<%!public String f(int i){
    if(i < 3)
```

```
            return ("…");
        return "";
    }
%>
```

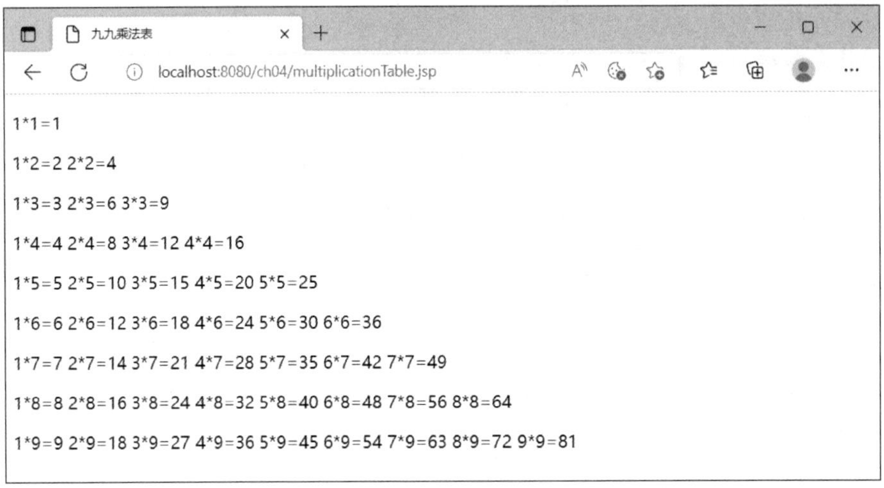

九九乘法表

localhost:8080/ch04/multiplicationTable.jsp

1*1=1

1*2=2 2*2=4

1*3=3 2*3=6 3*3=9

1*4=4 2*4=8 3*4=12 4*4=16

1*5=5 2*5=10 3*5=15 4*5=20 5*5=25

1*6=6 2*6=12 3*6=18 4*6=24 5*6=30 6*6=36

1*7=7 2*7=14 3*7=21 4*7=28 5*7=35 6*7=42 7*7=49

1*8=8 2*8=16 3*8=24 4*8=32 5*8=40 6*8=48 7*8=56 8*8=64

1*9=9 2*9=18 3*9=27 4*9=36 5*9=45 6*9=54 7*9=63 8*9=72 9*9=81

图 4-7 multiplicationTable.jsp 运行结果

实际上，声明变量的语句完全可以放在脚本中，但放在"<%! %>"中的变量在编译为 Servlet 时将作为类的属性而存在，而放在脚本中的变量将在类的方法内部被声明。下述代码演示声明变量与普通脚本中的变量的区别。

【案例 4-5】 visitCount.jsp

```
<%@ page language="java" contentType="text/html; charset=UTF-8"
    pageEncoding="UTF-8"%>
<!DOCTYPE html PUBLIC "-//W3C//DTD HTML 4.01 Transitional//EN"
    "http://www.w3.org/TR/html4/loose.dtd">
<html>
<head>
<meta http-equiv="Content-Type" content="text/html; charset=UTF-8">
<title>访问统计</title>
</head>
<body>
<%!int count = 0;                          //被用户共享的 count
    synchronized void setCount(){           //synchronized 修饰的方法
        count++;
    }
%>
<%
    String date = new java.util.Date().toLocaleString();
%>
<%
    setCount();
    out.print("您是第" + count + "个访问本网站的用户.");
    out.print("访问时间是:" + date);
%>
</body>
</html>
```

启动服务器，在浏览器中多次访问 http://localhost:8080/ch04/visitCount.jsp，运行结果如图 4-8 所示。

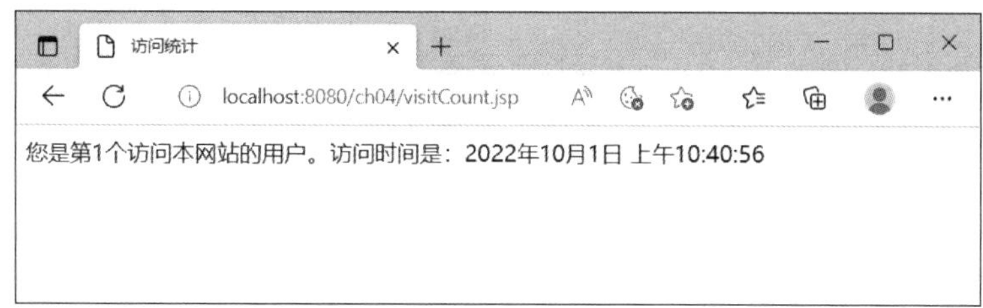

图 4-8 visitCount.jsp 运行结果

上述代码中声明了一个计数变量 count 和一个同步统计方法 setCount()；使用脚本定义了一个时间变量 date，当刷新页面或使用不同浏览器进行多次访问时，count 变量的值会不断地累加，date 变量的值是每次访问的时间。由此可以看出，count 变量是所有访问者所共享的，而 date 变量是每个访问者所独有的。通过下述 visitCount.jsp 翻译后的 java 文件 visitCount_jsp.java 的代码可以更清楚地看出两者之间的差别。

```
public final class visitCount_jsp extends org.apache.jasper.runtime.HttpJspBase
    implements org.apache.jasper.runtime.JspSourceDependent {
    ...
    int count = 0;                          //被用户共享的 count
    synchronized voidsetCount(){            //synchronized 修饰的方法
        count++;
    }
    public void _jspService(final jakarta.servlet.http.HttpServletRequest request, final
jakarta.servlet.http.HttpServletResponse response)
throws java.io.IOException, jakarta.servlet.ServletException {
    ...
    out.write("\r\n");
    out.write("<!DOCTYPE html PUBLIC \"-//W3C//DTD HTML 4.01 Transitional//EN\" \"http://
www.w3.org/TR/html4/loose.dtd\">\r\n");
    out.write("<html>\r\n");
    out.write("<head>\r\n");
    out.write("<meta http-equiv=\"Content-Type\" content=\"text/html; charset=UTF-8
\">\r\n");
    out.write("<title>访问统计</title>\r\n");
    out.write("</head>\r\n");
    out.write("<body>\r\n");

    String date = new java.util.Date().toLocaleString();

    out.write('\r');
    out.write('\n');
    out.write('\r');
    out.write('\n');

    setCount();
    out.print("您是第" + count + "个访问本网站的用户.");
    out.print("访问时间是:" + date);

    out.write("\r\n");
```

```
    out.write("</body>\r\n");
    out.write("</html>");
    ...
```

在 visitCount_jsp.java 中，变量 count 被定义为类属性；setCount()方法被定义为类方法，变量 date 被定义为_jspService()方法中的局部变量。因此在 Servlet 的多个请求线程共享同一个 Servlet 对象的机制下，Servlet 的成员变量必须要注意同步问题。

视频讲解

4.2.4 JSP 注释

在 JSP 页面中可以使用"<%-- --%>"的方式来注释。服务器编译 JSP 时会忽略"<%--"和"--%>"之间的内容，注释的内容在客户端不会被看到。

【语法】

```
<% -- JSP 注释 -- %>
```

【案例 4-6】 jspComment.jsp

```
<%@ page language="java" contentType="text/html; charset=UTF-8"
    pageEncoding="UTF-8"%>
<!DOCTYPE html PUBLIC "-//W3C//DTD HTML 4.01 Transitional//EN"
    "http://www.w3.org/TR/html4/loose.dtd">
<html>
<head>
<meta http-equiv="Content-Type" content="text/html; charset=UTF-8">
<title>注释</title>
</head>
<body>
<!-- <h1>注释演示</h1> -->
<% -- 现在的时间为: -- %>
<% --
    String date = java.text.DateFormat.getDateTimeInstance()
                    .format(new java.util.Date());
-- %>
<% --= date -- %>
</body>
</html>
```

上述代码中分别用 HTML 注释"<!-- -->"对 HTML 文字内容进行注释；使用"<%----%>"对 HTML 文字内容、JSP 脚本、表达式进行注释。启动服务器，在浏览器中访问 http://localhost:8080/ch04/jspComment.jsp，运行结果如图 4-9 所示。

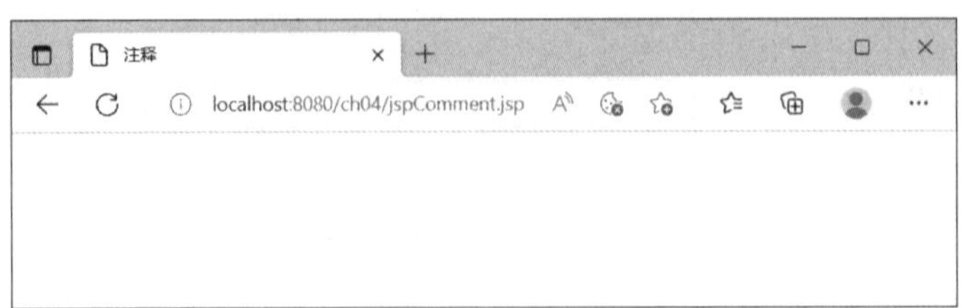

图 4-9 jspComment.jsp 运行结果

通过浏览器查看源文件，如图 4-10 所示，可以看出仅有 HTML 的注释"<!-- -->"内容在源文件中可见，JSP 注释内容不会在源文件中显示。

图 4-10　jspComment.jsp 运行结果的源文件

4.3　指令元素

JSP 指令用来向 JSP 容器提供编译信息。指令并不向客户端产生任何输出，所有的指令都只在当前页面中有效。

JSP 指令元素包括三种：page 指令、include 指令和 taglib 指令。

4.3.1　page 指令

视频讲解

page 指令描述了和页面相关的信息，例如导入所需类包、指明输出内容类型、控制 Session 等。page 指令一般位于 JSP 页面的开头部分，在一个 JSP 页面中，page 指令可以出现多次，但是在每个 page 指令中，每一种属性却只能出现一次，重复的属性设置将覆盖掉先前的设置。

【语法】

```
<%@page 属性列表 %>
```

【示例】　page 指令

```
<%@page language = "java" contentType = "text/html; charset = UTF - 8" %>
```

page 指令的属性如表 4-1 所示。

表 4-1　page 指令属性

属　性　名	说　　明
language	设定 JSP 页面使用的脚本语言，默认为 Java，目前只可使用 Java 语言
import	指定导入的 Java 软件包或类名列表，若有多个类，中间用逗号隔开
isThreadSafe	指定 JSP 容器执行 JSP 程序的模式。有两种模式：一种模式设定值为默认值 true，代表 JSP 容器会以多线程方式运行 JSP 页面；另一种模式设定值为 false，JSP 容器会以单线程方式运行 JSP 页面。建议采用 isThreadSafe="true"模式
contentType	指定 MIME 类型和 JSP 页面响应时的编码方式，默认为"text/html;charset=ISO8859-1"
pageEncoding	指定 JSP 文件本身的编码方式，例如 pageEncoding="UTF-8"
session	指定 JSP 页面中是否使用 session 对象，值为"true|false"，默认为 true

续表

属 性 名	说 明
errorPage	指定 JSP 页面发生异常时重新指向的页面 URL，指向的页面文件要把 isErrorPage 设成 true
isErrorPage	指定此 JSP 页面是否为处理异常错误的网页，值为“true|false”，默认 false
isELIgnored	指定 JSP 页面是否忽略 EL 表达式，值为“true|false”，默认 false
buffer	指定输出流是否需要缓冲，默认值是 8KB，与 autoFlush 一起使用，确定是否自动刷新输出缓冲，如果设成 true，则当输出缓冲区满的时候，刷新缓冲区而不是抛出一个异常
autoFlush	如果页面缓冲区满时要自动刷新输出，则设置为 true；否则，当页面缓冲区满时要抛出一个异常，此时设置为 false

表 4-1 中 page 指令的几个重点属性的用法如下。

1. import 属性

import 属性用来指定当前 JSP 页面中导入的 Java 软件包或类名列表。如果需要导入多个类或包，可以在中间使用逗号隔开或使用多个 page 指令。

【示例】 使用 import 属性导入包和类

```
<%@page import="java.util.*,com.zkl.ch04.service.CustomerService"%>
```

或

```
<%@page import="java.util.* "%>
<%@page import="com.zkl.ch04.service.CustomerService"%>
```

使用 import 属性可以使 JSP 脚本代码中类的使用更加方便。例如，获得当前系统时间的 JSP 脚本，未使用 import 属性时的代码如下所示：

```
<%
String date = java.text.DateFormat.getDateTimeInstance()
             .format(new java.util.Date());
%>
```

使用 import 属性导入相关类后的代码如下所示：

```
<%@ page language="java" contentType="text/html; charset=UTF-8"
    pageEncoding="UTF-8"%>
<%@page import=" java.text.DateFormat,java.util.Date"%>
...
<%
String date = DateFormat.getDateTimeInstance().format(new Date());
%>
```

2. contentType 属性

contentType 用于指定 JSP 输出内容的 MIME 类型和字符编码方式，默认值为：contentType="text/html; charset=ISO-8859-1"。通过设置 contentType 属性的 MIME 类型，可以改变 JSP 输出内容的处理方式，从而实现一些特殊的功能。例如，可以将输出内容指定为 Word 或 Excel 类型的文件、将二进制数据生成图像等。下述代码用来实现将 HTML 代码编写的表格转换成 Microsoft Office Excel 类型文件显示。

【案例 4-7】 excelContentType.jsp

```
<%@ page
    language="java"
```

```
    contentType = "application/vnd.ms - excel;charset = UTF - 8"
    pageEncoding = "UTF - 8"
%>
<!DOCTYPE html PUBLIC " - //W3C//DTD HTML 4.01 Transitional//EN"
    "http://www.w3.org/TR/html4/loose.dtd">
<html>
<head>
<meta http - equiv = "Content - Type" content = "text/html; charset = UTF - 8">
<title> Insert title here </title>
</head>
<body>
<table>
    <tr><td>客户编号</td><td>客户姓名</td><td>客户地址</td></tr>
    <tr><td> 1001 </td><td>赵克玲</td><td>山东青岛</td></tr>
    <tr><td> 1002 </td><td>张三</td><td>北京朝阳</td></tr>
</table>
</body>
</html>
```

上述代码设置响应内容的 MIME 类型为 application/vnd.ms-excel，即微软的 Excel 文件类型。启动服务器，在浏览器中访问 http://localhost:8080/ch04/excelContentType.jsp，运行结果如图 4-11 所示。

运行过程中 IE 浏览器会提示响应文档的类型让用户选择执行的方式，若用户机器安装了 Microsoft Office Excel，则可直接使用该软件打开查看结果。

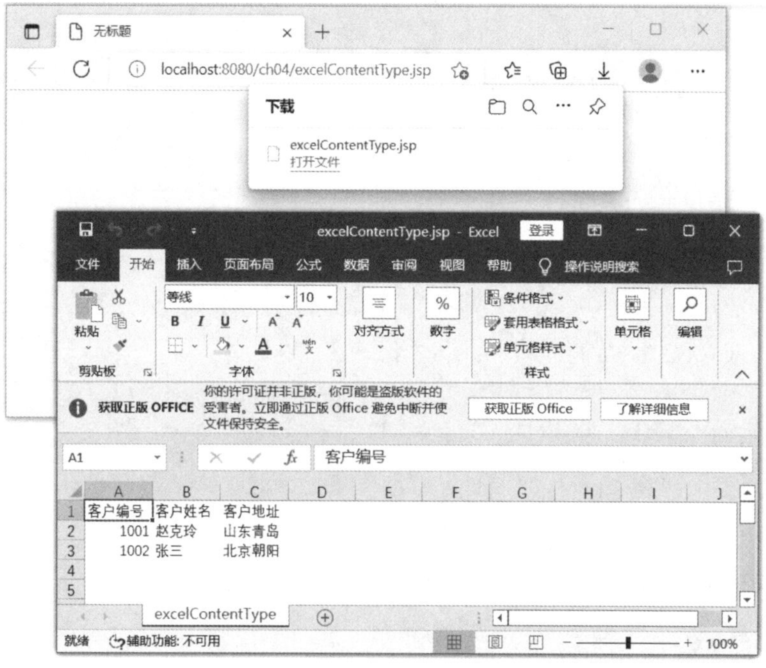

图 4-11　excelContentType.jsp 的运行结果

4.3.2　include 指令

include 指令的作用是在页面翻译期间引入另一个文件，被包含的文件可以是 JSP、

HTML 或文本文件。

【语法】

```
<%@include file="文件"%>
```

【示例】 include 指令

```
<%@include file="header.jsp"%>
```

【案例 4-8】 includeDirective.jsp

```
<%@ page language="java" contentType="text/html; charset=UTF-8"
    pageEncoding="UTF-8"%>
<!DOCTYPE html PUBLIC "-//W3C//DTD HTML 4.01 Transitional//EN"
    "http://www.w3.org/TR/html4/loose.dtd">
<html>
<head>
<meta http-equiv="Content-Type" content="text/html; charset=UTF-8">
<title>包含指令的用法</title>
</head>
<body>
<h3>包含的头文件信息(head.jsp)</h3>
<%@include file="head.jsp"%>
<h3>页面正文信息</h3>
<img alt="baidu" src="images/baidu.jpg" align="left">
百度四季延时,为了留住飞逝的韶光,送给时光里追梦的你.
如果我们的征途是星辰大海,愿你我青春无悔.
<br/>
<h3>包含的尾部文件信息(tail.html)</h3>
<%@include file="tail.html"%>
</body>
</html>
```

【案例 4-9】 head.jsp

```
<%@ page language="java" contentType="text/html; charset=UTF-8"
    pageEncoding="UTF-8" import="java.util.Calendar"%>
<!DOCTYPE html PUBLIC "-//W3C//DTD HTML 4.01 Transitional//EN"
    "http://www.w3.org/TR/html4/loose.dtd">
<html>
<head>
<meta http-equiv="Content-Type" content="text/html; charset=UTF-8">
<title>头文件</title>
</head>
<body>
<%
    if(Calendar.getInstance().get(Calendar.AM_PM) == Calendar.AM){
%>
<p>上午好!欢迎您!</p>
<%
    } else {
%>
<p>下午好!欢迎您!</p>
<%
    }
```

```
%>
</body>
</html>
```

【案例 4-10】 tail.html

```
<!DOCTYPE html PUBLIC "-//W3C//DTD HTML 4.01 Transitional//EN"
    "http://www.w3.org/TR/html4/loose.dtd">
<html>
<head>
<meta http-equiv="Content-Type" content="text/html; charset=UTF-8">
<title></title>
</head>
<body>
<pre>
关于百度 About Baidu 帮助中心 企业推广 
京公网安备11000002000001号 京ICP证030173号 
</pre>
</html>
```

启动服务器，在浏览器中访问 http://localhost:8080/ch04/includeDirective.jsp，运行结果如图 4-12 所示。

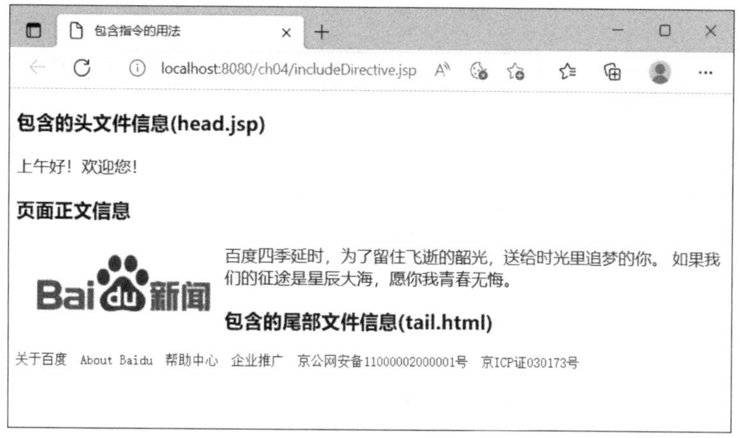

图 4-12 includeDirective.jsp 运行结果

include 指令包含的过程发生在将 JSP 翻译成 Servlet 时，当前 JSP 和被包含的文件会融合到一起形成一个 Servlet，然后进行编译运行。此过程也称为“静态包含”。

注意 因为 include 指令会先将当前 JSP 和被包含的文件融合到一起形成一个 Servlet 再进行编译执行，因此包含文件时，必须保证新合并生成的文件符合 JSP 语法规则。例如，当前文件和被包含文件不能同时定义同名的变量，否则当前文件将不能编译通过，会提示 Duplicate local variable 错误。

4.3.3 taglib 指令

taglib 指令用于指定 JSP 页面所使用的标签库，通过该指令可以在 JSP 页面中使用标签库中的标签。

【语法】

```
<%@taglib uri="标签库 URI" prefix="标签前缀" %>
```

其中：

(1) uri 指定描述这个标签库位置的 URI,可以是相对路径或绝对路径。

(2) prefix 指定使用标签库中标签的前缀。

【示例】 taglib 指令

```
<%@taglib uri="http://java.sun.com/jsp/jstl/core" prefix="c" %>
```

对上述示例指定的标签库,可以使用如下代码进行标签的引用：

```
<c:out value="hello world"/>
```

其中"c"为标签的前缀,在 JSP 中有些前缀已经保留,如果自定义标签,这些标签前缀不可使用。保留前缀有 jsp、jspx、java、jakarta、servlet、sun 和 sunw。

注意 有关 taglib 的使用将在本书第 7 章中详细介绍。

4.4 动作元素

在 JSP 中可以使用 XML 语法格式的一些特殊标记来控制行为,称为 JSP 标准动作(standard action)。利用 JSP 动作可以实现很多功能,比如动态地插入文件、调用 JavaBean 组件、重定向页面、为 Java 插件生成 HTML 代码等。

JSP 规范定义了一系列标准动作,常用有下列几种。

- <jsp:include>动作用于在页面被请求时引入一个文件。
- <jsp:forward>动作用于把请求转发到另一个页面。
- <jsp:useBean>动作用于查找或实例化一个 JavaBean。
- <jsp:setProperty>动作用于设置 JavaBean 的属性。
- <jsp:getProperty>动作用于输出某个 JavaBean 的属性。

视频讲解

4.4.1 <jsp:include>

<jsp:include>用于在页面运行时引入一个静态或动态的页面,也称为动态包含。当容器把 JSP 页面翻译成 Java 文件时,并不会把 JSP 页面中动作指令 include 指定的文件与原 JSP 页面合并成一个新页面,而是告诉 Java 解释器,这个文件在 JSP 运行时才被处理。如果包含的文件是普通的文本文件,就将文件的内容发送到客户端,由客户端负责显示;如果包含的文件是 JSP 文件,JSP 容器就执行这个文件,然后将执行结果发送到客户端,由客户端负责显示这些结果。

<jsp:include>动作可以包含一个或几个<jsp:param>子动作,用于向要引入的页面传递数据,其语法格式如下所示。

【语法】

```
<jsp:include page="urlSpec" flush="true"/>
```

或

```
<jsp:include page="urlSpec" flush="true">
<jsp:param name="name" value="value"/>
...
</jsp:include>
```

其中：

(1) page 指定引入文件的地址。

(2) flush 设定是否自动刷新缓冲区，默认为 false，可省略；在页面包含大量数据时，为缩短客户端延迟，可将一部分内容先行输出。

(3) name 指定传入包含文件的变量名。

(4) value 指定传入包含文件的变量名对应的值。

【示例】 include 动作

```
<jsp:include page="show.jsp">
    <jsp:param name="name" value="zkl"/>
    <jsp:param name="password" value="123"/>
</jsp:include>
```

【案例 4-11】 viewLaderArea.jsp

```
<%@ page language="java" contentType="text/html; charset=UTF-8"
    pageEncoding="UTF-8"%>
<!DOCTYPE html PUBLIC "-//W3C//DTD HTML 4.01 Transitional//EN"
    "http://www.w3.org/TR/html4/loose.dtd">
<html>
<head>
<meta http-equiv="Content-Type" content="text/html; charset=UTF-8">
<title>显示梯形面积</title>
</head>
<body>
<jsp:include page="countLaderArea.jsp">
    <jsp:param value="10" name="upper"/>
    <jsp:param value="30" name="base"/>
    <jsp:param value="20" name="height"/>
</jsp:include>
</body>
</html>
```

代码中包含的计算梯形面积的页面 countLaderArea.jsp 的代码如下。

【案例 4-12】 countLaderArea.jsp

```
<%@ page language="java" contentType="text/html; charset=UTF-8"
    pageEncoding="UTF-8"%>
<!DOCTYPE html PUBLIC "-//W3C//DTD HTML 4.01 Transitional//EN"
    "http://www.w3.org/TR/html4/loose.dtd">
<html>
<head>
<meta http-equiv="Content-Type" content="text/html; charset=UTF-8">
<title>计算梯形面积</title>
</head>
```

```
<body>
<%
    double upper = Double.parseDouble(request.getParameter("upper"));
    double base = Double.parseDouble(request.getParameter("base"));
    double height = Double.parseDouble(request.getParameter("height"));
    double area = (upper + base) * height/2;
    out.print("梯形的面积是:" + area);
%>
</body>
</html>
```

启动服务器,在浏览器中访问 http://localhost:8080/ch04/viewLaderArea.jsp,运行结果如图 4-13 所示。

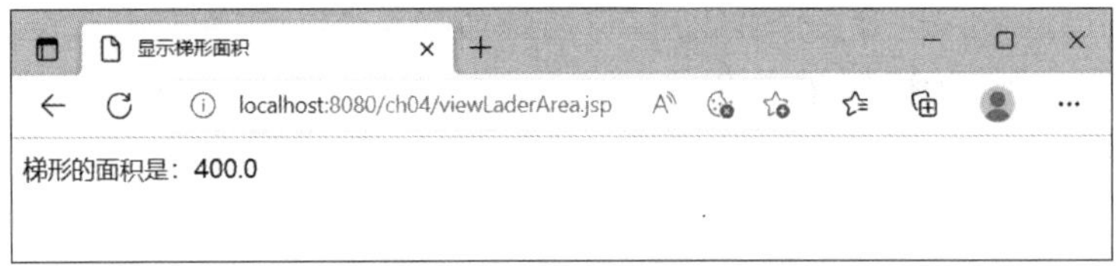

图 4-13 viewLaderArea.jsp 的运行结果

在"<Tomcat>/work"目录下,可以看到容器分别生成了 viewLaderArea.jsp 和 countLaderArea.jsp 对应的.java 文件:viewLaderArea_jsp.java 和 countLaderArea_jsp.java。在 viewLaderArea_jsp.java 文件中,可以发现容器并没有把 countLaderArea.jsp 的代码加入 viewLaderArea.jsp 中,只是在运行时引入了 countLaderArea.jsp 页面执行后所产生的应答。

综上所述,可以对 include 指令元素与 include 动作元素做如下对比。

- 共同点:include 指令元素和 include 动作元素的作用都是实现包含文件代码的复用。
- 区别:对包含文件的处理方式和处理时间不同。include 指令元素是在翻译阶段就引入所包含的文件,被处理的文件在逻辑和语法上依赖于当前 JSP 页面,其优点是页面的执行速度快。include 动作元素是在 JSP 页面运行时才引入包含文件所产生的应答文本,被包含的文件在逻辑和语法上独立于当前 JSP 页面,其优点是可以使用 param 子元素更加灵活地处理所需要的文件,缺点是执行速度要慢一些。

4.4.2 <jsp:forward>

<jsp:forward>用于引导客户端的请求到另一个页面或者另一个 Servlet。<jsp:forward>动作可以包含一个或几个<jsp:param>子动作,用于向所转向的目标资源传递参数。其语法格式如下。

【语法】

```
<jsp:forward page = "relativeURLSpec" />
```

或

```
<jsp:forward page = "relativeURLSpec ">
<jsp:param name = "name" value = "value"/>
...
</jsp:forward>
```

其中：

(1) page 指定转发请求的相对地址。

(2) <jsp:param>中的 name 指定向转向页面传递的参数名称。

(3) <jsp:param>中的 value 指定向转向页面传递的参数名称对应的值。

【示例】 forward 动作

```
<jsp:forward page="second.jsp">
    <jsp:param name="step" value="1"/>
</jsp:forward>
```

注意 <jsp:forward>的功能和 Servlet 的 RequestDispatcher 对象的 forward 方法类似，调用者和被调用者共享同一个 request 对象。

4.4.3 <jsp:useBean>

<jsp:useBean>是 JSP 中一个非常重要的动作，使用这个动作 JSP 可以动态使用 JavaBean 组件来扩充 JSP 的功能。由于 JavaBean 开发以及<jsp:useBean>使用简单明了，所以 JSP 与其他动态网页开发技术有本质的区别。

【语法】

```
<jsp:useBean id="name"
class="className" scope="page|request|session|application"/>
```

或

```
<jsp:useBean id="name"
type="typeName" scope="page|request|session|application"/>
```

其中：

(1) id 指定该 JavaBean 实例的变量名，通过 id 可以访问这个实例。

(2) class 指定 JavaBean 的类名。容器根据 class 指定的类调用其构造方法来创建这个类的实例。

(3) scope 指定 JavaBean 的作用范围，可以使用 page、request、session 和 application。默认值为 page。

(4) type 指定 JavaBean 对象的类型，通常在查找已存在的 JavaBean 时使用，这时使用 type 不会产生新的对象。

【示例】 在请求范围中创建或查找名为 user 的 UserBean 对象

```
<jsp: useBean id="user" class="com.zkl.ch03.model.UserBean" scope="request"/>
```

注意 有关<jsp:useBean>的使用和 JavaBean 的知识将在第 6 章进行详细介绍。

4.4.4 <jsp:setProperty>

<jsp:setProperty>动作用于向一个 JavaBean 的属性赋值，需要和<jsp:useBean>动作一起使用。

【语法】

```
<jsp:setProperty name="beanName"
property="propertyName" value="propertyValue"/>
```

或

```
<jsp:setProperty name="beanName"
property="propertyName" param="parameterName"/>
```

其中：

(1) name 指定 JavaBean 对象名，与 useBean 动作中的 id 相对应。

(2) property 指定 JavaBean 中需要赋值的属性名。

(3) value 指定要为属性设置的值。

(4) param 指定请求中的参数名(如表单传值或 URL 传值)，并将该参数的值赋给 property 所指定的属性。

【示例】 取出请求中名为 loginName 的参数值赋给 user 对象的 userName 属性

```
<jsp: useBean id="user" class="com.zkl.ch03.model.UserBean" scope="request"/>
<jsp:setProperty name="user" property="userName" param="loginName"/>
```

4.4.5 <jsp:getProperty>

<jsp:getProperty>动作用于从一个 JavaBean 中得到某个属性的值，不管原先这个属性是什么类型的，都将被转换成一个 String 类型的值。

【语法】

```
<jsp:getProperty name="beanName" property="propertyName"/>
```

其中：

(1) name 指定 JavaBean 对象名，与 useBean 动作中的 id 相对应。

(2) property 指定 JavaBean 中需要访问的属性名。

【示例】 从 user 对象中取出属性 userName 的值

```
<jsp:getProperty name="user" property="userName"/>
```

本章总结

- JSP 是一种用于开发包含动态内容的 Web 页面的技术，与 Servlet 一样，也是一种基于 Java 的服务器端技术，主要用来产生动态网页内容。
- JSP 本质上就是 Servlet，JSP 是首先被翻译成 Servlet 后才编译运行的，所以 JSP 能实现 Servlet 所能实现的所有功能。
- JSP 的执行过程经过“请求—翻译—编译—执行—响应”五个阶段。
- JSP 有三种类型的元素：脚本元素(scripting element)、指令元素(directive element)和

动作元素(action element)。

- JSP 脚本元素包括脚本、表达式、声明和注释。
- JSP 指令元素包括 page 指令、include 指令和 taglib 指令。
- JSP 动作元素包括<jsp:include>、<jsp:forward>、<jsp:useBean>、<jsp:setProperty>、<jsp:getProperty>。

本章习题

1. page 指令用于定义 JSP 文件中的全局属性,下列关于该指令用法的描述不正确的是________。

A. <%@ page %>作用于整个 JSP 页面

B. 可以在一个页面中使用多个<%@ page %>指令

C. 为增强程序的可读性,建议将<%@ page %>指令放在 JSP 文件的开头,但不是必须这么做

D. <%@ page %>指令中的属性只能出现一次

2. 以下________是 JSP 指令标记。

A. <% …… %>　　B. <%! …… %>

C. <%@ …… %>　　D. <%= …… %>

3. 当在 JSP 文件中使用 Vector 对象时,应在 JSP 文件中加入以下________语句。

A. <jsp:include file="java.util.*" />

B. <jsp:include page="java.util.*" />

C. <%@ page import="java.util.*" %>

D. <%@ page include="java.util.*" %>

4. 在 JSP 中使用<jsp:getProperty>标记时,不会出现的属性是________。

A. name　　B. property　　C. value　　D. 以上皆不会出现

5. 在 JSP 中调用 JavaBean 时不会用到的标记是________。

A. <javabean>　　B. <jsp:useBean>

C. <jsp:setProperty>　　D. <jsp:getProperty>

6. 在 JSP 中,test.jsp 文件如下:

```
<html>
        <% String str = null; %>
        str is <% = str %>
</html>
```

试图运行时,将发生________。

A. 转译期有误　　B. 编译 Servlet 源码时发生错误

C. 执行编译后的 Servlet 时发生错误　　D. 运行后,浏览器上显示: str is null

7. 在 JSP 中,"<%="1+4" %>"将输出________。

A. 1+4　　　　B. 5

C. 14　　　　D. 不会输出,因为表达式是错误的

8. 关于<jsp:include>,下列说法不正确的是________。

A. 它可以包含静态文件

B. 它可以包含动态文件

C. 当它的 flush 属性为 true 时,表示缓冲区满时,将会被清空

D. 它的 flush 属性的默认值为 true

第5章 JSP内置对象

CHAPTER 5

本章思维导图

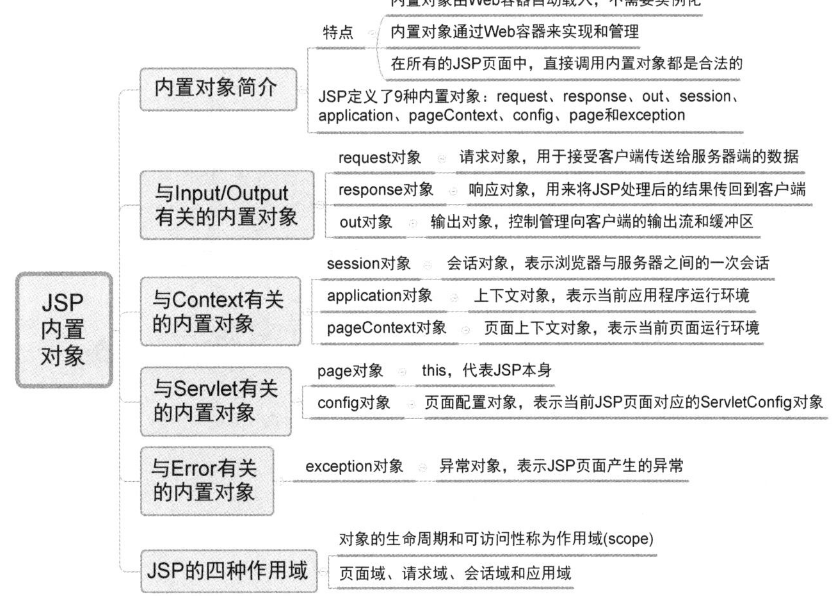

本章目标

- 熟悉 JSP 内置对象的分类及组成。
- 掌握 request、response 和 out 对象的特性及常用的使用方法。
- 掌握 session、application 对象的特性及常用的使用方法。
- 理解 pageContext、request、session、application 四种作用域的区别和联系。
- 了解 page、config 对象。
- 掌握 exception 对象的使用方式。

5.1 内置对象简介

JSP 内置对象是指在 JSP 页面中，不用声明就可以在脚本和表达式中直接使用的对象。JSP 内置对象也称隐含对象，它提供了 Web 开发常用的功能。为了提高开发效率，JSP 规

范预定义了一些内置对象。

JSP 内置对象有如下特点。

- 内置对象由 Web 容器自动载入,不需要实例化。
- 内置对象通过 Web 容器来实现和管理。
- 在所有的 JSP 页面中,直接调用内置对象都是合法的。

JSP 规范定义了 9 种内置对象,其名称、类型、功能如表 5-1 所示。

表 5-1　JSP 内置对象的名称、类型、功能

对象名称	类　型	功　能
request	javax. servlet. http. HttpServletRequest	请求对象,提供客户端 HTTP 请求数据的访问
response	javax. servlet. http. HttpServletResponse	响应对象,用来向客户端输出响应
out	javax. servlet. jsp. JspWriter	输出对象,提供对输出流的访问
session	javax. servlet. http. HttpSession	会话对象,用来保存服务器与每个客户端会话过程中的信息
application	javax. servlet. ServletContext	应用程序对象,用来保存整个应用环境的信息
pageContext	javax. servlet. jsp. PageContext	页面上下文对象,用于存储当前 JSP 页面的相关信息
config	javax. servlet. ServletConfig	页面配置对象,JSP 页面的配置信息对象
page	javax. servlet. jsp. HttpJspPage	当前 JSP 页面对象,即 this
exception	java. lang. Throwable	异常对象,用于处理 JSP 页面中的错误

5.2　与 Input/Output 有关的内置对象

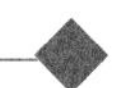

与 Input/Output(输入/输出)有关的隐含对象包括 request 对象、response 对象和 out 对象,这类对象主要用来作为客户端和服务器间通信的桥梁。request 对象表示客户端对服务器端发送的请求;response 对象表示服务器对客户端的响应;而 out 对象负责把处理结果输出到客户端。

5.2.1　request 对象

视频讲解

request 对象即请求对象,表示客户端对服务器发送的请求,主要用于接受客户端通过 HTTP 传送给服务器端的数据。request 对象的类型为 javax. servlet. http. HttpServletRequest,与 Servlet 中的请求对象为同一对象。request 对象的作用域为一次 request 请求。

request 对象拥有 HttpServletRequest 接口的所有方法,其常用方法如下。

- void setCharacterEncoding(String charset):设置请求体参数的解码字符集。
- String getParameter(String name):根据参数名获取单一参数值。
- String[] getParameterValues(String name):根据参数名获取一组参数值。
- void setAttribute(String name,Object value):以名/值的方式存储请求域属性。
- Object getAttribute(String name):根据属性名获取存储的对象数据。

下述实例通过一个用户登录功能,演示 request 对象获取请求参数方法的使用。该实例需要两个 JSP 页面,分别是用户登录页面 login. jsp 和信息获取显示页面 loginParameter. jsp。首先创建用户登录表单页面 login. jsp,代码如下所示。

【案例 5-1】 login.jsp

```
<%@ page language = "java" contentType = "text/html; charset = UTF - 8"
    pageEncoding = "UTF - 8" %>
<!DOCTYPE html PUBLIC " - //W3C//DTD HTML 4.01 Transitional//EN"
    "http://www.w3.org/TR/html4/loose.dtd">
<html>
<head>
<meta http - equiv = "Content - Type" content = "text/html; charset = UTF - 8">
<title>登录</title>
</head>
<body>
<form action = "loginParameter.jsp" method = "post">
<p>用户名:<input name = "username" type = "text"></p>
<p>密   码:<input name = "password" type = "password"></p>
<p><input name = "submit" type = "submit" value = "登录"></p>
</form>
</body>
</html>
```

启动服务器，在浏览器中访问 http://localhost:8080/ch05/login.jsp，运行结果如图 5-1 所示。

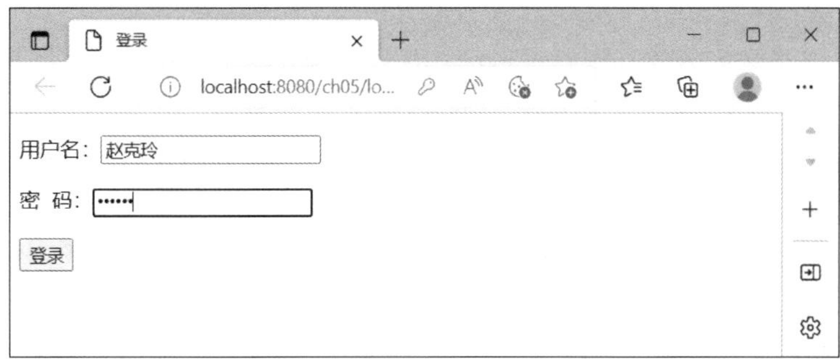

图 5-1　login.jsp 运行结果

单击“登录”按钮，form 表单将向 loginParameter.jsp 发送请求数据，loginParameter.jsp 从请求对象(request)中获取请求参数并输出显示，代码如下所示。

【案例 5-2】 loginParameter.jsp

```
<%@ page language = "java" contentType = "text/html; charset = UTF - 8"
    pageEncoding = "UTF - 8" %>
<%@page import = "java.util.Enumeration,java.util.Map" %>
<!DOCTYPE html PUBLIC " - //W3C//DTD HTML 4.01 Transitional//EN"
    "http://www.w3.org/TR/html4/loose.dtd">
<html>
<head>
<meta http - equiv = "Content - Type" content = "text/html; charset = UTF - 8">
<title>获取登录请求参数</title>
</head>
<body>
<%
//设置 POST 请求编码
```

```
request.setCharacterEncoding("UTF-8");
//获取请求参数的值
String username = request.getParameter("username");
String password = request.getParameter("password");

out.println("参数 username 的值:" + username + "<br>");
out.println("参数 password 的值:" + password + "<br>");
%>
</body>
</html>
```

提交表单后,loginParameter.jsp 的运行结果如图 5-2 所示。

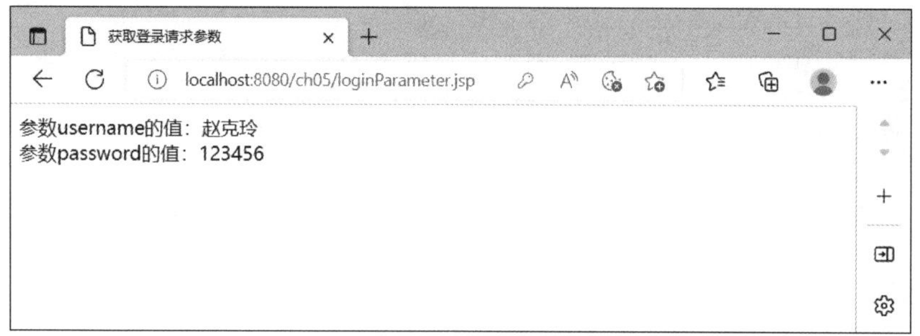

图 5-2 loginParameter.jsp 运行结果

request 对象获取请求参数的方法既适用于 URL 查询字符串的 GET 请求,也适用于 Form 表单的 POST 请求。

request 对象可以通过 setAtrribute()和 getAttribute()方法存取请求域属性,在实际开发中,多用于存储、传递本次请求的处理结果。下述实例代码用来实现对案例 5-1 中 login.jsp 的登录信息进行验证,并将产生的验证结果回传到 login.jsp 页面中进行显示。其中,登录信息验证的代码如下所示。

【案例 5-3】 loginValidate.jsp

```
<%@ page language="java" contentType="text/html; charset=UTF-8"
    pageEncoding="UTF-8"%>
<!DOCTYPE html PUBLIC "-//W3C//DTD HTML 4.01 Transitional//EN"
    "http://www.w3.org/TR/html4/loose.dtd">
<html>
<head>
<meta http-equiv="Content-Type" content="text/html; charset=UTF-8">
<title>登录验证</title>
</head>
<body>
<%
//设置 POST 请求编码
request.setCharacterEncoding("UTF-8");
//获取请求参数
String username = request.getParameter("username");
String password = request.getParameter("password");
StringBuffer errorMsg = new StringBuffer();
//参数信息验证
if("".equals(username))
```

```
    errorMsg.append("用户名不能为空!<br>");
if("".equals(password))
    errorMsg.append("密码不能为空!<br>");
else
    if(password.length() < 6 || password.length() > 12)
        errorMsg.append("密码长度需为 6~12 位.<br>");

//将错误信息保存在请求域属性 errorMsg 中
request.setAttribute("errorMsg", errorMsg.toString());

if(errorMsg.toString().equals(""))
    out.println(username + ",您的登录信息验证成功!");
else{
 %>
<jsp:forward page="login.jsp"></jsp:forward>
<%
}
 %>
</body>
</html>
```

在登录页面中加入验证信息的获取和显示的代码如下所示。

【案例 5-4】 login.jsp

```
<%@ page language="java" contentType="text/html; charset=UTF-8"
    pageEncoding="UTF-8"%>
<!DOCTYPE html PUBLIC "-//W3C//DTD HTML 4.01 Transitional//EN"
    "http://www.w3.org/TR/html4/loose.dtd">
<html>
<head>
<meta http-equiv="Content-Type" content="text/html; charset=UTF-8">
<title>登录</title>
</head>
<body>
<%
//从请求域属性 errorMsg 中获取错误信息
String error = (String)request.getAttribute("errorMsg");
if(error != null)
    out.print("<font color='red'>" + error + "</font>");
%>
<form action="loginValidate.jsp" method="post">
<p>用户名:<input name="username" type="text"></p>
<p>密  码:<input name="password" type="password"></p>
<p><input name="submit" type="submit" value="登录"></p>
</form>
</body>
</html>
```

注意　在一开始请求 login.jsp 时，request 对象中还未设置 errorMsg 属性的情况，此时需要先进行属性是否存在的判断(即 getAttribute()方法返回值是否为 null)，否则页面会显示“null”字样。

启动服务器，在浏览器中访问 http://localhost:8080/ch05/login.jsp，在用户名、密码

都不填写直接登录的情况下，运行结果如图 5-3 所示。

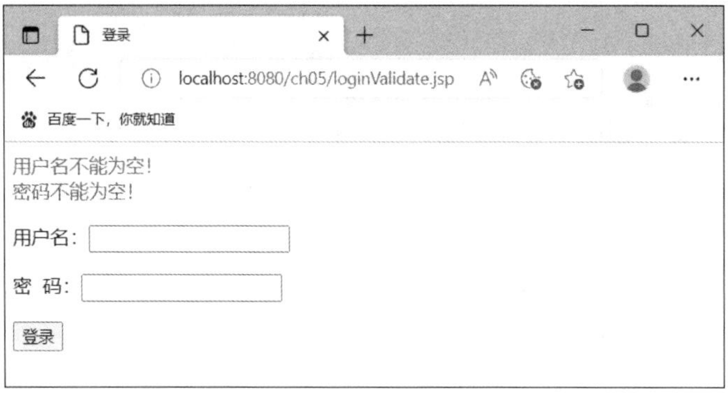

图 5-3 登录信息验证运行结果

上述代码中，验证错误信息以请求域属性的形式保存在 request 对象中，并通过请求转发的方式将请求对象再转发回 login. jsp，在 login. jsp 页面中便可从 request 对象中获取到属性值，从而实现验证信息在一次 request 请求范围内的传递。

5.2.2 response 对象

response 对象即响应对象，表示服务器对客户端的响应。主要用来将 JSP 处理后的结果传回到客户端。response 对象类型为 javax. servlet. http. HttpServletResponse，与 Servlet 中的响应对象为同一对象。

response 对象拥有 HttpServletResponse 接口的所有方法，其常用的方法如下。

- void setContentType(String name)：设置响应内容的类型和字符编码。
- void sendRedirect(String url)：重定向到指定的 URL 资源。

下述实例代码演示使用 sendRedirect()方法，在案例 5-3 中 loginValidate. jsp 登录信息验证成功时重定向到用户主页面 main. jsp。更改后的 loginValidate. jsp 如下所示。

【案例 5-5】 loginValidate. jsp

```
<%@ page language="java" contentType="text/html; charset=UTF-8"
    pageEncoding="UTF-8"%>
<!DOCTYPE html PUBLIC "-//W3C//DTD HTML 4.01 Transitional//EN"
    "http://www.w3.org/TR/html4/loose.dtd">
<html>
<head>
<meta http-equiv="Content-Type" content="text/html; charset=UTF-8">
<title>登录验证</title>
</head>
<body>
<%
//设置 POST 请求编码
request.setCharacterEncoding("UTF-8");
//获取请求参数
String username = request.getParameter("username");
String password = request.getParameter("password");
StringBuffer errorMsg = new StringBuffer();
//参数信息验证
if("".equals(username))
```

```
    errorMsg.append("用户名不能为空!<br>");
if("".equals(password))
    errorMsg.append("密码不能为空!<br>");
else
    if(password.length() < 6 || password.length() > 12)
        errorMsg.append("密码长度需为 6～12 位.<br>");
//将错误信息保存在请求域属性 errorMsg 中
request.setAttribute("errorMsg", errorMsg.toString());

if(errorMsg.toString().equals("")){
    //验证成功,重定向到 main.jsp
    response.sendRedirect("main.jsp");
}else{
%>
<jsp:forward page = "login.jsp"></jsp:forward>
<%
}
%>
</body>
</html>
```

用户主界面 main.jsp 的代码如下所示。

【案例 5-6】 main.jsp

```
<%@ page language = "java" contentType = "text/html; charset = UTF-8"
    pageEncoding = "UTF-8" %>
<!DOCTYPE html PUBLIC "-//W3C//DTD HTML 4.01 Transitional//EN"
    "http://www.w3.org/TR/html4/loose.dtd">
<html>
<head>
<meta http-equiv = "Content-Type" content = "text/html; charset = UTF-8">
<title>用户主界面</title>
</head>
<body>
欢迎您!
</body>
</html>
```

启动服务器，在浏览器中访问 http://localhost:8080/ch05/main.jsp，在验证信息填写正确的情况下登录后，运行结果如图 5-4 所示。

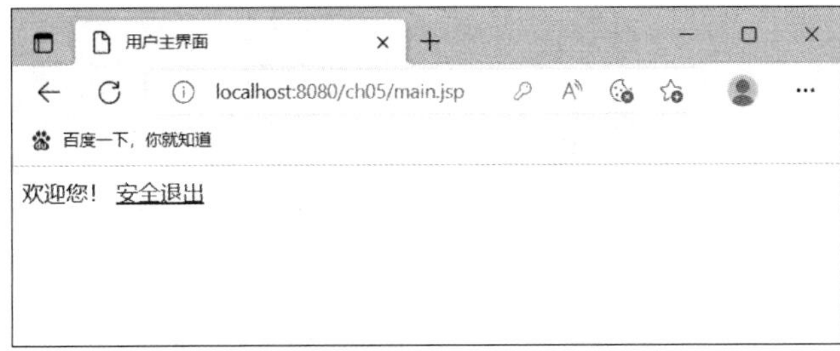

图 5-4 登录信息验证正确情况下的重定向结果

注意 因这里是使用重定向进行的页面跳转，故不能使用请求域属性进行用户名的传递。

5.2.3 out 对象

out 对象即输出对象，用来控制管理输出的缓冲区(buffer)和输出流(output stream)向客户端页面输出数据。out 对象类型为 javax. servlet. jsp. JspWriter，与 HttpServletResponse 接口的 getWriter()方法获得的 PrintWriter 对象功能相同，并都由 java. io. Writer 类继承而来。

out 对象的方法可以分为以下两类。

- 数据的输出。
- 缓冲区的处理。

其中数据输出的方法及描述如表 5-2 所示。

表 5-2 out 对象的数据输出方法及描述

方 法	描 述
print/println(基本数据类型)	输出一个基本数据类型的值
print/println(Object obj)	输出一个对象的引用地址
print/println(String str)	输出一个字符串的值
newLine()	输出一个换行符

【示例】 out 对象的数据输出方法

```
<%
int i = 0;
java.util.Date date = new java.util.Date();
out.print(i);
out.newLine();
out.println(date);
%>
```

注意 out 对象的 newLine()和 println()方法在页面显示上并不会有换行的效果，但在生成的 HTML 页面源代码中，这两个方法会在输出的数据后面进行换行。

out 对象缓冲区的处理方法及描述如表 5-3 所示。

表 5-3 out 对象缓冲区的处理方法及描述

方 法	描 述
void clear()	清除输出缓冲区的内容。若缓冲区为空，则产生 IOException 异常
void clearBuffer()	清除输出缓冲区的内容。若缓冲区为空，不会产生 IOException 异常
void flush()	直接将目前暂存于缓冲区的数据刷新输出
void close()	关闭输出流。一旦关闭，就不能再使用 out 对象做任何操作
int getBufferSize()	获取目前缓冲区的大小(KB)
int getRemaining()	获取目前使用后还剩下的缓冲区大小(KB)
boolean isAutoFlush()	返回 true 表示缓冲区满时会自动刷新输出；返回 false 表示缓冲区满时不会自动清除并产生异常处理

向 out 对象的输出流中写入数据时，数据会先被存储在缓冲区中，在 JSP 默认配置下，缓冲区满时会被自动刷新输出。相关的配置由 JSP 页面中 page 指令的 autoFlush 属性和 buffer 属性决定，autoFlush 属性表示是否自动刷新，默认值为 true；buffer 属性表示缓冲区大小，默认值为 8KB。在此配置下，out 对象在输出缓冲区内容每次达到 8KB 后，会自动刷

新输出而不会产生异常处理。

下述代码演示在取消自动刷新功能时，页面输出信息超过缓冲区指定大小的情况和使用 out.flush()刷新方法后的情况。

【案例 5-7】 outExample.jsp

```
<%@ page language="java" contentType="text/html; charset=UTF-8"
    pageEncoding="UTF-8" autoFlush="false" buffer="1kb" %>
<!DOCTYPE html PUBLIC "-//W3C//DTD HTML 4.01 Transitional//EN"
    "http://www.w3.org/TR/html4/loose.dtd">
<html>
<head>
<meta http-equiv="Content-Type" content="text/html; charset=UTF-8">
<title>Insert title here</title>
</head>
<body>
<%
for(int i=0;i<100;i++){
    out.println("*******************");
    //out.flush();
}
%>
</body>
</html>
```

启动服务器，在浏览器中访问 http://localhost:8080/ch05/outExample.jsp，运行结果如图 5-5 所示。

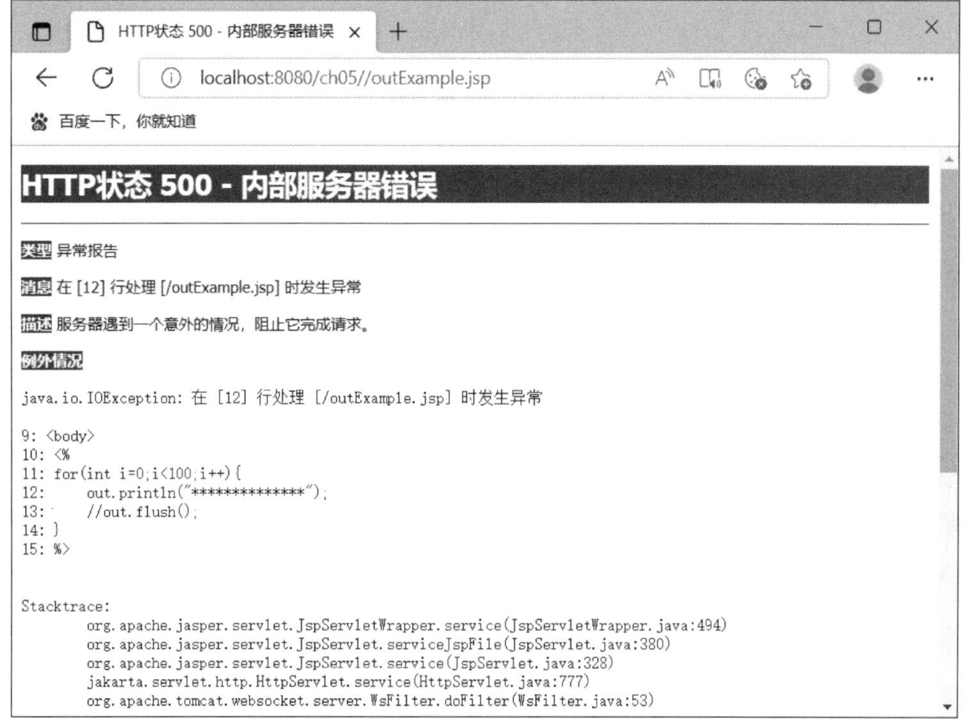

图 5-5 outExample.jsp 运行结果

从运行结果可以看出,在取消了页面自动刷新功能(autoFlush="false")后,当输出流内容超过缓冲区大小(buffer="1KB")时,页面不能被正常执行。若在输出信息代码后面加上"out.flush()"刷新缓冲区的代码,在每次循环输出内容不超过1KB的情况下,内容被及时刷新输出,页面恢复正常运行,运行结果如图5-6所示。

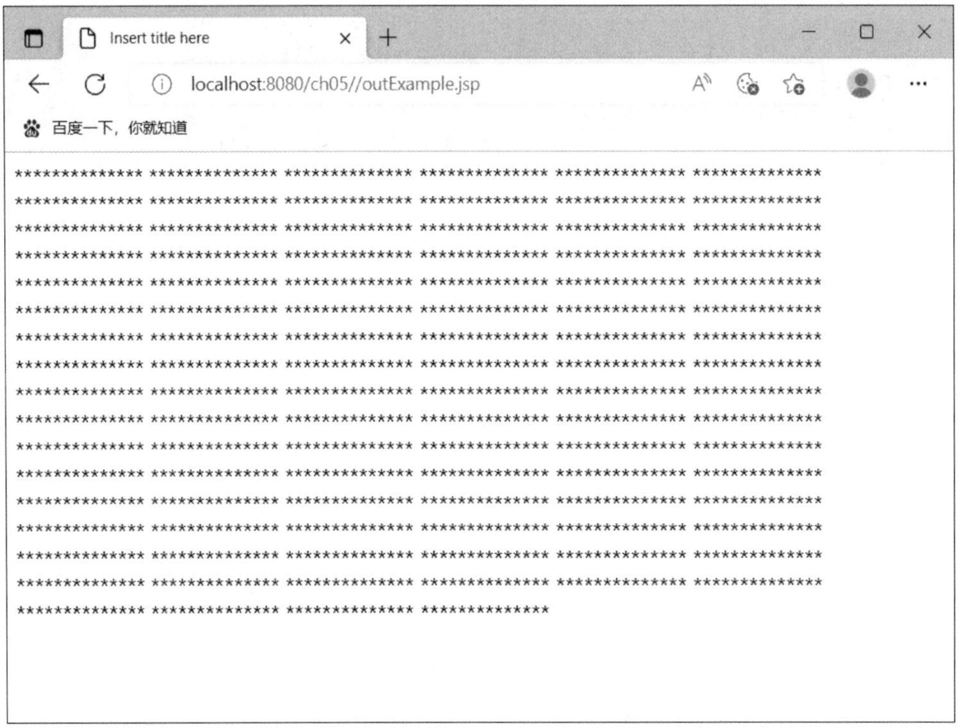

图5-6 outExample.jsp更改代码后的运行结果

5.3 与Context有关的内置对象

与Context(上下文)有关的内置对象包括session、application和pageContext。其中session对象表示浏览器与服务器的会话上下文环境;application对象表示应用程序上下文环境;pageContext对象表示当前JSP页面上下文环境。

5.3.1 session对象

session对象即会话对象,表示浏览器与服务器之间的一次会话。一次会话的含义是:从客户端浏览器连接服务器开始,到服务器端会话过期或用户主动退出后,会话结束。这个过程可以包含浏览器与服务器之间的多次请求与响应。

session对象的类型为javax.servlet.http.HttpSession,session对象具有HttpSession接口的所有方法,其常用方法如下。

- void setAttribute(String name, Object value):以名/值对的方式存储session域属性。
- Object getAttribute(String name):根据属性名获取属性值。
- void invalidate():使session对象失效,释放所有的属性空间。

下述代码演示使用 setAttribute()方法对用户登录验证成功后的用户名进行保存，在重定向的用户主界面中使用 getAttribute()方法获取用户名。改进后的 loginValidate.jsp 如下所示。

【案例 5-8】 loginValidate.jsp

```
<%@ page language="java" contentType="text/html; charset=UTF-8"
    pageEncoding="UTF-8"%>
<!DOCTYPE html PUBLIC "-//W3C//DTD HTML 4.01 Transitional//EN"
    "http://www.w3.org/TR/html4/loose.dtd">
<html>
<head>
<meta http-equiv="Content-Type" content="text/html; charset=UTF-8">
<title>登录验证</title>
</head>
<body>
<%
//设置 POST 请求编码
request.setCharacterEncoding("UTF-8");
//获取请求参数
String username = request.getParameter("username");
String password = request.getParameter("password");
StringBuffer errorMsg = new StringBuffer();
//参数信息验证
if("".equals(username))
    errorMsg.append("用户名不能为空!<br>");
if("".equals(password))
    errorMsg.append("密码不能为空!<br>");
else
    if(password.length() < 6 || password.length() > 12)
        errorMsg.append("密码长度需为 6~12 位.<br>");
//将错误信息保存在请求域属性 errorMsg 中
request.setAttribute("errorMsg", errorMsg.toString());

if(errorMsg.toString().equals("")){
    //将用户名存储在 session 域属性 username 中
    session.setAttribute("username", username);
    //验证成功,重定向到 main.jsp
    response.sendRedirect("main.jsp");
}else{
%>
<jsp:forward page="login.jsp"></jsp:forward>
<%
}
%>
</body>
</html>
```

重定向的 main.jsp 中获取用户名的改进代码如下所示。

【案例 5-9】 main.jsp

```
<%@ page language="java" contentType="text/html; charset=UTF-8"
    pageEncoding="UTF-8"%>
<!DOCTYPE html PUBLIC "-//W3C//DTD HTML 4.01 Transitional//EN"
```

```
    "http://www.w3.org/TR/html4/loose.dtd">
<html>
<head>
<meta http-equiv="Content-Type" content="text/html; charset=UTF-8">
<title>用户主界面</title>
</head>
<body>
欢迎您!
<%
String username = (String)session.getAttribute("username");
if(username != null)
    out.print(username);
%>
</body>
</html>
```

启动服务器,在浏览器中访问 http://localhost:8080/ch05/login.jsp,在登录页面中输入格式正确的用户名和密码登录后,运行结果如图 5-7 所示。

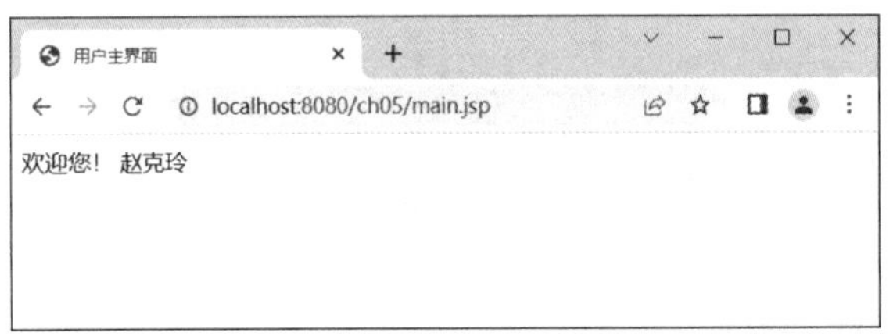

图 5-7 session 范围中用户名的运行结果

从运行结果可以看出,存储在 session 范围中的属性即使经过重定向的多次请求仍然有效。在浏览器未关闭的情况下,访问 main.jsp 一直可以获取到用户名,若要让其失效,可以使用 invalidate()方法。下述代码演示在 main.jsp 中增加"安全退出"功能,退出后重新返回登录页面。main.jsp 的改进代码如下所示。

【案例 5-10】 main.jsp

```
<%@ page language="java" contentType="text/html; charset=UTF-8"
    pageEncoding="UTF-8"%>
<!DOCTYPE html PUBLIC "-//W3C//DTD HTML 4.01 Transitional//EN"
"http://www.w3.org/TR/html4/loose.dtd">
<html>
<head>
<meta http-equiv="Content-Type" content="text/html; charset=UTF-8">
<title>用户主界面</title>
</head>
<body>
欢迎您!
<%
String username = (String)session.getAttribute("username");
if(username != null)
    out.print(username);
%>
<a href="logout.jsp">安全退出</a>
</body>
</html>
```

实现退出功能的 logout.jsp 的代码如下所示。

【案例 5-11】 logout.jsp

```
<%@ page language = "java" contentType = "text/html; charset = UTF - 8"
    pageEncoding = "UTF - 8" %>
<%
session.invalidate();
response.sendRedirect("login.jsp");
%>
```

启动服务器，在浏览器中访问 http://localhost:8080/ch05/main.jsp，如图 5-8 所示单击“安全退出”。

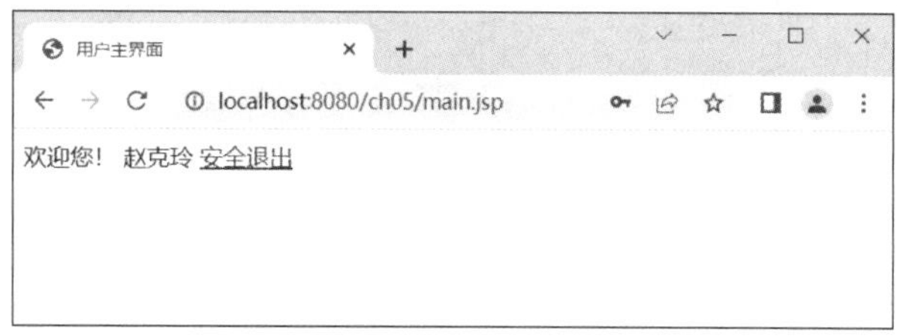

图 5-8　单击“安全退出”

此时若再访问 http://localhost:8080/ch05/main.jsp，会发现用户名不再显示，表示上次会话已经失效，新的会话已经开始。

注意　考虑 session 本身的目的，通常应只把与用户会话状态相关的信息放入 session 范围内，不要仅为了两个页面之间传递信息就将信息放入 session 范围，这样会加大服务器端的开销。如果仅为了两个页面交换信息，应将该信息放入 request 范围内，然后通过请求转发即可。

5.3.2　application 对象

application 对象即应用程序上下文对象，表示当前应用程序运行环境，用以获取应用程序上下文环境中的信息。application 对象在容器启动时实例化，在容器关闭时销毁。作用域为整个 Web 容器的生命周期。

application 对象实现了 javax.servlet.ServletContext 接口，具有 ServletContext 接口的所有功能，application 对象常用方法如下。

- void setAttribute(String name,Object value)：以名/值对的方式存储 application 域属性。
- Object getAttribute(String name)：根据属性名获取属性值。
- void removeAttribute(String name)：根据属性名从 application 域中移除属性。

下述实例演示使用 application 对象实现一个页面留言板，代码如下所示。

【案例 5-12】 guestBook.jsp

```
<%@ page language = "java" contentType = "text/html; charset = UTF - 8"
    pageEncoding = "UTF - 8" import = "java.util.*" %>
<!DOCTYPE html PUBLIC " - //W3C//DTD HTML 4.01 Transitional//EN"
    "http://www.w3.org/TR/html4/loose.dtd">
<html>
<head>
```

```
<meta http-equiv="Content-Type" content="text/html; charset=UTF-8">
<title>用户留言板</title>
<script type="text/javascript">
function validate(){
    var uname = document.getElementById("username");
    var message = document.getElementById("message");
    if(uname.value == ""){
        alert("请填写您的名字!");
        uname.focus();
        return false;
    }else if(message.value == ""){
        alert("请填写留言");
        message.focus();
        return false;
    }
    return true;
}
</script>
</head>
<body>
<p>请留言</p>
<form action="guestBook.jsp" method="post" onsubmit="return validate();">
<p>输入您的名字:<input name="username" id="username" type="text"></p>
<p>输入您的留言:<textarea name="message" id="message" cols="50" rows="3"></textarea>
</p>
<p><input type="submit" value="提交留言"></p>
</form>
<hr>
<p>留言内容</p>
<%
//获取留言信息
request.setCharacterEncoding("UTF-8");
String username=request.getParameter("username");
String message=request.getParameter("message");
//从 application 域属性 messageBook 中获取留言本
Vector<String> book = (Vector<String>)application.getAttribute("messageBook");
if(book == null)//若留言本不存在则新创建一个
    book = new Vector<String>();
//判断用户是否提交了留言,若已提交,则将提交信息加入留言本,存入 application 域属性中
if(username!= null && message!= null){
    String info=username+"#"+message;
    book.add(info);
    application.setAttribute("messageBook", book);
}
//遍历显示出所有的用户留言
if(book.size()>0){
    for(String mess:book){
        String[] arr = mess.split("#");
        out.print("<p>姓名:"+arr[0]+"<br>留言:"+arr[1]+"</p>");
    }
}else{
    out.print("还没有留言!");
}
```

```
%>
</body>
</html>
```

上述代码中，使用 Vector 集合类存放用户的每次留言，并将其作为 application 域属性 messageBook 的值，这样 Vector 对象在整个服务器生命周期内就可以不断添加各客户端提交的留言信息。启动服务器，在浏览器中访问 http://localhost:8080/ch05/guestBook.jsp，运行结果如图 5-9 所示。

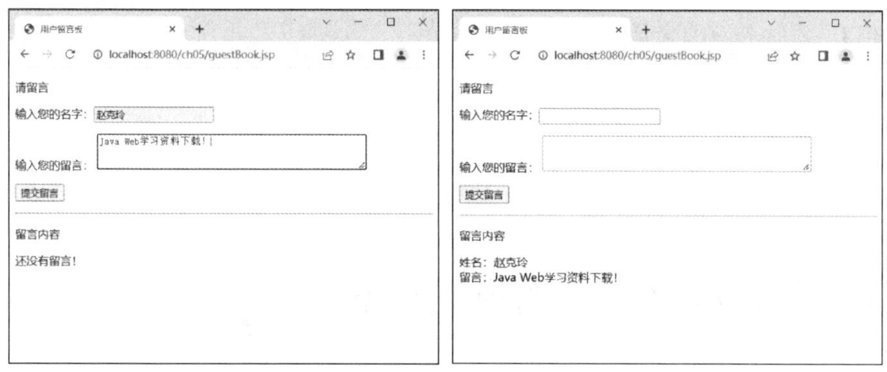

图 5-9 guestBook.jsp 运行结果

5.3.3 pageContext 对象

pageContext 即页面上下文对象，表示当前页面运行环境，用于获取当前 JSP 页面的相关信息。pageContext 对象作用范围为当前 JSP 页面。

pageContext 对象类型为 javax.servlet.jsp.PageContext，pageContext 对象可以访问当前 JSP 页面所有的内置对象，如表 5-4 所示。另外 pageContext 对象还提供存取页面域属性的方法，如表 5-5 所示。

表 5-4 pageContext 对象获取内置对象的方法及描述

方　法	描　述
ServletRequest getRequest()	获取当前 JSP 页面的请求对象
ServletResponse getResponse()	获取当前 JSP 页面的响应对象
HttpSession getSession()	获取和当前 JSP 页面有联系的会话对象
ServletConfig getServletConfig()	获取当前 JSP 页面的 ServletConfig 对象
ServletContext getServletContext()	获取当前 JSP 页面的运行环境 application 对象
Object getPage()	获取当前 JSP 页面的 Servlet 实体 page 对象
Exception getException()	获取当前 JSP 页面的异常 exception 对象，不过此页面的 page 指令的 isErrorPage 属性要设为 true
JspWriter getOut()	获取当前 JSP 页面的输出流 out 对象

表 5-5 pageContext 对象存取页面域属性的方法及描述

方　法	描　述
Object getAttribute(String name, int scope)	获取范围为 scope，名为 name 的属性对象
void setAttribute(String name, Object value, int scope)	以名/值对的方式存储 scope 范围域属性

续表

方　　法	描　　述
void removeAttribute(String name, int scope)	从 scope 范围移除名为 name 的属性
Enumeration getAttributeNamesInScope(int scope)	从 scope 范围中获取所有属性的名称

在表 5-5 存取域属性的方法中 scope 参数被定义为四个常量，分别代表四种作用域范围：PAGE_SCOPE＝1 代表页面域，REQUEST_SCOPE＝2 代表请求域，SESSION_SCOPE＝3 代表会话域，APPLICATION_SCOPE＝4 代表应用域。

【示例】 添加和获取会话域属性

```
<%
pageContext.getSession().setAttribute("sessionKey","QST");
Object object = pageContext.getAttribute("sessionKey",pageContext.SESSION_SCOPE);
%>
<% = object %>
```

5.4 与 Servlet 有关的内置对象

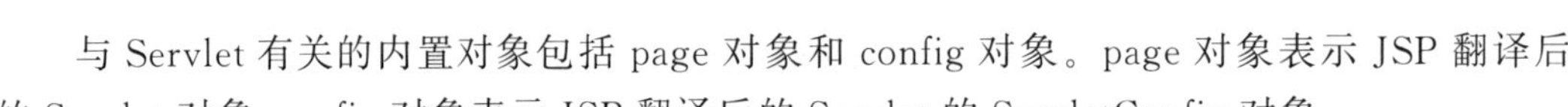

与 Servlet 有关的内置对象包括 page 对象和 config 对象。page 对象表示 JSP 翻译后的 Servlet 对象，config 对象表示 JSP 翻译后的 Servlet 的 ServletConfig 对象。

5.4.1 page 对象

page 对象即 this，代表 JSP 本身，更准确地说它代表 JSP 被翻译后的 Servlet，因此它可以调用 Servlet 类所定义的方法。page 对象的类型为 javax.servlet.jsp.HttpJspPage，在实际应用中，page 对象很少在 JSP 中使用。

下述代码演示 page 对象获取页面 page 指令的 info 属性指定的页面说明信息。

【案例 5-13】 pageExample.jsp

```
<%@ page language = "java" contentType = "text/html; charset = UTF - 8"
    pageEncoding = "UTF - 8" info = "page 内置对象的使用" %>
<!DOCTYPE html PUBLIC " - //W3C//DTD HTML 4.01 Transitional//EN"
    "http://www.w3.org/TR/html4/loose.dtd">
<html>
<head>
<meta http - equiv = "Content - Type" content = "text/html; charset = UTF - 8">
<title> Insert title here </title>
</head>
<body>
<p>使用"this"获取的页面说明信息:<% = this.getServletInfo() %></p>
<p>使用"page"获取的页面说明信息:<% = ((HttpJspPage)page).getServletInfo() %></p>
</body>
</html>
```

启动服务器，在浏览器中访问 http://localhost:8080/ch05/pageExample.jsp，运行结果如图 5-10 所示。

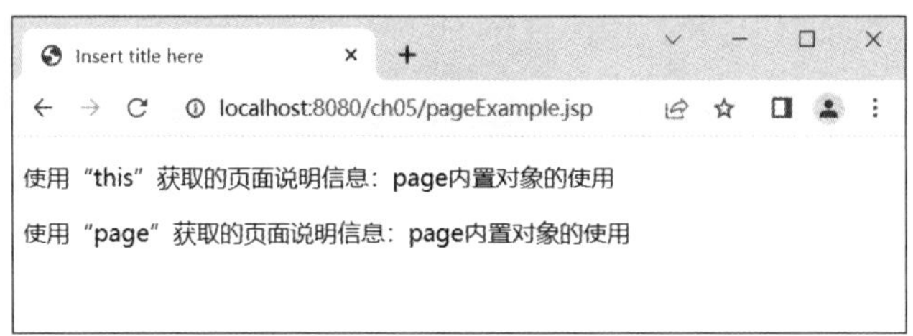

图 5-10　pageExample.jsp 运行结果

5.4.2　config 对象

config 对象即页面配置对象，表示当前 JSP 页面翻译后的 Servlet 的 ServletConfig 对象，存放着一些初始的数据结构。config 对象实现于 java.servlet.ServletConfig 接口。config 对象和 page 对象一样都很少被用到。

下述实例演示 JSP 通过 config 对象获取初始化参数。

【案例 5-14】 configExample.jsp

```
<%@ page language="java" contentType="text/html; charset=UTF-8"
    pageEncoding="UTF-8" %>
<!DOCTYPE html PUBLIC "-//W3C//DTD HTML 4.01 Transitional//EN"
    "http://www.w3.org/TR/html4/loose.dtd">
<html>
<head>
<meta http-equiv="Content-Type" content="text/html; charset=UTF-8">
<title>Insert title here</title>
</head>
<body>
<%
String initParam = config.getInitParameter("init");
out.println(initParam);
%>
</body>
</html>
```

初始化参数在 web.xml 文件中的配置如下所示。

【案例 5-15】 web.xml

```
<servlet>
    <servlet-name>configExample</servlet-name>
    <jsp-file>/configExample.jsp</jsp-file>
    <init-param>
        <param-name>init</param-name>
        <param-value>JSP 初始化参数值</param-value>
    </init-param>
</servlet>
<servlet-mapping>
    <servlet-name>configExample</servlet-name>
    <url-pattern>/configExample.jsp</url-pattern>
</servlet-mapping>
```

启动服务器，在浏览器中访问 http://localhost:8080/ch05/configExample.jsp，运行结果如图 5-11 所示。

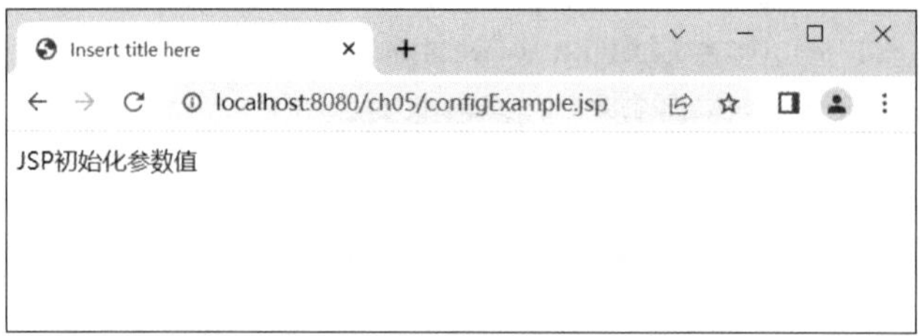

图 5-11 configExample.jsp 的运行结果

5.5 与 Error 有关的内置对象

与 Error 有关的内置对象只有一个成员：exception 对象。当 JSP 网页有错误时会产生异常，exception 对象就用来处理这个异常。

exception 对象即异常对象，表示 JSP 页面产生的异常。需要注意的是，如果一个 JSP 页面要应用此对象，必须将此页面中 page 指令的 isErrorPage 属性值设为 true，否则无法编译。exception 对象是 java.lang.Throwable 的对象。

下述代码描述 exception 对象对页面异常的处理。

【案例 5-16】 error.jsp

```
<%@ page language="java" contentType="text/html; charset=UTF-8"
    pageEncoding="UTF-8" isErrorPage="true" %>
<!DOCTYPE html PUBLIC "-//W3C//DTD HTML 4.01 Transitional//EN"
    "http://www.w3.org/TR/html4/loose.dtd">
<html>
<head>
<meta http-equiv="Content-Type" content="text/html; charset=UTF-8">
<title>Insert title here</title>
</head>
<body>
<% exception.printStackTrace(response.getWriter()); %>
</body>
</html>
```

下述代码描述产生异常的页面，需要注意页面中 page 指令的 errorPage 属性要指向上面定义的异常处理页面“error.jsp”。

【案例 5-17】 calculate.jsp

```
<%@ page language="java" contentType="text/html; charset=UTF-8"
    pageEncoding="UTF-8" errorPage="error.jsp" %>
<!DOCTYPE html PUBLIC "-//W3C//DTD HTML 4.01 Transitional//EN"
    "http://www.w3.org/TR/html4/loose.dtd">
<html>
<head>
<meta http-equiv="Content-Type" content="text/html; charset=UTF-8">
```

```
<title>计算</title>
</head>
<body>
    <%
        int a, b;
        a = 10;
        b = 0;
        int c = a / b;
    %>
</body>
</html>
```

启动服务器，在浏览器中访问 http://localhost:8080/ch05/calculate.jsp，运行结果如图 5-12 所示。

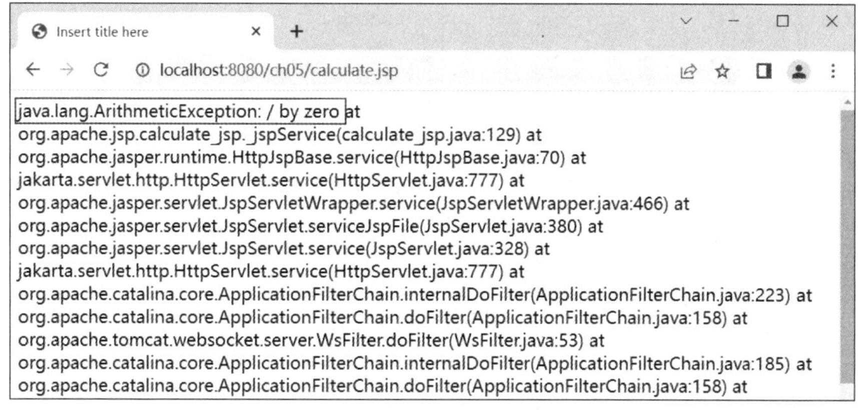

图 5-12　calculate.jsp 的运行结果

5.6　JSP 的四种作用域

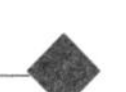

对象的生命周期和可访问性称为作用域(scope)，在 JSP 中有四种作用域：页面域、请求域、会话域和应用域。四种作用域的生命周期和可访问性介绍如下。

- 页面域(page scope)，页面域的生命周期是指页面执行期间。存储在页面域的对象只对于它所在页面是可访问的。
- 请求域(request scope)，请求域的生命周期是指一次请求过程，包括请求被转发(forward)或者被包含(include)的情况。存储在请求域中的对象只有在此次请求过程中才可以被访问。
- 会话域(session scope)，会话域的生命周期是指某个客户端与服务器所连接的时间；客户端在第一次访问服务器时创建会话，在会话过期或用户主动退出后，会话结束。存储在会话域中的对象在整个会话期间(可能包含多次请求)都可以被访问。
- 应用域(application scope)，应用域的生命周期是指从服务器开始执行服务到服务器关闭为止，是四个作用域中时间最长的。存储在应用域中的对象在整个应用程序运行期间可以被所有 JSP 和 Servlet 共享访问，在使用时要特别注意存储数据的大小和安全性，否则可能会造成服务器负载过重和线程安全性问题。

JSP 的四种作用域分别对应 pageContext、request、session 和 application 四个内置对象，四个内置对象都通过 setAttribute(String name, Object value)方法来存储属性，通过 getAttribute(String name)来获取属性，从而实现属性对象在不同作用域的数据分享。

下述代码演示使用 pageContext、session、application 对象分别实现页面域、会话域、应用域的页面访问统计效果。

【案例 5-18】 visitCount.jsp

```
<%@ page language="java" contentType="text/html; charset=UTF-8"
    pageEncoding="UTF-8"%>
<!DOCTYPE html PUBLIC "-//W3C//DTD HTML 4.01 Transitional//EN"
    "http://www.w3.org/TR/html4/loose.dtd">
<html>
<head>
<meta http-equiv="Content-Type" content="text/html; charset=UTF-8">
<title>访问统计</title>
</head>
<body>
    <%
        int pageCount = 1;
        int sessionCount = 1;
        int applicationCount = 1;
        //页面域计数
        if (pageContext.getAttribute("pageCount") != null) {
            pageCount = Integer.parseInt(pageContext.getAttribute(
                    "pageCount").toString());
            pageCount++;
        }
        pageContext.setAttribute("pageCount", pageCount);
        //会话域计数
        if (session.getAttribute("sessionCount") != null) {
            sessionCount = Integer.parseInt(session.getAttribute(
                    "sessionCount").toString());
            sessionCount++;
        }
        session.setAttribute("sessionCount", sessionCount);
        //应用域计数
        if (application.getAttribute("applicationCount") != null) {
            applicationCount = Integer.parseInt(application.getAttribute(
                    "applicationCount").toString());
            applicationCount++;
        }
        application.setAttribute("applicationCount", applicationCount);
    %>
    <p>
        页面域计数:<%=pageCount%></p>
    <p>
        会话域计数:<%=sessionCount%></p>
    <p>
        应用域计数:<%=applicationCount%></p>
</body>
</html>
```

启动服务器，在 Chrome 浏览器中访问 http://localhost:8080/ch05/visitCount.jsp，第一次访问该页面，运行结果如图 5-13 所示。

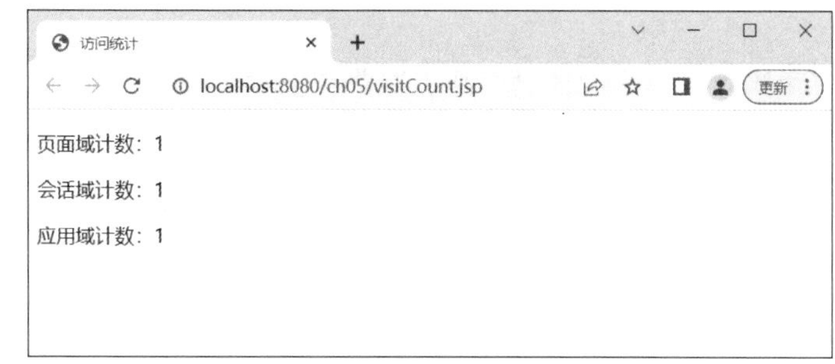

图 5-13 第一次访问 visitCount.jsp

多次刷新 Chrome 浏览器窗口后，运行结果如图 5-14 所示。

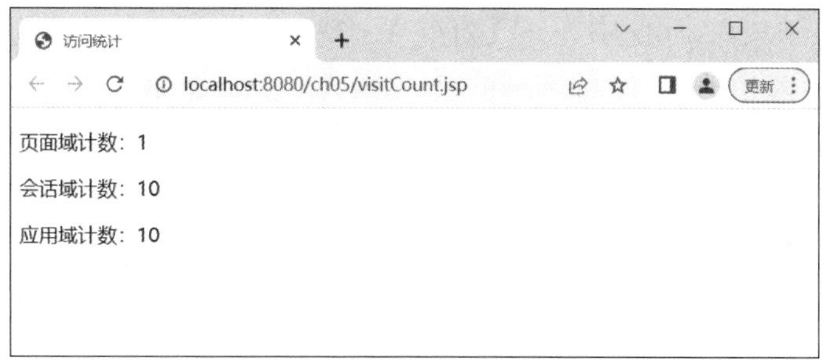

图 5-14 visitCount.jsp 多次刷新后

另外打开一个 Firefox 浏览器窗口（此处使用不同的浏览器软件，同种浏览器的不同窗口 session 可能依然累加），再次访问此页面后，运行结果如图 5-15 所示。

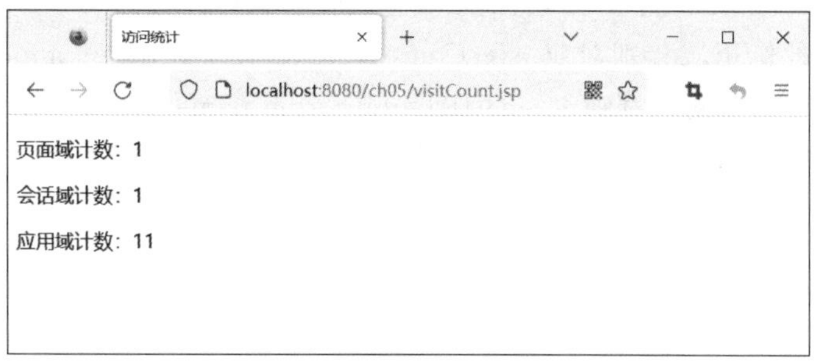

图 5-15 新开浏览器窗口访问 visitCount.jsp

通过上述运行结果可以看出，pageContext 域属性的访问范围为当前 JSP 页面，因此访问计数始终为 1；session 域属性的访问范围为当前浏览器与服务器的会话，因此刷新页面访问计数会累加，但新开启浏览器窗口时，会新建一个会话，计数又会从 1 开始；application 域属性的访问范围为整个应用，所以只要应用程序不停止运行，计数会不断累加。

在 Web 应用开发时需要仔细考虑这些对象的作用域，按照对象的需要赋予适合的作用域，不要过大也不要过小。为一个只在页面内使用的对象赋予了应用域显然毫无意义；但如果访问对象有太多的限制，那么也会使应用变得更加复杂。因此需要仔细权衡每个对象及其用途，从而准确推断其作用域。

本章总结

- JSP 内置对象是指不用声明就可以在 JSP 页面的脚本和表达式中直接使用的对象。
- request 对象即请求对象，表示客户端向服务器端发送的请求。request 对象的类型为 javax. servlet. http. HttpServletRequest。
- response 对象即响应对象，表示服务器对客户端的响应。response 对象类型为 javax. servlet. http. HttpServletResponse。
- out 对象即输出对象，用来控制管理输出的缓冲区(buffer)和输出流(output stream)向客户端页面输出数据。out 对象类型为 javax. servlet. jsp. JspWriter。
- session 对象即会话对象，表示浏览器与服务器之间的一次会话。session 对象的类型为 javax. servlet. http. HttpSession。
- application 对象即应用程序上下文对象，表示当前应用程序运行环境，用以获取应用程序上下文环境中的信息。application 对象类型为 javax. servlet. ServletContext。
- pageContext 即页面上下文对象，表示当前页面运行环境，用以获取当前 JSP 页面的相关信息。pageContext 对象类型为 javax. servlet. jsp. PageContext。
- page 对象即 this，代表 JSP 本身，更准确地说它代表 JSP 被翻译后的 Servlet，因此它可以调用 Servlet 类所定义的方法。page 对象的类型为 javax. servlet. jsp. HttpJspPage。
- config 对象即页面配置对象，表示当前 JSP 页面翻译后的 Servlet 的 ServletConfig 对象，存放着一些初始的数据结构。config 对象类型为 java. servlet. ServletConfig。
- exception 对象即异常对象，表示 JSP 页面产生的异常。exception 对象是 java. lang. Throwable 的对象。
- JSP 中有四种作用域：页面域、请求域、会话域和应用域。
- JSP 的四种作用域分别对应 pageContext、request、session 和 application 四个内置对象。四个内置对象都通过 setAttribute(String name，Object value)方法来存储属性，通过 getAttribute(String name)来获取属性，从而实现属性对象在不同作用域的数据分享。

本章习题

1. 下面________不是 JSP 的内置对象。

A. session　　B. request　　C. cookie　　D. out

2. response 对象的 setHeader(String name，String value)方法的作用是________。

A. 添加 HTTP 文件头

B. 设定指定名字的 HTTP 文件头的值

C. 判断指定名字的 HTTP 文件头是否存在

D. 向客户端发送错误信息

3. 要设置某个 JSP 页面为错误处理页面，以下 page 指令正确的是________。

A. <%@ page errorPage="true" %>

B. <%@ page isErrorPage="true"%>

C. <%@ page extends="javax.servlet.jsp.JspErrorPage"%>

D. <%@ page info="error"%>

4. 下面关于 JSP 作用域对象的说法错误的是________。

A. request 对象可以得到请求中的参数

B. session 对象可以保存用户信息

C. application 对象可以被多个应用共享

D. 作用域范围从小到大是 page、request、session、application

5. 在 JSP 中，request 对象的________方法可以获取页面请求中一个表单组件对应多个值时的用户的请求数据。

A. String getParameter(String name)

B. String[] getParameter(String name)

C. String getParameterValuses(String name)

D. String[] getParameterValues(String name)

6. 如果选择一种对象保存聊天室信息，则选择________。

A. pageContext　　B. request　　C. session　　D. application

7. JSP 中获取输入参数信息，使用________对象的 getParameter()方法。

A. response　　B. request　　C. out　　D. session

8. JSP 中保存用户会话信息使用________对象。

A. response　　B. request　　C. out　　D. session

9. 以下对象中作用域最大的是________。

A. applicant　　B. request　　C. page　　D. session

10. 创建 a.jsp 页面，将一个字符串存入请求域属性 temp 中，转发请求到 b.jsp；在 b.jsp 中获取并显示 temp 的值；将请求转发到 b.jsp 改为重定向到 b.jsp，观察是否能够获取 temp 的值。

11. 充分利用 session 和 application 的特点，实现一个禁止用户使用同一用户名同时在不同客户端登录的功能程序。

12. 创建 exceptionTest.jsp 页面，模拟一个空指针异常，指定异常处理页面为 error.jsp；使用 exception 内置对象在异常处理页面 error.jsp 中输出异常信息。

第6章 JSP与JavaBean

CHAPTER 6

本章思维导图

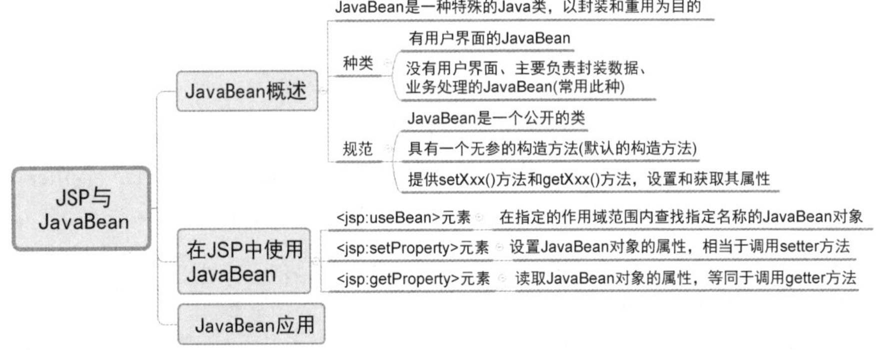

本章目标

- 了解 JavaBean 的特性及优势。
- 掌握 JavaBean 的种类和规范。
- 掌握 JavaBean 类的创建。
- 掌握在 JSP 中使<jsp:useBean>、<jsp:setProperty>和<jsp:getProperty>三个动作元素。

6.1 JavaBean 概述

6.1.1 JavaBean 简介

JavaBean 是一种特殊的 Java 类，以封装和重用为目的，在类的设计上遵从一定的规范，以供其他组件根据这种规范来调用。

JavaBean 最大的优势在于重用，同时它又具有以下特性。

- 易于维护、使用、编写。
- 封装了复杂的业务逻辑。
- 可移植性好。
- 便于传输，既可用于本地也可用于网络传输。

JavaBean 可分为两种：一种是有用户界面（User Interface，UI）的 JavaBean，例如一些 GUI 组件（按钮、文本框、报表组件等）；另一种是没有用户界面、主要负责封装数据、业务处理的 JavaBean。JSP 通常访问的是后一种 JavaBean。

JSP 与 JavaBean 搭配使用，具有以下优势。

- JSP 页面中的 HTML 代码与 Java 代码分离，便于页面设计人员和 Java 编程人员进行分工与维护。
- 使 JSP 更加侧重于生成动态网页，事务处理由 JavaBean 来完成，使系统更趋于组件化、模块化。

JavaBean 的这些优势使系统具有了更好的健壮性和灵活性，JSP＋JavaBean 和 JSP＋Servlet＋JavaBean 的组合设计模式也成为目前开发 Java Web 应用的主流模式。

6.1.2 JavaBean 规范

一个标准的 JavaBean 需要遵从以下规范。

- JavaBean 是一个公开的（public）类，以便被外部程序访问。
- 具有一个无参的构造方法（即一般类中默认的构造方法），以便被外部程序实例化时调用。
- 提供 setXxx()方法和 getXxx()方法，以让外部程序设置和获取其属性。

凡是符合上述规范的 Java 类，都可以被称为 JavaBean。

JavaBean 中的 setXxx()方法和 getXxx()方法也被称为 setter 方法和 getter 方法，是针对 JavaBean 方法的一种命名方式。方法的名称由字符“set＋属性名”和“get＋属性名”构成，“属性名”是将 JavaBean 的属性名称首字母大写后得来。例如：名称为“userName”的 JavaBean 属性，对应的 setter 和 getter 方法为：setUserName()和 getUserName()。

JavaBean 通过这种方法的命名规范，以及对类的访问权限和构造函数的要求，使得外部程序能够通过反射机制来实例化 JavaBean 和查找到这些方法，从而可以调用这些方法来设置和获取 JavaBean 对象的属性。下述代码展示一个普通的 JavaBean。

【案例 6-1】 DemoBen. java

```
package com.zkl.ch06.javabean;
import java.util.Date;
public class DemoBean {

    private String userName;
    private int age;
    private Date birthday;
    private boolean married;
    private String[ ] hobby;

    public String getUserName() {
        return userName;
    }
    public void setUserName(String userName) {
        this.userName = userName;
    }
    public int getAge() {
```

```
        return age;
    }
    public void setAge(int age) {
        this.age = age;
    }
    public Date getBirthday() {
        return birthday;
    }
    public void setBirthday(Date birthday) {
        this.birthday = birthday;
    }
    public boolean isMarried() {
        return married;
    }
    public void setMarried(boolean married) {
        this.married = married;
    }
    public String[] getHobby() {
        return hobby;
    }
    public void setHobby(String[] hobby) {
        this.hobby = hobby;
    }
}
```

上述示例中,类"DemoBean"为一个公共类,有一个默认的无参构造方法,同时有5对setter和getter方法,通过这三个条件,类"DemoBean"即为一个JavaBean。在此JavaBean中,5对setter和getter方法分别与5个属性相对应,setter方法通过形参来设置属性值,getter方法通过返回值来获取属性值。需注意的是,对于boolean类型的属性,可以使用"get"开头,但在开发时习惯以"is"开头,在这里推荐以"is"开头。

JavaBean中的属性定义也不同于普通类中的属性定义。JavaBean的属性是指setter和getter方法名中所包含的属性名,即使在JavaBean类中没有定义此名称的实例变量,也可称为JavaBean的属性。这种定义方式扩展了属性的定义,融入了对JavaBean所封装的业务功能状态的表示。例如,下述代码为一个用来封装商品价格计算的JavaBean。

【案例6-2】 ProductBean.java

```
package com.zkl.ch06.javabean;
public class ProductBean {
    // 商品单价
    private float price;
    // 商品数量
    private int num;

    public float getPrice() {
        return price;
    }
    public void setPrice(float price) {
        this.price = price;
    }
    public int getNum() {
```

```
        return num;
    }
    public void setNum(int num) {
        this.num = num;
    }
    // 获取商品总价
    public double getTotalPrice(){
        return this.price * this.num;
    }
}
```

上述示例中，单价和数量表示商品类的属性，属性值的设置和获取由 setter 和 getter 方法完成，此处 price 和 num 既是类的属性也是 JavaBean 属性，而对于计算商品总价格这一业务功能，通过 getter 方法进行了业务封装，方便外部程序的调用和重用，此时业务功能产生的结果——总价格(totalPrice)，更多地表现为一种业务的临时结果，并不需要作为类的属性进行定义，但可作为 JavaBean 属性表现业务功能。

6.2 在 JSP 中使用 JavaBean

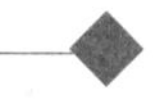

在 JSP 中可以像使用普通类一样访问 JavaBean，例如，通过 Java 脚本实例化 JavaBean、调用 JavaBean 对象的方法等。为了能在 JSP 页面中更好地集成 JavaBean 和支持 JavaBean 的功能，JSP 还提供了 3 个动作元素来访问 JavaBean，分别为<jsp:useBean>、<jsp:setProperty>和<jsp:getProperty>，这 3 个动作元素分别用于创建或查找 JavaBean 实例对象、设置 JavaBean 对象的属性值、获取 JavaBean 对象的属性值。

下述示例演示在 JSP 中使用 JavaBean 动作元素。

【示例】 使用动作元素访问 JavaBean

```
<jsp:useBean id="product" class="com.zkl.ch06.javabean.ProductBean"/>
<jsp:setProperty property="price" value="23.5" name="product"/>
<jsp:setProperty property="num" value="2" name="product"/>
<jsp:getProperty property="totalPrice" name="product"/>
```

上述示例使用<jsp:useBean>元素创建或查找一个 JavaBean 对象“product”；使用<jsp:setProperty>元素为 JavaBean 对象“product”的“price”和“num”属性赋值；使用<jsp:getProperty>元素获取并输出 JavaBean 对象“product”的“totalPrice”属性的值。

上述示例使用 Java 脚本方式表述如下。

【示例】 使用 Java 脚本访问 JavaBean

```
<%@ page language="java" contentType="text/html; charset=UTF-8"
    pageEncoding="UTF-8" import="com.zkl.ch06.javabean.ProductBean" %>
<%
Object obj = pageContext.getAttribute("product");
ProductBean product = null;
if(obj == null){
    product = new ProductBean();
    pageContext.setAttribute("product",product,pageContext.PAGE_SCOPE);
}
```

```
product.setPrice(23.5f);
product.setNum(2);
%>
<%=product.getTotalPrice()%>
```

通过对比上述两个示例可以看出，使用动作元素对 JavaBean 进行访问没有使用一句 Java 代码，这种方式降低了对页面设计人员编程能力的要求，增强了页面的可维护性。因此在实际开发中，应该更多地采用动作元素访问 JavaBean。

6.2.1 <jsp:useBean>元素

<jsp:useBean>元素用于在某个指定的作用域范围内查找一个指定名称的 JavaBean 对象，如果存在则直接返回该 JavaBean 对象的引用，如果不存在则实例化一个新的 JavaBean 对象，并将它按指定的名称存储在指定的作用域范围内。

<jsp:useBean>元素的语法格式如下所示。

【语法】

```
<jsp:useBean id="beanInstanceName" class="package.class"
                scope="page|request|session|application"/>
```

其中：

- id 属性用于指定 JavaBean 对象的引用名称和其存储域属性名。
- class 属性用于指定 JavaBean 的全限定名。
- scope 属性用于指定 JavaBean 对象的存储域范围，其取值只能是 page、request、session、application 四个值中的一个，默认为 page。

下述代码演示<jsp:useBean>元素的使用。

【案例 6-3】 product.jsp

```
<%@ page language="java" contentType="text/html; charset=UTF-8"
    pageEncoding="UTF-8"%>
<!DOCTYPE html PUBLIC "-//W3C//DTD HTML 4.01 Transitional//EN"
    "http://www.w3.org/TR/html4/loose.dtd">
<html>
<head>
<meta http-equiv="Content-Type" content="text/html; charset=UTF-8">
<title>Insert title here</title>
</head>
<body>
    <jsp:useBean id="product"
        class="com.zkl.ch06.javabean.ProductBean" scope="page" />
</body>
</html>
```

执行 product.jsp 页面时，JSP 引擎首先在<jsp:useBean>元素 scope 属性所指定的作用域范围(此处为 page)中查找 id 属性指定的 JavaBean 对象，如果该域范围不存在此对象，则根据 class 属性指定的类名新建一个此类型的对象，并将此对象以 id 属性指定的名称存储到 scope 属性指定的域范围中。

6.2.2 <jsp:setProperty>元素

<jsp:setProperty>元素用于设置 JavaBean 对象的属性，相当于调用 JavaBean 对象的 setter 方法，其语法格式如下所示。

【语法】

```
<jsp:setProperty name = "beanInstanceName"
      property = "propertyName" value = "propertyValue" |
      property = "propertyName" param = "parameterName" |
      property = "propertyName" |
      property = " * "
/>
```

其中：

- name 属性用于指定 JavaBean 对象的名称，其值应与<jsp:useBean>标签中的 id 属性值相同。
- property 属性用于指定 JavaBean 对象的属性名。
- value 属性用于指定 JavaBean 对象的某个属性的值，可以是一个字符串也可以是一个表达式，它将被自动转换为所要设置的 JavaBean 属性的类型，该属性可选。
- param 属性用于将一个请求参数的值赋给 JavaBean 对象的某个属性，它可以将请求参数的字符串类型的返回值转换为 JavaBean 属性所对应的类型，该属性可选。value 和 param 属性不能同时使用。

按照上述语法中属性组合的方式，各种方式的使用示例如下所示。

【示例】

```
<jsp:setProperty name = "product" property = "price" value = "23.5"/>
```

此示例形式表示通过 value 属性来指定 JavaBean 对象“product”的“price”属性的值。其中 value 属性的值将被自动转换为与 JavaBean 对应属性相同的类型。

【示例】

```
<% float price = 23.5f; %>
<jsp:setProperty name = "product" property = "price" value = "<% = price %>"/>
```

此示例形式表示使用一个表达式形式的 value 属性值来指定 JavaBean 对象“product”的“price”属性的值。

【示例】

```
// 假设有一请求:http://localhost:8080/ch06/product.jsp?priceParam = 23.5
<jsp:setProperty name = "product" property = "price" param = "priceParam"/>
```

此示例形式表示通过 param 属性来将请求参数“priceParam”的值赋给 JavaBean 对象“product”的“price”属性。其中，字符串类型的请求参数值将被自动转换为与 JavaBean 对应属性相同的类型。

【示例】

```
// 假设有一请求:http://localhost:8080/ch06/product.jsp?price = 23.5
<jsp:setProperty name = "product" property = "price"/>
```

此示例形式表示将 JavaBean 对象“product”的“price”属性的值设置为与该属性同名(包括名称的大小写要完全一致)的请求参数的值。它等同于 param 属性的值也为“price”的情况。

【示例】

```
// 假设有一请求:http://localhost:8080/ch06/product.jsp?price = 23.5&num = 2
< jsp:setProperty name = "product" property = " * "/>
```

此示例形式表示对 JavaBean 对象“product”中的多个属性进行赋值。此种形式将请求消息中的参数逐一与 JavaBean 对象中的属性进行比较,如果找到同名的属性,则将该请求参数值赋给该属性。

<jsp:setProperty>元素还可用于<jsp:useBean>元素起始标签和终止标签之间,表示在此 JavaBean 对象实例化时,对其属性进行初始化,如下述示例所示。

【示例】

```
<jsp:useBean id = "product"
      class = "com.zkl.ch06.javabean.ProductBean">
      < jsp:setProperty name = "product" property = "price" value = "23.5"/>
      < jsp:setProperty name = "product" property = "num" value = "2"/>
</jsp:useBean>
```

由于嵌套在<jsp:useBean>元素中的<jsp:setProperty>元素只有在实例化 JavaBean 对象时才被执行,因此如果<jsp:useBean>元素所引用的 JavaBean 对象已经存在,嵌套在其中的<jsp:setProperty>元素将不被执行,只能在 JavaBean 对象初始化时执行一次。

6.2.3 <jsp:getProperty>元素

<jsp:getProperty>元素用于读取 JavaBean 对象的属性,等同于调用 JavaBean 对象的 getter 方法,然后将读取的属性值转换成字符串后输出到响应正文中。其语法格式如下所示。

【语法】

```
< jsp:getProperty name = "beanInstanceName" property = "propertyName"/>
```

其中:

- name 属性用于指定 JavaBean 对象的名称,其值应与<jsp:useBean>标签的 id 属性值相同。
- property 属性用于指定 JavaBean 对象的属性名。

【示例】

```
< jsp:getProperty name = "product" property = "totalPrice"/>
```

视频讲解

6.3 JavaBean 应用

如前面介绍 Servlet 和 JSP 的章节所述,若要对 Form 表单数据进行处理,首先需要使用 HttpServletRequest 对象的 getParameter()或 getParameterValues()方法获取请求数

据,然后根据业务需求对数据进行处理。整个过程中,数据获取代码重复且冗长,并且和业务处理代码相混杂,既浪费精力又不易阅读,JavaBean 的出现极大地简化和规范了此开发过程。

下述代码实现了一个用户分步注册的功能,以此演示使用 JavaBean 对 Form 表单进行处理。整个实例分为三步。

(1) 用户通过一个简单的注册页面(registerStep1.jsp)完成注册信息的填写。

(2) 将注册信息提交到注册页面(registerStep2.jsp)进行信息的初步保存和详细信息的填写。

(3) 信息填写完成后,提交到注册信息确认页面(registerConfirm.jsp),在信息确认页面中先将第(2)步提交的信息保存到 JavaBean 对象,随后进行信息的显示确认。

注册页面 registerStep1.jsp 的代码如下所示。

【案例 6-4】 registerStep1.jsp

```
<%@ page language="java" contentType="text/html; charset=UTF-8"
    pageEncoding="UTF-8"%>
<!DOCTYPE html PUBLIC "-//W3C//DTD HTML 4.01 Transitional//EN"
    "http://www.w3.org/TR/html4/loose.dtd">
<html>
<head>
<meta http-equiv="Content-Type" content="text/html; charset=UTF-8">
<title>注册第一步</title>
</head>
<body>
<h2 align="center">用户注册第一步</h2>
<form action="registerStep2.jsp" method="post">
<table border="1" width="50%" align="center">
<tr><td>用户名:</td><td><input type="text" name="username"></td></tr>
<tr><td>密 码:</td><td><input type="password" name="password"></td></tr>
<tr><td colspan="2" align="center"><input type="submit" value="下一步"></td></tr>
</table>
</form>
</body>
</html>
```

启动服务器,在浏览器中访问 http://localhost:8080/ch06/registerStep1.jsp,运行结果如图 6-1 所示。

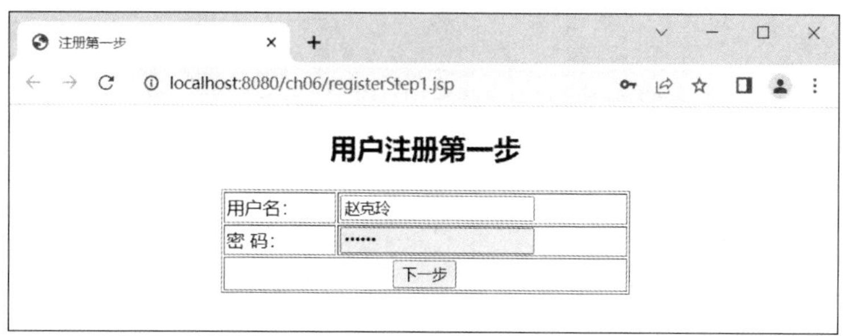

图 6-1 registerStep1.jsp 运行结果

在 registerStep1.jsp 中输入数据，单击“下一步”按钮，进入 registerStep2.jsp 的执行，代码如下所示。

【案例 6-5】 registerStep2.jsp

```
<%@ page language = "java" contentType = "text/html; charset = UTF - 8"
    pageEncoding = "UTF - 8" %>
<!DOCTYPE html PUBLIC " - //W3C//DTD HTML 4.01 Transitional//EN"
    "http://www.w3.org/TR/html4/loose.dtd">
<html>
<head>
<meta http - equiv = "Content - Type" content = "text/html; charset = UTF - 8">
<title>注册第二步</title>
</head>
<body>
    <%
        // 设置请求编码方式,防止中文乱码问题
        request.setCharacterEncoding("UTF - 8");
    %>
    <!-- 在 JavaBean 实例化时,使用请求参数为对象属性赋值 -->
    <jsp:useBean id = "user" class = "com.zkl.ch06.javabean.UserBean"
        scope = "session">
        <jsp:setProperty property = "username" name = "user" />
        <jsp:setProperty property = "password" name = "user" />
    </jsp:useBean>
    <h2 align = "center">用户注册第二步</h2>
    <form action = "registerConfirm.jsp" method = "post">
        <table border = "1" width = "50 % " align = "center">
            <tr>
                <td>性别:</td>
                <td><input type = "radio" name = "sex" checked = "checked" value = "男">男
                    <input type = "radio" name = "sex" value = "女">女</td>
            </tr>
            <tr>
                <td>年龄:</td>
                <td><input type = "text" name = "age"></td>
            </tr>
            <tr>
                <td>提示信息:</td>
                <td><select name = "tooltip">
                    <option value = "我妈妈的名字">我妈妈的名字</option>
                    <option value = "我班主任的名字">我班主任的名字</option>
                </select></td>
            </tr>
            <tr>
                <td>提示答案:</td>
                <td><input type = "text" name = "answer"></td>
            </tr>
            <tr>
                <td>邮箱:</td>
                <td><input type = "text" name = "email"></td>
            </tr>
            <tr>
                <td>愿意接受信息:</td>
```

```
                <td><input type="checkbox" name="message" value="新闻">新闻
                <input type="checkbox" name="message" value="产品广告">产品广告
                <input type="checkbox" name="message" value="招聘">招聘</td>
            </tr>
            <tr>
        <td colspan="2" align="center"><input type="submit" value="完成"></td>
            </tr>
        </table>
    </form>
</body>
</html>
```

上述代码实例化了一个用于封装用户注册信息的JavaBean(UserBean.java,如案例6-6所示),同时将第一步注册信息的数据设置到JavaBean属性中。由于用户的注册需要分多步完成,期间需要经过多次请求响应,因此将JavaBean对象保存在session作用域范围中。

【案例6-6】 UserBean.java

```
package com.zkl.ch06.javabean;
public class UserBean {
    private String username;
    private String password;
    private char sex;
    private int age;
    private String tooltip;
    private String answer;
    private String email;
    private String[] message;

    public String getUsername() {
        return username;
    }
    public void setUsername(String username) {
        this.username = username;
    }
    public String getPassword() {
        return password;
    }
    public void setPassword(String password) {
        this.password = password;
    }
    public char getSex() {
        return sex;
    }
    public void setSex(char sex) {
        this.sex = sex;
    }
    public int getAge() {
        return age;
    }
    public void setAge(int age) {
        this.age = age;
    }
    public String getTooltip() {
```

```
        return tooltip;
    }
    public void setTooltip(String tooltip) {
        this.tooltip = tooltip;
    }
    public String getAnswer() {
        return answer;
    }
    public void setAnswer(String answer) {
        this.answer = answer;
    }
    public String getEmail() {
        return email;
    }
    public void setEmail(String email) {
        this.email = email;
    }
    public String[] getMessage() {
        return message;
    }
    public String getMessageChoose() {
        String messageChoose = "";
        if (message != null)
            for (inti = 0; i < message.length; i++) {
                messageChoose += message[i];
                if (i != message.length - 1)
                    messageChoose += ",";
            }
        return messageChoose;
    }
    public void setMessage(String[] message) {
        this.message = message;
    }
}
```

在 UserBean.java 中,定义了与表单控件名称相对应的各个 JavaBean 属性及相应的 getter 和 setter 方法。通过实例可以发现,对于请求参数传递过来的 String 型数据,由 JavaBean 动作元素自动转换成了 char、int、String[]等类型。这里需要注意的是,对于 String[]类型的 message 属性,由于实例需求需要将其内容取出显示,所以此处定义了 getMessageChoose()方法对显示结果进行封装。

registerStep2.jsp 的运行结果如图 6-2 所示。

在 registerStep2.jsp 中输入注册信息,单击“完成”按钮,将信息提交到 registerConfirm.jsp,代码如下所示。

【案例 6-7】 registerConfirm.jsp

```
<%@ page language = "java" contentType = "text/html; charset = UTF-8"
    pageEncoding = "UTF-8" %>
<!DOCTYPE html PUBLIC "-//W3C//DTD HTML 4.01 Transitional//EN"
    "http://www.w3.org/TR/html4/loose.dtd">
<html>
<head>
```

图 6-2 registerStep2.jsp 运行结果

```
<meta http-equiv="Content-Type" content="text/html; charset=UTF-8">
<title>注册第一步</title>
</head>
<body>
    <%
        //设置请求编码方式,防止中文乱码问题
        request.setCharacterEncoding("UTF-8");
    %>
    <!-- 查找 JavaBean 对象,使用请求参数为对象属性赋值 -->
    <jsp:useBean id="user" class="com.zkl.ch06.javabean.UserBean"
        scope="session" />
    <jsp:setProperty property="*" name="user" />

    <h2 align="center">用户注册信息确认</h2>
    <form action="registerSuccess.jsp" method="post">
        <table border="1" width="50%" align="center">
            <tr>
                <td>用户名:</td>
                <td><jsp:getProperty property="username" name="user" /></td>
            </tr>
            <tr>
                <td>密 码:</td>
                <td><jsp:getProperty property="password" name="user" /></td>
            </tr>
            <tr>
                <td>性别:</td>
                <td><jsp:getProperty property="sex" name="user" /></td>
            </tr>
            <tr>
                <td>年龄:</td>
                <td><jsp:getProperty property="age" name="user" /></td>
            </tr>
            <tr>
                <td>提示信息:</td>
                <td><jsp:getProperty property="tooltip" name="user" /></td>
            </tr>
            <tr>
```

```
          <td>提示答案:</td>
          <td><jsp:getProperty property="answer" name="user" /></td>
       </tr>
       <tr>
          <td>邮箱:</td>
          <td><jsp:getProperty property="email" name="user" /></td>
       </tr>
       <tr>
          <td>愿意接受信息:</td>
       <td><jsp:getProperty property="messageChoose" name="user" /></td>
       </tr>
       <tr>
          <td colspan="2" align="center"><input type="submit"
             value="确认提交"></td>
       </tr>
    </table>
  </form>
</body>
</html>
```

在 registerConfirm.jsp 中引用了 registerStep2.jsp 中定义的 JavaBean 对象，使用“<jsp:setProperty property="*">”的方式按参数名称和属性名称的匹配关系为 JavaBean 对象剩余属性赋值，这种方式极大地提高了开发效率。代码中，对于 message 数组中的值，通过“<jsp:getProperty property="messageChoose">”动作元素调用 getMessageChoose()方法进行显示。registerConfirm.jsp 的运行结果如图 6-3 所示。

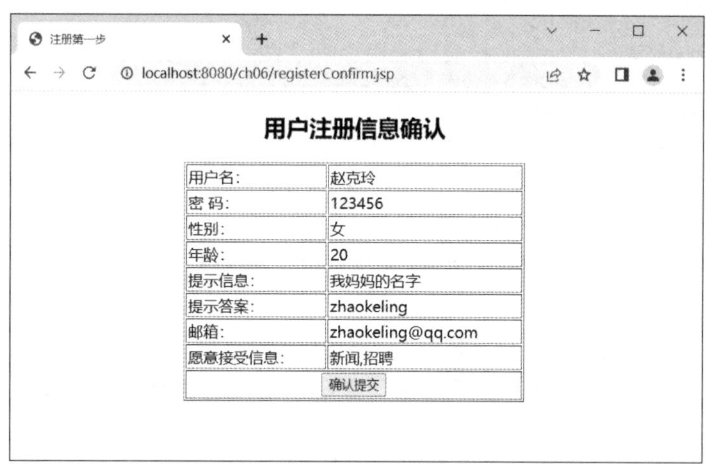

图 6-3　registerConfirm.jsp 运行结果

本章总结

- JavaBean 是一种特殊的 Java 类，以封装和重用为目的，在类的设计上遵从一定的规范，以供其他组件根据这种规范来调用。
- JavaBean 可分为两种：一种是有用户界面的 JavaBean；另一种是没有用户界面、主要负责业务逻辑(如数据运算、操纵数据库)的 JavaBean。JSP 通常访问的是后一种

JavaBean。

- 一个标准的 JavaBean 需要遵从以下规范：是一个公开的(public)类，以便被外部程序访问；有一个无参的构造方法(即一般类中默认的构造方法)，以便被外部程序实例化时调用；提供 setXXX()方法和 getXXX()方法，以让外部程序设置和获取其属性。
- JSP 还提供了 3 个动作元素来访问 JavaBean，分别为<jsp:useBean>、<jsp:setProperty>和<jsp:getProperty>。
- <jsp:useBean>用于查找或创建 JavaBean 实例对象。
- <jsp:setProperty>用于设置 JavaBean 对象的属性值。
- <jsp:getProperty>用于获取 JavaBean 对象的属性值。

本章习题

1. 在 JSP 中若要使用 JavaBean:mypackage. mybean，则以下写法正确的是________。

A. <jsp:usebean id="mybean" scope="pageContext" class="mypackage. mybean"/>

B. <jsp:useBean class="mypackage. mybean. class"/>

C. <jsp:usebean id="mybean" class=" mypackage. mybean. java">

D. <jsp:useBean id="mybean" class=" mypackage. mybean"/>

2. JavaBean 的作用范围可以是 page、request、session 和________四个作用范围中的一种。

A. application　　B. local　　C. global　　D. class

3. 如果使用标记"<jsp:getProperty name="beanName" property="propertyName"/>"准备取出 bean 的属性的值，但 propertyName 属性在 beanName 中不存在，也没有 getPropertyName()方法，那么会在浏览器中显示________。

A. 错误页面　　B. null　　C. 0　　D. 什么也没有

4. 下面关于 JavaBean 的说法正确的是________。

A. JavaBean 文件与 useBean 所引用的类名可以不同，但一定要注意区分字母的大小写

B. 在 JSP 文件中引用 JavaBean，只能使用<jsp:useBean>

C. 使用 useBean 引用 Bean 文件的文件名后缀为.java

D. JavaBean 文件放在任何目录下都可以被引用

5. 每一个 JavaBean 都有一个生存范围，JavaBean 只有在它定义的范围内才能使用，若没有指明，JavaBean 默认的使用范围是________。

A. page　　B. request　　C. session　　D. application

6. 在 JSP 文件中有如下一行代码"<jsp:useBean id="user" scope="________" type="com. UserBean"/>"，要使 user 对象一直存在于对话中，直至其终止或被删除为止，下画线中应填入________。

A. page　　B. request　　C. session　　D. application

7. 如果 a 是 b 的父类，b 是 c 的父类，c 是 d 的父类，它们都在包中，则以下正确的是

________(选择两项)。

A. <jsp:usebean id="mybean" scope="page" class="mypackage.d" type="b">

B. <jsp:usebean id="mybean" scope="page" class="mypackage.d" type="Object"/>

C. <jsp:usebean id="mybean" scope="page" class="mypackage.d" type="mypackage.a"/>

D. <jsp:usebean id="mybean" scope="page" class="mypackage.d" type="a"/>

8. 使用<jsp:getProperty>动作标记可以在JSP页面中得到Bean实例的属性值,并将其转换为________类型的数据,发送到客户端。

A. String　　B. Double　　C. Object　　D. Classes

9. 创建一个猜数字a.jsp页面,提供数字输入控件;数字猜测完成后提交请求到b.jsp;在b.jsp中使用一个JavaBean获取并判断输入的数字是否和已随机生成的数字一致,并给出猜测结果。

10. 创建一个学生注册页面register.jsp,并提交注册请求到view.jsp;在view.jsp中使用一个JavaBean获取并显示注册信息。

第7章 CHAPTER 7 EL与JSTL

本章思维导图

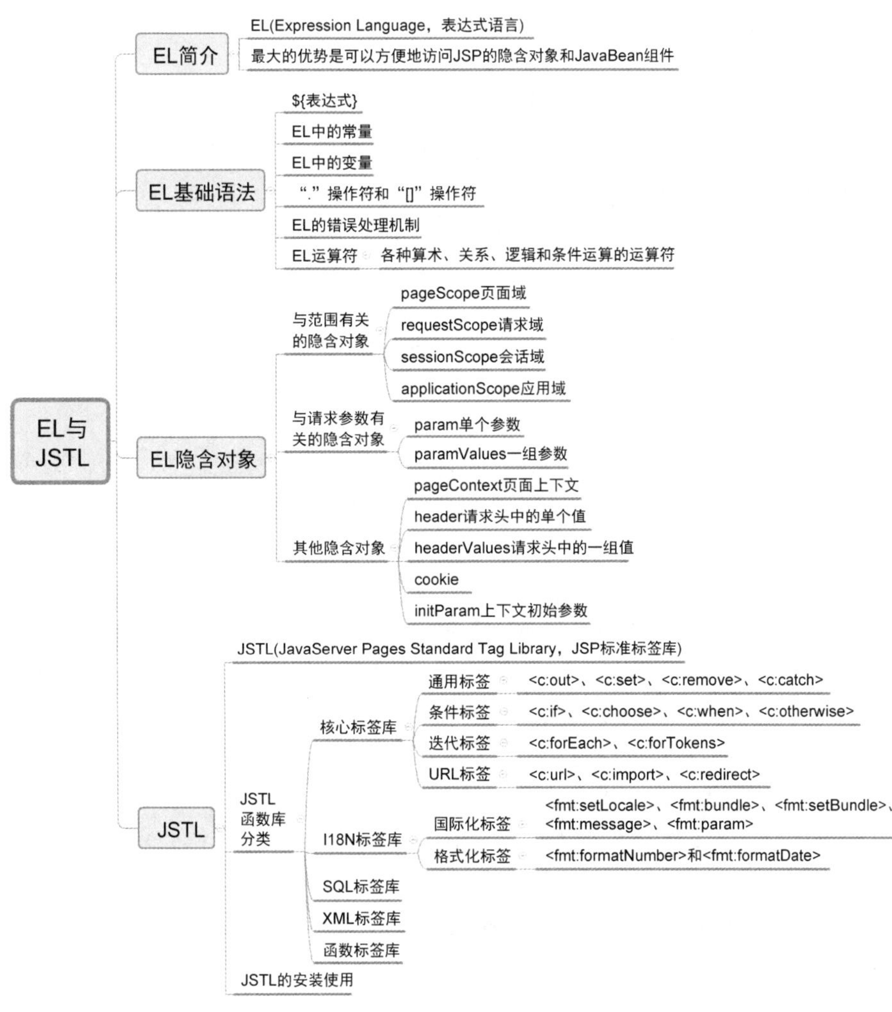

本章目标

- 掌握EL的语法及使用。
- 掌握EL中隐含对象的使用。

- 掌握 EL 中运算符的使用。
- 掌握 JSTL 核心标签库的使用。
- 熟悉 JSTL 国际化标签库的使用。
- 熟悉 JSTL EL 函数库的使用。

7.1 EL 简介

EL(Expression Language，表达式语言)是一种简单的语言，可以方便地访问和处理应用程序数据，而无须使用 JSP 脚本元素(Scriptlet)或 JSP 表达式。

EL 最初是在标准标签库 JSTL(JavaServer Pages Standard Tag Library)1.0 中定义的，从 JSTL 1.1 开始，SUN 公司将 EL 表达式语言从 JSTL 规范中分离出来，正式独立为 JSP 2.0 标准规范之一。因此，只要是支持 Servlet 2.4、JSP 2.0 以上版本的 Web 容器，都可以在 JSP 网页中直接使用 EL。

EL 在容器默认配置下处于启用状态，每个 JSP 页面也可以通过 page 指令的 isELIgnored 属性单独设置其状态，其语法格式如下。

【语法】 设置 page 指令的 isELIgnored

```
<%@page isELIgnored = "true | false" %>
```

其中：

- 如果 isELIgnored 属性取值为 true，则 EL 表达式会被当成字符串直接输出。
- 默认情况下 isELIgnored 属性取值为 false，由 JSP 引擎调用 EL 引擎来解释执行其中的表达式。

EL 最大的优势是可以方便地访问 JSP 的隐含对象和 JavaBean 组件，完成使用“<% %>”或“<%= %>”所能完成的功能，使 JSP 页面在 HTML 代码中嵌入 Java 代码的混乱结构得以改善，提高了程序的可读性和易维护性。综合概括起来，EL 表达式具有如下几个特点。

- 可以访问 JSP 的内置对象(pageContext、request、session、application 等)。
- 简化了对 JavaBean、集合的访问方式。
- 可以对数据进行自动类型转换。
- 可以通过各种运算符进行运算。
- 可以使用自定义函数实现更加复杂的业务功能。

本章将围绕 EL 这几个特点分别进行介绍。

7.2 EL 基础语法

EL 的语法格式如下。

【语法】 EL 表达式

```
${表达式}
```

EL 语法格式由“${”起始，由“}”结束，表达式可以是常量、变量，表达式中可以使用

EL 隐含对象、EL 运算符和 EL 函数。下述示例均为合法的 EL 语法格式。

【示例】 EL 表达式

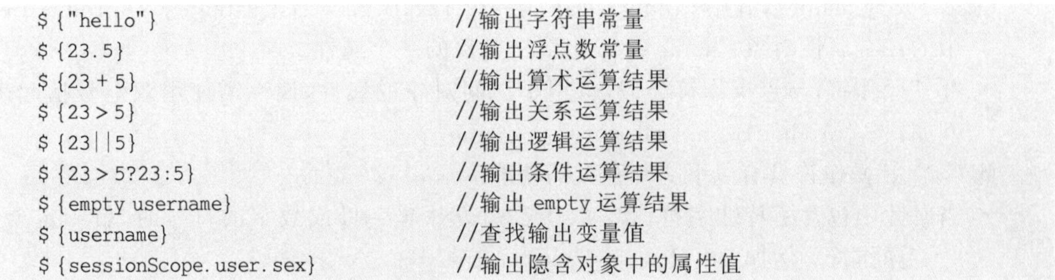

```
${"hello"}                          //输出字符串常量
${23.5}                             //输出浮点数常量
${23 + 5}                           //输出算术运算结果
${23 > 5}                           //输出关系运算结果
${23||5}                            //输出逻辑运算结果
${23 > 5?23:5}                      //输出条件运算结果
${empty username}                   //输出 empty 运算结果
${username}                         //查找输出变量值
${sessionScope.user.sex}            //输出隐含对象中的属性值
```

7.2.1 EL 中的常量

EL 表达式中的常量包括布尔常量、整型常量、浮点数常量、字符串常量和 NULL 常量。

- 布尔常量，用于区分事物的正反两面，用 true 或 false 表示。例如：${true}。
- 整型常量，与 Java 中定义的整型常量相同，范围为 Long. MIN_VALUE 到 Long. MAX_VALUE 之间。例如：${23E2}。
- 浮点数常量，与 Java 中定义的浮点数常量相同，范围为 Double. MIN_VALUE 到 Double. MAX_VALUE 之间。例如：${23.5E－2}。
- 字符串常量，是用单引号或双引号引起来的一连串字符。例如：${"你好!"}。
- NULL 常量，用于表示引用的对象为空，用 null 表示，但在 EL 表达式中并不会输出"null"而是输出空。例如：${null}，页面会什么也不输出。

7.2.2 EL 中的变量

JSP 表达式从当前页面中定义的变量进行查找，而 EL 表达式则不同，它是由 EL 引擎调用 PageContext. findAttribute(String)方法从 JSP 四大作用域范围中查找。例如：${username}，表达式将按照 page、request、session、application 范围的顺序依次查找名为 username 的属性；假如中途找到，就直接回传，不再继续找下去；假如在全部范围内都没有找到，就回传 null。因此在使用 EL 表达式访问某个变量时，应该指定查找的范围，从而避免在不同作用范围内有同名属性的问题，也提高了查询效率。

EL 中的变量除了要遵循 Java 变量的命名规范外，还需注意不能使用 EL 中的保留字。EL 中的保留字如表 7-1 所示。

表 7-1　EL 中的保留字

and	or	not	empty
div	mod	instanceof	eq
ne	lt	gt	le
ge	true	false	null

7.2.3 EL 中的.和[]操作符

视频讲解

对于常见的对象属性、集合数据的访问，EL 提供了两种操作符："."操作符和"[]"操作符。

- “.”操作符，与在 Java 代码中一样，EL 表达式也可使用点操作符来访问对象的某个属性。例如，访问 JavaBean 对象中的属性对象中的属性的语句为 ${productBean.category.name}，其中 productBean 为一个 JavaBean 对象；category 为 productBean 中的一个属性对象；name 为 category 对象的一个属性。
- “[]”操作符，与点操作符类似，也用于访问对象的属性，属性需使用双引号括起来。例如：${productBean["category"]["name"]}。

此外，“[]”操作符具有以下更加强大的功能。

- 当属性中包含了特殊字符，如：“.”或“-”等并非字母或数字的符号时，就一定要用“[]”操作符。例如：${header["user-agent"]}。
- “[]”操作符可以访问有序集合或数组中的指定索引位置的某个元素。例如：${array[0]}。
- “[]”操作符可以访问 Map 对象的 key 关键字的值。例如：${map["key"]}。
- “[]”操作符和“·”操作符可以结合使用。例如：${users[0].username}。

注意 通常情况下，使用“.”操作符更加简洁方便，但对于上述特殊情况则必须使用“[]”操作符访问。

下述代码在 JSP 页面使用 EL 显示 Person 类对象的数据，其中 Person 类是一个 JavaBean 对象，具有 name 和 age 两个属性，代码如下所示。

【案例 7-1】 Person.java

```
package com.zkl.ch07.javabean;
public class Person {
    private String name;
    private int age;
    public String getName() {
        return name;
    }
    public void setName(String name) {
        this.name = name;
    }
    public int getAge() {
        return age;
    }
    public void setAge(int age) {
        this.age = age;
    }
}
```

下述代码在 JSP 中使用<jsp:useBean>标准动作定义了一个 Person 对象并赋值，使用 EL 表达式显示数据值。

【案例 7-2】 el.jsp

```
<%@ page language="java" contentType="text/html; charset=gbk" %>
<html>
<head>
<title>EL 表达式</title>
</head>
<body>
```

```
<jsp:useBean id="person" class="com.haiersoft.entity.Person"
        scope="request" />
<jsp:setProperty name="person" property="name" value="zhaokeling" />
<jsp:setProperty name="person" property="age" value="18" />
姓名: ${person.name}
<br />
年龄: ${person.age}
</body>
</html>
```

上述代码使用EL表达式代替了<jsp:getProperty>标准动作，直接访问bean对象的属性值并显示，与<jsp:getProperty>标准动作相比，EL方式更加简捷。

启动Tomcat，在浏览器中访问http://localhost:8080/ch07/el.jsp，运行结果如图7-1所示。

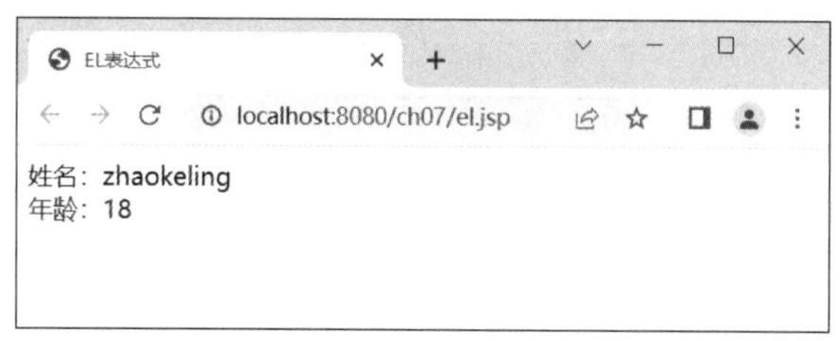

图7-1　使用EL显示结果

7.2.4　EL的错误处理机制

为了在JSP页面中直观地显示用户操作错误的提示信息，EL提供了比较友好的处理方式：不提供警告，只提供默认值和错误，默认值是空字符串，错误是抛出一个异常。EL对几种常见错误的处理方式如下。

- 在EL中访问一个不存在的变量，则表达式输出空字符串，而不是输出null。
- 在EL中访问一个不存在的对象的属性，则表达式输出空字符串，而不会抛出NullPointerException异常。
- 在EL中访问一个对象的不存在的属性，则表达式会抛出PropertyNotFoundException异常。

7.2.5　EL运算符

视频讲解

EL表达式语言中定义了用于执行各种算术、关系、逻辑和条件运算的运算符。

1. 算术运算符

EL表达式中的算术运算符如表7-2所示。

表7-2　算术运算符

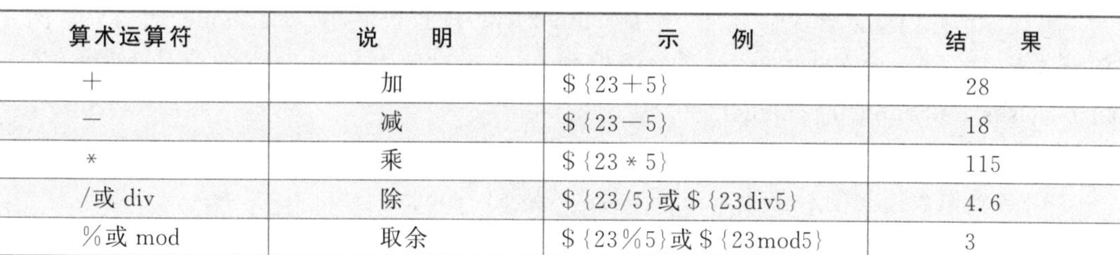

算术运算符	说　明	示　例	结　果
+	加	${23+5}	28
−	减	${23−5}	18
*	乘	${23*5}	115
/或div	除	${23/5}或${23div5}	4.6
%或mod	取余	${23%5}或${23mod5}	3

需要注意的是,在除法运算中,操作数将首先被强制转换为 Double,然后再进行相除运算。

2. 关系运算符

EL 表达式中的关系运算符如表 7-3 所示。

表 7-3 关系运算符

关系运算符	说明	示例	结果
==或 eq	等于	${23==5}或${23 eq 5}	false
!=或 ne	不等于	${23!=5}或${23 ne 5}	true
<或 lt	小于	${23<5}或${23 lt 5}	false
>或 gt	大于	${23>5}或${23 gt 5}	true
<=或 le	小于或等于	${23<=5}或${23 le 5}	false
>=或 ge	大于或等于	${23>=5}或${23 ge 5}	true

3. 逻辑运算符

EL 表达式中的逻辑运算符如表 7-4 所示。

表 7-4 逻辑运算符

逻辑运算符	说明	示例	结果
&& 或 and	逻辑与	${true && true}或${true and true}	true
||或 or	逻辑或	${true \|\| false}或${true or true}	true
! 或 not	逻辑非	${! true}或${not true}	false

4. 条件运算符

EL 表达式中条件运算符的格式为"A ? B : C",表示根据表达式 A 的结果选择执行 B 或 C。首先将表达式 A 的计算结果转换为布尔类型,如果表达式 A 的计算结果为 true,则执行 B,否则执行 C。

【示例】 条件运算符的使用

```
${sessionScope.username==null?"游客":sessionScope.username}
```

上述示例判断若 session 对象中不存在 username 属性,则 EL 表达式输出“游客”常量值,否则输出 username 属性值。

5. empty 运算符

empty 运算符是一个前缀操作符,用于检测一个值是否为 null 或“空”,运算结果为布尔类型。empty 运算符只有一个操作数,可以是变量也可以是表达式。

【示例】 empty 运算符的使用

```
${empty sessionScope.username}
```

上述示例有两层含义：①检测 session 对象中是否存在 username 属性,等同于${sessionScope.username==null}；②检测 session 对象中 username 的值是否为“空”,等同于${sessionScope.username==""}。

empty 运算符按如下规则计算其返回值。

- 当操作数指向的对象为 null 时,表达式返回 true。
- 当操作数是空字符串时,返回 true。

- 当操作数是集合或数组时，如果操作数中没有任何元素，返回 true。
- 当操作数是 java. util. Map 对象中的一个关键字时，如果 Map 对象为空、Map 对象没有指定的关键字或 Map 对象的关键字对应的值为空，表达式返回 true。

6. 运算符优先级

表 7-5 给出了运算符的优先级，优先级从上到下、从左到右依次降低。

表 7-5 运算符优先级（从上到下，从左到右）

运 算 符	优 先 级
[]、.	高
()	
-（取负数）、not、!、empty	
*、/、div、%、mod	
+、-	
<、>、<=、>=、lt、gt、le、ge	
==、!=、eq、ne	
&&、and	
||、or	
?:	低

要注意，在实际应用中，一般不需要记住优先级，而应尽量使用“()”让表达式清晰易懂。下述 JSP 代码示例演示了 EL 中各种运算符的使用方法。

【案例 7-3】 operator. jsp

```
<%@ page language="java" contentType="text/html; charset=gbk"
    pageEncoding="gbk"%>
<!DOCTYPE html>
<html>
<head>
<title>EL 运算符</title>
</head>
<body>
    <h5>算术运算符示例</h5>
    <ul>
        <li>\${3/7}运算结果${3/7}
        <li>\${3/0}运算结果${3/0}</li>
        <li>\${10 % 4}运算结果${10 % 4}</li>
    </ul>
    <h5>关系运算符示例</h5>
    <ul>
        <li>\${1 &lt; 6}运算结果是:${1 < 6}</li>
        <li>\${1 &gt; 2}运算结果是:${1 > 2}</li>
        <li>\${1 &lt; = 6}运算结果是:${1 <= 6}</li>
        <li>\${1 &gt; = 2}运算结果是:${1 >= 2}</li>
        <li>\${'a' &lt; 'z'}运算结果是:${'a'< 'z'}</li>
    </ul>
    <h5>逻辑运算符示例</h5>
    <ul>
        <li>\${true && true}运算结果是:${true && true}</li>
        <li>\${true || false}运算结果是:${true||false}</li>
```

```
        <li>\${!true }运算结果是:${!true}</li>
    </ul>
</body>
</html>
```

上述代码中,通过在"$"前加上"\"进行转义来显示"$"符号。

启动 Tomcat,在浏览器中访问 http://localhost:8080/ch07/operator.jsp,运行结果如图 7-2 所示。

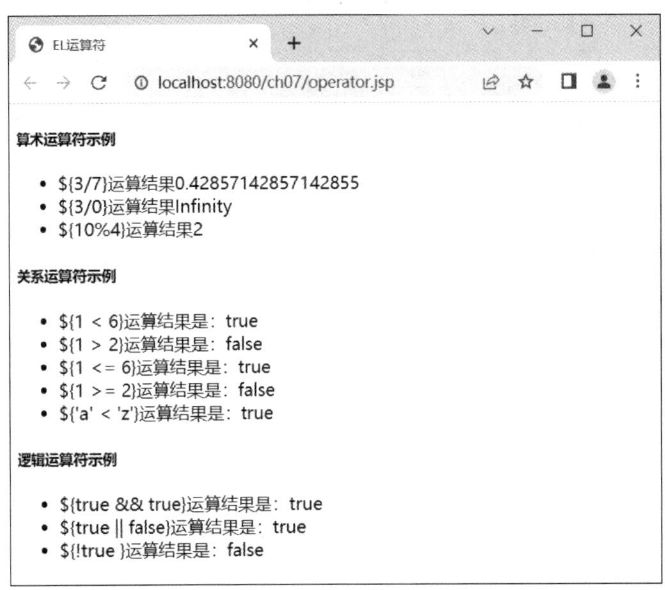

EL运算符
localhost:8080/ch07/operator.jsp
算术运算符示例
${3/7}运算结果0.42857142857142855
${3/0}运算结果Infinity
${10%4}运算结果2
关系运算符示例
${1 < 6}运算结果是: true
${1 > 2}运算结果是: false
${1 <= 6}运算结果是: true
${1 >= 2}运算结果是: false
${'a' < 'z'}运算结果是: true
逻辑运算符示例
${true && true}运算结果是: true
${true || false}运算结果是: true
${!true }运算结果是: false

图 7-2　EL 运算符

视频讲解

7.3　EL 隐含对象

为了更加方便地进行数据访问,EL 表达式同 JSP 一样也提供了一系列可以直接使用的隐含对象。EL 隐含对象按照使用途径的不同可以分为:与范围有关的隐含对象、与请求参数有关的隐含对象和其他隐含对象,具体分类如图 7-3 所示。

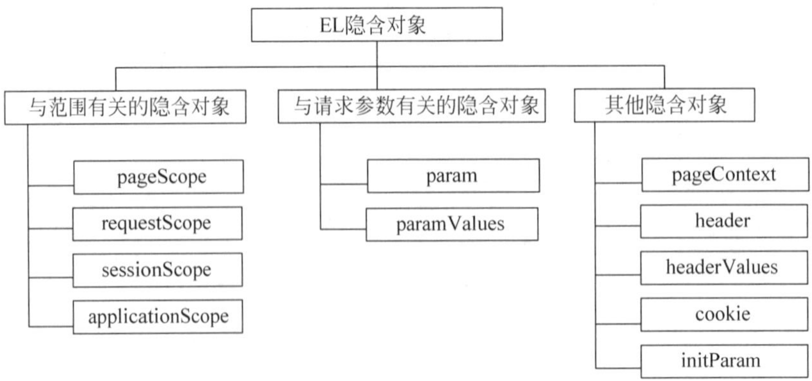

图 7-3　EL 隐含对象分类图

7.3.1 与范围有关的隐含对象

在 JSP 中有四种作用域（页面域、请求域、会话域、应用域），EL 表达式针对这四种作用域提供了相应的隐含对象用于获取各作用域范围中的属性，与范围有关的隐含对象如表 7-6 所示。

表 7-6 与范围有关的隐含对象

隐 含 对 象	说 明
pageScope	用于获得页面作用域范围中的属性值，相当于 pageContext. getAttribute()
requestScope	用于获得请求作用域范围中的属性值，相当于 request. getAttribute()
sessionScope	用于获得会话作用域范围中的属性值，相当于 session. getAttribute()
applicationScope	用于获得应用程序作用域范围中的属性值，相当于 application. getAttribute()

【示例】 使用 EL 访问会话作用域中的属性

```
${sessionScope.user.sex}
```

上述示例的含义是从会话作用域范围中获取用户的性别，等效于如下 JSP 脚本代码。

【示例】 使用脚本代码访问 Session 作用域中的属性

```
<%
User user = (User)session.getAttribute("user");
String sex = user.getSex();
out.print(sex);
%>
```

将上述 JSP 脚本代码与 EL 进行对比可以看出，EL 自动完成了类型转换和数据输出功能，并且大大简化了代码量。

下述示例演示使用隐含对象获取存储在不同范围中 JavaBean 属性值的方法。首先创建一个名为 Student 的 JavaBean 类，再将该 JavaBean 对象存储在不同作用域范围中并使用隐含对象获取其属性值。

【案例 7-4】 Student. java

```
package com.zkl.ch07.javabean;
public class Student {
    private String name;
    private int age;
    public Student(){
        super();
    }
    public Student(String name, int age) {
        super();
        this.name = name;
        this.age = age;
    }
    public String getName() {
        return name;
    }
    public void setName(String name) {
```

```
        this.name = name;
    }
    public int getAge() {
        return age;
    }
    public void setAge(int age) {
        this.age = age;
    }
}
```

【案例 7-5】 scopeImplicitObj.jsp

```
<%@ page language="java" contentType="text/html; charset=UTF-8"
    pageEncoding="UTF-8" import="com.zkl.ch07.javabean.Student"%>
<!DOCTYPE html PUBLIC "-//W3C//DTD HTML 4.01 Transitional//EN"
    "http://www.w3.org/TR/html4/loose.dtd">
<html>
<head>
<meta http-equiv="Content-Type" content="text/html; charset=UTF-8">
<title>与范围有关的隐含对象</title>
</head>
<body>
<%
pageContext.setAttribute("studentInPage", new Student("张三",21));
%>
<jsp:useBean id="studentInSession" class="com.zkl.ch07.javabean.Student"
     scope="session">
<jsp:setProperty name="studentInSession" property="name" value="李四"/>
<jsp:setProperty name="studentInSession" property="age" value="22"/>
</jsp:useBean>
<p>pageContext 对象中获取属性值:
${pageScope.studentInPage.name}
${pageScope.studentInPage.age}
</p>
<p>sessionScope 对象中获取属性值:
${sessionScope.studentInSession.name}
${sessionScope.studentInSession.age}
</p>
</body>
</html>
```

启动服务器,在浏览器中访问 http://localhost:8080/ch07/scopeImplicitObj.jsp,运行结果如图 7-4 所示。

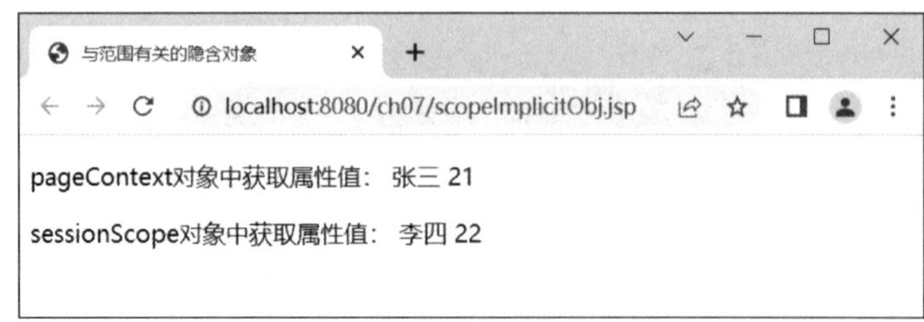

图 7-4 scopeImplicitObj.jsp 运行结果

7.3.2 与请求参数有关的隐含对象

请求参数的获取也是 JSP 开发中常见的操作，EL 表达式对此也提供了相应的隐含对象。与请求参数有关的隐含对象如表 7-7 所示。

表 7-7 与请求参数有关的隐含对象

隐含对象	说明
param	用于获得请求参数的单个值，相当于 request.getParameter()
paramValues	用于获得请求参数的一组值，相当于 request.getParameterValues()

下述示例演示获取一个请求地址中的参数值。

【案例 7-6】 paramImplicitObj.jsp

```
<%@ page language = "java" contentType = "text/html; charset = UTF - 8"
    pageEncoding = "UTF - 8" %>
<!DOCTYPE html PUBLIC " - //W3C//DTD HTML 4.01 Transitional//EN"
    "http://www.w3.org/TR/html4/loose.dtd">
<html>
<head>
<meta http - equiv = "Content - Type" content = "text/html; charset = UTF - 8">
<title>与请求参数有关的隐含对象</title>
</head>
<body>
<p>请求参数 param1 的值: ${param.param1}</p>
<p>请求参数 param2 的值: ${paramValues.param2[0]}</p>
</body>
</html>
```

启动服务器，在浏览器中访问 http://localhost:8080/ch07/paramImplicitObj.jsp?param1=value1¶m2=value2，运行结果如图 7-5 所示。

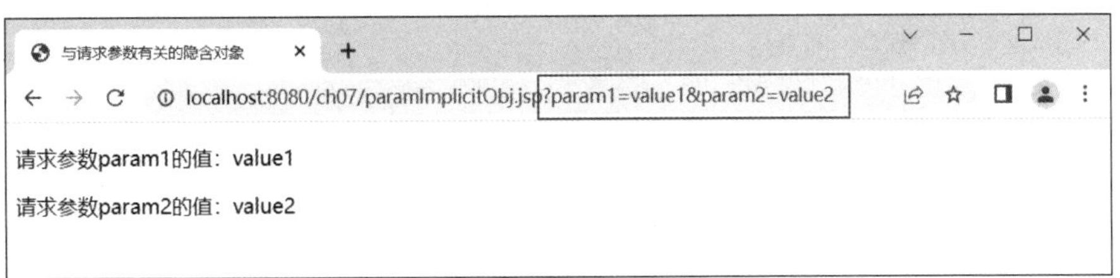

图 7-5 paramImplicitObj.jsp 运行结果

param 和 paramValues 隐含对象同样也适用于获取 POST 请求参数值。

7.3.3 其他隐含对象

EL 提供的其他隐含对象，如表 7-8 所示。

表 7-8 其他隐含对象

隐含对象	说明
pageContext	相当于 JSP 页面中的 pageContext 对象，用于获取 ServletContext、request、response、session 等其他 JSP 内置对象
header	用于获得 HTTP 请求头中的单个值，相当于 request.getHeader(String name)

续表

隐含对象	说　　明
headerValues	用于获得 HTTP 请求头中的一组值，相当于 request. getHeaders(String name)
cookie	用于获得指定的 Cookie
initParam	用于获得上下文初始参数，相当于 application. getInitParameter(String name)

下述示例演示表 7-8 中隐含对象的用法。在 web. xml 中配置应用上下文初始参数，代码如下所示。

【案例 7-7】 web. xml

```
<?xml version = "1.0" encoding = "UTF - 8"?>
< web - app xmlns:xsi = "http://www.w3.org/2001/XMLSchema - instance"
    xmlns = "https://jakarta.ee/xml/ns/jakartaee"
    xmlns:web = "http://xmlns.jcp.org/xml/ns/javaee"
    xsi:schemaLocation = "https://jakarta.ee/xml/ns/jakartaee
    https://jakarta.ee/xml/ns/jakartaee/web - app_5_0.xsd
    http://xmlns.jcp.org/xml/ns/javaee
    http://java.sun.com/xml/ns/javaee/web - app_2_5.xsd"
    id = "WebApp_ID" version = "5.0">
    < display - name > ch07 </display - name >
    < context - param >
        < param - name > webSite </param - name >
        < param - value > http://www.baidu.com </param - value >
    </context - param >
    < welcome - file - list >
        < welcome - file > index.jsp </welcome - file >
    </welcome - file - list >
</web - app >
```

【案例 7-8】 otherImplicitObj. jsp

```
< % @ page language = "java" contentType = "text/html; charset = UTF - 8"
    pageEncoding = "UTF - 8" % >
<! DOCTYPE html PUBLIC " - //W3C//DTD HTML 4.01 Transitional//EN"
    "http://www.w3.org/TR/html4/loose.dtd">
< html >
< head >
< meta http - equiv = "Content - Type" content = "text/html; charset = UTF - 8">
< title >其他隐含对象</title >
</head >
< body >
< h3 > pageContext 隐含对象的用法</h3 >
< p >获取服务器信息: ${pageContext.servletContext.serverInfo}</p >
< p >获取 Servlet 注册名: ${pageContext.servletConfig.servletName}</p >
< p >获取请求地址: ${pageContext.request.requestURL} </p >
< p >获取 session 创建时间: ${pageContext.session.creationTime} </p >
< p >获取响应的文档类型: ${pageContext.response.contentType} </p >

< h3 > header 隐含对象的用法</h3 >
< p >获取请求头 Host 的值: ${header.host} </p >
< p >获取请求头 Accept 的值: ${headerValues["user - agent"][0]} </p >

< h3 > cookie 隐含对象的用法</h3 >
```

```
<p>获取名为 JSESSIONID 的 Cookie 对象: ${cookie.JSESSIONID} </p>
<p>获取名为 JSESSIONID 的 Cookie 对象的名称和值: ${cookie.JSESSIONID.name} ${cookie.JSESSIONID.value} </p>

<h3> initParam 隐含对象的用法</h3>
<p> ${initParam.webSite} </p>

</body>
</html>
```

启动服务器，在 IE 中访问 http://localhost:8080/ch07/otherImplicitObj.jsp，运行结果如图 7-6 所示。

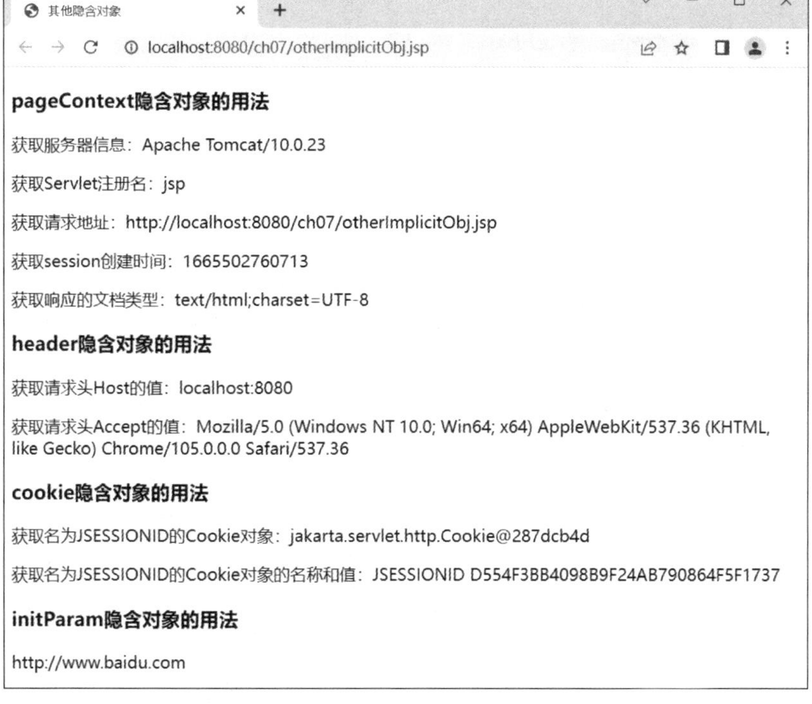

图 7-6 otherImplicitObj.jsp 运行结果

7.4 JSTL 简介

JSTL(JavaServer Pages Standard Tag Library，JSP 标准标签库)是由 Apache 的 Jakarta 项目组开发的一个标准通用型标签库，已纳入 JSP 2.0 规范，是 JSP 2.0 最重要的特性之一。

JSTL 主要给 Java Web 开发人员提供一个标准通用型标签库，标签库同时支持用 EL 获取数据，Web 开发人员利用此标签库取代直接在页面中嵌入 Java 程序的传统做法，可以提高程序的可读性和易维护性。例如，下述示例使用 Java 脚本和 JSTL 两种方式实现了对对象集合的遍历。

【示例】 使用 Java 脚本实现对对象集合的遍历

```
<%
    List<Book> bookList = (List<Book>) session.getAttribute("bookList");
    if (bookList != null)
        for (Bookbook : bookList) {
            out.print(book.getBookName());
        }
%>
```

【示例】 使用 JSTL 实现对对象集合的遍历

```
<c:forEach items = "${sessionScope.bookList}" var = "book">
    ${book.bookName}
</c:forEach>
```

7.4.1 JSTL 标签库分类

JSTL 由 5 个不同功能的标签库组成，在 JSTL 规范中为这 5 个标签库分别指定了不同的 URI，并对标签库的前缀给出了约定，如表 7-9 所示。

表 7-9 JSTL 的 5 类标签库

标 签 库	前置名称	URI	示 例
核心标签库	c	http://java.sun.com/jsp/jstl/core	<c:out>
I18N 标签库	fmt	http://java.sun.com/jsp/jstl/fmt	<fmt:formatDate>
SQL 标签库	sql	http://java.sun.com/jsp/jstl/sql	<sql:query>
XML 标签库	x	http://java.sun.com/jsp/jstl/xml	<x:forBach>
函数标签库	fn	http://java.sun.com/jsp/jstl/functions	<fn:split>

核心标签库中包含实现 Web 应用的通用操作的标签。例如，输出变量内容的<c:out>标签、用于条件判断的<c:if>标签、用于循环遍历的<c:forEach>标签等。

I18N 标签库中包含实现 Web 应用程序的国际化的标签。例如，设置 JSP 页面的本地信息、设置 JSP 页面的时区、使本地敏感的数据(如数值、日期)按照 JSP 页面中设置的本地格式进行显示等。

SQL 标签库中包含访问数据库和对数据库中的数据进行操作的标签。例如，从数据源中获得数据库连接、从数据库表中检索数据等。由于在实际开发中，多数应用采用分层开发模式，JSP 页面通常仅用作表现层，并不会在 JSP 页面中直接操作数据库，所以此标签库在分层的较大项目中较少使用，在小型不分层的项目中可以通过 SQL 标签库实现快速开发。

XML 标签库中包含对 XML 文档中的数据进行操作的标签。例如，解析 XML 文档、输出 XML 文档中的内容，以及迭代处理 XML 文档中的元素等。

函数标签库由 JSTL 提供一套 EL 自定义函数，包含了 JSP 页面制作者经常要用到的字符串操作，例如，提取字符串中的子字符串、获取字符串的长度和处理字符串中的空格等。

由于 SQL 标签库、XML 标签库在实际运用中并不广泛，所以本章将重点对核心标签库、I18N 标签库以及函数标签库进行介绍。

视频讲解

7.4.2 JSTL 的安装使用

要使用 JSTL，首先需要下载 JSTL 标签库的 jar 包。Tomcat 10 版本安装 JSTL 库需使用以下两个 jar 包。

- jakarta. servlet. jsp. jstl-2. 0. 0. jar。
- jakarta. servlet. jsp. jstl-api-2. 0. 0. jar。

其官方下载地址为 https://jakarta. ee/zh/specifications/tags/2. 0/，此处选择 JSTL 2. 0 版本，下载页面如图 7-7 所示。

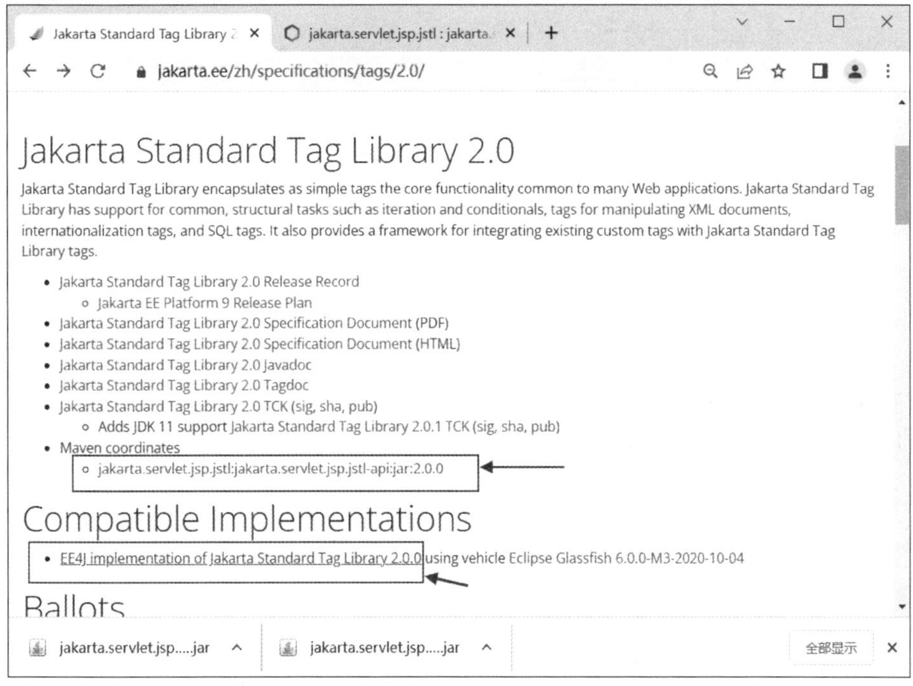

图 7-7 JSTL 下载页面

jakarta. servlet. jsp. jstl-api-2. 0. 0. jar 包的 Maven 下载页面如图 7-8 所示，在左侧选择 2. 0. 0 版本，在右侧单击 Download 按钮并选择 jar 包形式。

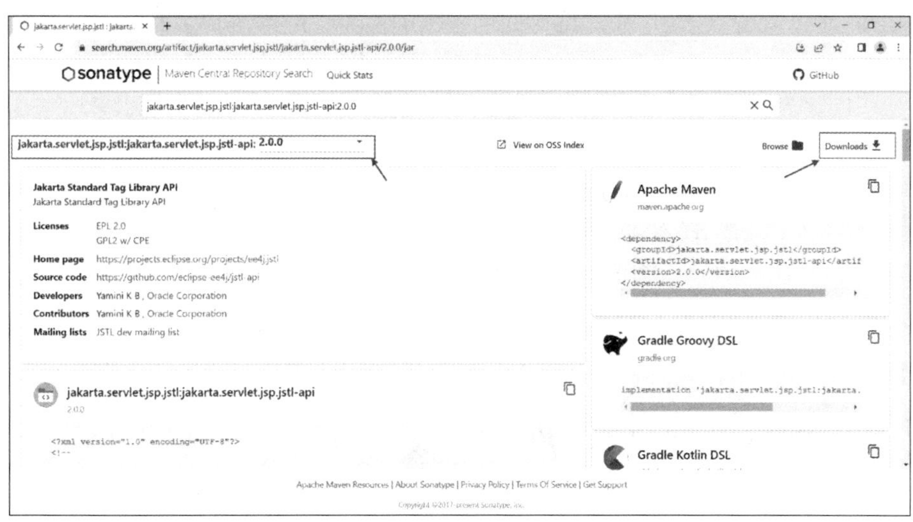

图 7-8 JSTL-API 的 Maven 下载页面

将下载的两个 JSTL 标签库 jar 包放到项目的运行环境 classpath 中，在 Eclipse 工具下，可将其复制到 WebContent\WEB-INF\lib 目录下，效果如图 7-9 所示。

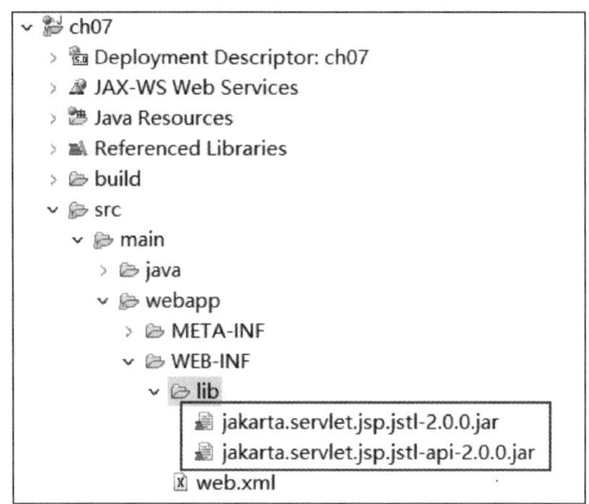

图 7-9　JSTL jar 包存放位置

然后，选中复制的两个 jar 包，右击选择 Build Path→Add to Build Path 菜单项，如图 7-10 所示，将这两个 jar 包添加到 Web 项目的 Build Path 中。

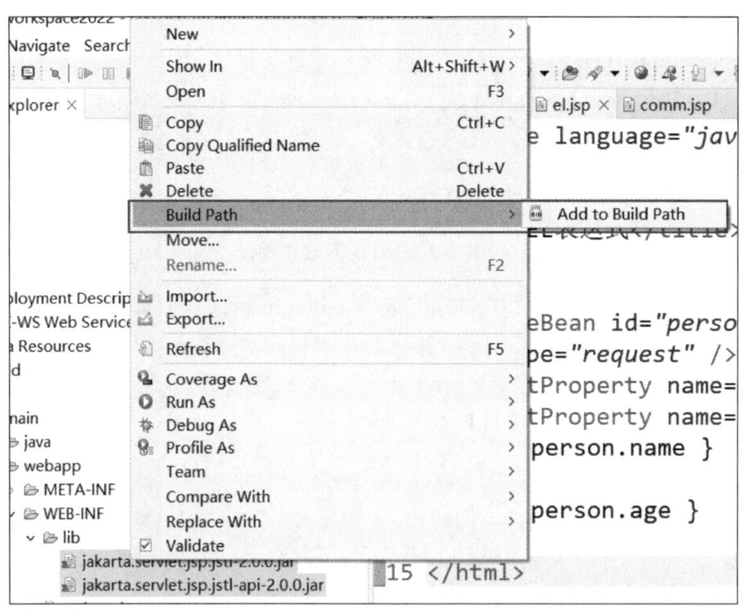

图 7-10　JSTL jar 包添加到 Build Path

在 JSP 页面使用 JSTL 标签库时，使用 taglib 指令指定需要使用的函数库前缀和 URI，例如：<%@ taglib uri="http://java.sun.com/jsp/jstl/core" prefix="c"%>。

7.5　JSTL 核心标签库

JSTL 的核心标签库包含 Web 应用中最常使用的标签，是 JSTL 中比较重要的标签库。核心标签库中的标签按功能又可细分为以下四类。

- 通用标签，用于操作变量。
- 条件标签，用于流程控制。
- 迭代标签，用于循环遍历集合。
- URL 标签，用于进行与 URL 相关的操作。

在 JSP 页面中使用核心标签库，首先需要使用 taglib 指令导入，语法格式如下所示。

【语法】

```
<%@taglib prefix="标签库前缀" uri="http://java.sun.com/jsp/jstl/core"%>
```

其中：

- prefix 属性表示标签库的前缀，可以为任意字符串，通常设置值为“c”，注意避免使用一些保留的关键字，例如：jsp、jspx、java、servlet、sun、sunw 等。
- uri 属性用来指定核心标签库的 URI，从而定位标签库描述文件(TLD 文件)。

【示例】　导入核心标签

```
<%@taglib prefix="c" uri="http://java.sun.com/jsp/jstl/core"%>
```

7.5.1　通用标签

视频讲解

JSTL 的通用标签按照对变量的不同操作又可分为四个标签：<c:out>标签、<c:set>标签、<c:remove>标签和<c:catch>标签。

1. <c:out>标签

<c:out>标签用于输出数据，等同于<%=表达式%>，其语法格式如下所示。

【语法】

```
<c:out value="value" [escapeXml="{true|false}"] [default="defaultValue"] />
```

其中：

- value 表示要输出的数据，可以是 JSP 表达式、EL 表达式或静态值。
- escapeXml 表示是否将“>”“<”“&”“'”“"”等特殊字符先进行 HTML 字符实体转换后再输出，默认值为 true。
- default 表示如果 value 属性的值为 null 时所输出的默认值。

【示例】　设置默认值的输出

```
您好!<c:out value="${sessionScope.userName}" default="游客"/>
```

上述示例在 session 域属性 userName 不存在时输出默认值“游客”，否则输出属性值。

【示例】　进行 HTML 字符实体转换后的输出

```
<c:out value="<b>没有变成粗体字</b>" escapeXml="true"></c:out>
```

上述示例的设置表示要先进行 HTML 字符实体转换，输出结果为“<b>没有变成粗体字</b>”。

常见的 HTML 字符实体转换关系如表 7-10 所示。

表 7-10 常见 HTML 字符实体转换关系

字 符	字符实体编码	字 符	字符实体编码
<	<	'	'
>	>	"	"
&	&		

2. <c:set>标签

<c:set>标签用于设置各种范围域的属性，其语法格式如下所示。

【语法】

```
<c:set var="varName" value="value" [scope="{page|request|session|application}"] />
```

其中：

- var 指定要设置的范围域属性名。
- value 指定 var 属性的属性值。
- scope 指定 var 属性所属的范围域，默认为 page。

【示例】 设置会话域属性

```
<c:set var="userName" value="赵克玲" scope="session"/>
```

3. <c:remove>标签

<c:remove>标签用于删除各种范围域属性，其语法格式如下所示。

【语法】

```
<c:remove var="varName" [scope="{page|request|session|application}"] />
```

其中：

- var 属性用于指定要删除的属性名称。
- scope 属性用于指定要删除的属性所属的范围域。

【示例】 删除会话域属性

```
<c:remove var="userName" scope="session" />
```

4. <c:catch>标签

<c:catch>标签用于捕获嵌套在标签体中的内容抛出的异常，其语法格式如下所示。

【语法】

```
<c:catch [var="varName"]>
    nested actions
</c:catch>
```

其中：

- var 属性用于标识捕获的异常对象名称，并将异常对象保存在 page 域中。
- 若未指定 var 属性，则仅捕获异常而不在 page 域中保存异常对象。

【示例】 <c:catch>捕获异常

```
<c:catch var="myException">
<% =5/0 %>
</c:catch>
<c:out value="${myException}"/><br>
<c:out value="${myException.message}"/>
```

示例运行结果如下所示。

```
java.lang.ArithmeticException: / by zero
/ by zero
```

下述代码使用 JSTL 通用标签< c:set >设置变量 e，使用< c:out >在页面中显示 e 的值，使用< c:remove >从 session 中删除 e，使用< c:catch >捕获异常。

【案例 7-9】 comm.jsp

```
<%@ page language = "java" contentType = "text/html; charset = gbk" %>
<%@taglib uri = "http://java.sun.com/jsp/jstl/core" prefix = "c" %>
<html>
<head>
<title> Core 核心标签库</title>
</head>
<body>
    <c:catch var = "ex">
        <c:set var = "e" value = " ${param.p + 1}" scope = "session" />
          变量的值为<c:out value = " ${e}" />
        <c:remove var = "e" scope = "session" />
    </c:catch>
    <c:out value = " ${ex}" />
</body>
</html>
```

上述代码中，e 的值为请求参数 p 的值再加 1，即设置< c: set >标签的 value 为" ${param.p+1}"。"< c:catch var="ex">"捕获异常并将异常对象使用 ex 进行标识，然后使用"< c:out value=" ${ex}"/>"输出异常信息。

启动 Tomcat，在浏览器中访问 http://localhost:8080/ch07/comm.jsp? p=9，运行结果如图 7-11 所示。

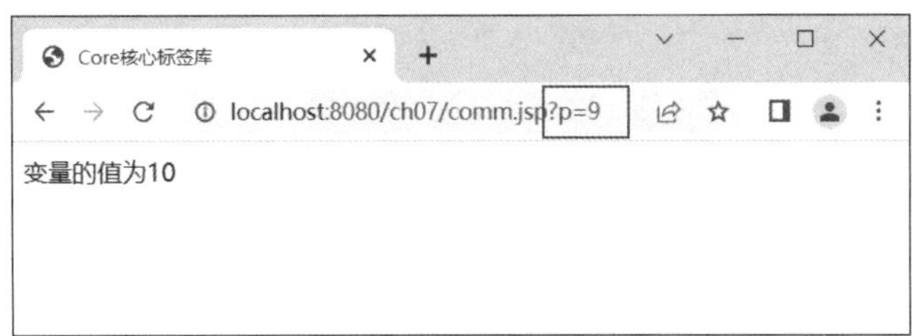

图 7-11 comm.jsp 运行结果

7.5.2 条件标签

JSP 页面中经常需要进行显示逻辑的条件判断，JSTL 提供了四个条件标签用于取代 JSP 的脚本代码：< c:if >标签、< c:choose >标签、< c:when >标签和< c:otherwise >标签。

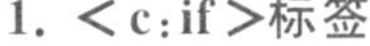

1. < c:if >标签

< c:if >标签用于进行条件判断，其语法格式如下所示。

【语法】

```
<c:if test = "condition" [var = "varName"]
        [scope = "{page|request|session|application}"] >
```

```
    //condition 为 true 时执行的代码
</c:if>
```

其中：

- test 用于指定条件表达式，返回布尔类型值。
- var 用于将 test 属性的执行结果保存为某个范围作用域的属性。
- scope 用于指定将 test 属性的执行结果保存到哪个范围作用域中。

【示例】 单分支判断

```
<c:if test = "${not empty sessionScope.userName}">
    欢迎您：${sessionScope.userName }
</c:if>
```

2. <c:choose>标签

用于指定多个条件选择，必须与<c:when>和<c:otherwise>标签一起使用。同时使用<c:choose>、<c:when>和<c:otherwise>三个标签，可以构造类似"if-else if-else"的复杂条件判断结构。

【语法】

```
<c:choose>
    //<c:when>或<c:otherwise>子标签
</c:choose>
```

其中：<c:choose>标签没有属性，它的标签体内容只能是：空白、一个或多个<c:when>、0 或多个<c:otherwise>。

【示例】 类似"if-else"结构

```
<c:choose>
    <c:when test = "${not empty sessionScope.userName}">
        欢迎您：${sessionScope.userName }
    </c:when>
    <c:otherwise>
        欢迎您:游客
    </c:otherwise>
</c:choose>
```

上述示例中，若 session 域中的 userName 属性存在或不为空时，输出"欢迎您：某某"，否则输出"欢迎您：游客"，此结构相当于"if-else"结构。

3. <c:when>标签

代表<c:choose>标签的一个条件分支，必须以<c:choose>为父标签，且必须在<c:otherwise>标签之前，其语法格式如下所示。

【语法】

```
<c:when test = "condition">
    //condition 为 true 时,执行的代码
<c:when>
```

4. <c:otherwise>标签

代表<c:choose>标签中前面所有<c:when>标签条件都不符合的情况下的最后选择，

其语法格式如下所示。

【语法】

```
<c:otherwise>
    //执行的代码
<c:otherwise>
```

下面代码演示 JSTL 条件标签的使用。

【案例 7-10】 condition.jsp

```
<%@ page language="java" contentType="text/html; charset=gbk" %>
<%@taglib uri="http://java.sun.com/jsp/jstl/core" prefix="c" %>
<html>
<head>
<title>JSTL 条件标签</title>
</head>
<body>
<c:set var="n" value="49" />
<c:if test="${n<60}">
    <c:set var="color" value="red" />
</c:if>
<font color="${color }">
<c:choose>
    <c:when test="${n>=90}">
        您的成绩优秀!
    </c:when>
    <c:when test="${n>=80}">
        您的成绩良好!
    </c:when>
    <c:when test="${n>=60}">
        您的成绩及格!
    </c:when>
    <c:otherwise>
        注意:您的成绩不及格!
    </c:otherwise>
</c:choose>
</font>
</body>
</html>
```

上述代码使用<c:set>设置一变量 n 并赋值；使用<c:if>判断 n 的值，当 n 的值小于 60 时设置 color 变量为“red”；使用<c:choose>、<c:when>和<c:otherwise>进行多分支判断并输出不同的内容。

启动 Tomcat，在浏览器中访问 http://localhost:8080/ch07/condition.jsp，因为 n 的值为 49，所以输出文字颜色是红色，输出“注意：您的成绩不及格!”。如图 7-12 所示，修改变量 n 的值，观察不同的运行结果。

7.5.3 迭代标签

数据的迭代操作是 JSP 开发中经常使用的操作，JSTL 提供的迭代标签配合 EL 表达式极大地减少了原来使用 Java 脚本 for 循环完成的迭代操作的代码量。JSTL 中的迭代标签

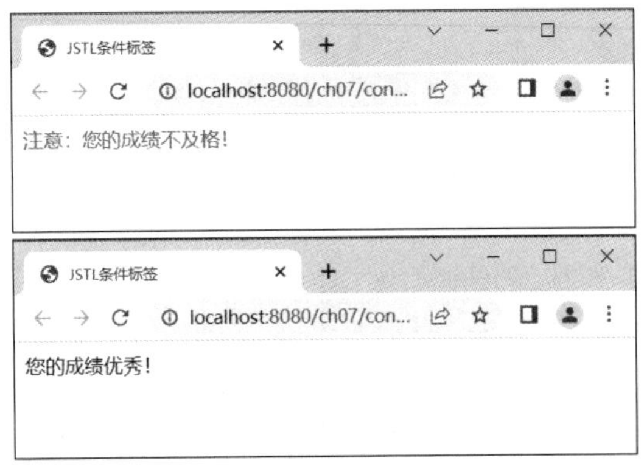

图 7-12　condition.jsp 运行结果

有<c:forEach>和<c:forTokens>。

1. <c:forEach>标签

<c:forEach>标签用于遍历集合或迭代指定的次数，语法格式如下所示。

【语法】

```
<c:forEach [var = "varName"] items = "collection" [varStatus = "varStatusName"] [begin =
"begin"] [end = "end"] [step = "step"] >
    //标签体内容
</c:forEach>
```

其中：

- var 用于将当前迭代到的元素保存为 page 域中的属性。
- items 指定将要迭代的集合对象。
- varStatus 表示当前被迭代到的对象的状态信息，包括四个属性：index(表示当前迭代成员的索引值)、count(表示当前已迭代成员的数量)、first(表示当前迭代到的成员是否为第一个)、last(表示当前迭代到的成员是否为最后一个)。
- begin 表示遍历的起始索引，值为整数。
- end 表示遍历的结束索引，值为整数。
- step 表示迭代的步长，值为整数。

【示例】　迭代数组对象

```
<%
    String arrays[] = new String[5];
    arrays[0] = "Hello";
    arrays[1] = ",";
    arrays[2] = "everyone";
    arrays[3] = "!";
    request.setAttribute("arrays",arrays);
%>
<c:forEach items = "${arrays}" var = "item">
    ${item}
</c:forEach>
```

上述代码运行结果如下。

```
Hello,everyone!
```

【示例】 迭代集合对象

```
<%
    List<Book> list = new ArrayList<Book>();
    list.add(new Book("JavaWeb 开发与应用"));
    list.add(new Book("JavaSE 开发与应用"));
    session.setAttribute("bookList", list);
%>
<c:forEach items="${sessionScope.bookList}" var="book" varStatus="vst">
    <p>序号:${vst.index+1},书名:${book.bookName}</p>
</c:forEach>
```

上述代码运行结果如下。

```
序号:1,书名:JavaWeb 开发与应用
序号:2,书名:JavaSE 开发与应用
```

【示例】 迭代 Map 对象

```
<%
    Map<String,Book> map = new HashMap<String,Book>();
    map.put("JavaWeb", new Book("JavaWeb 开发与应用"));
    map.put("JavaSE", new Book("JavaSE 与开发与应用"));
    request.setAttribute("bookMap", map);
%>
<c:forEach items="${requestScope.bookMap}" var="mapItem">
    <p> ${mapItem.key } : ${mapItem.value.bookName } </p>
</c:forEach>
```

上述代码运行结果如下。

```
JavaWeb:JavaWeb 开发与应用
JavaSE:JavaSE 与开发与应用
```

【示例】 迭代指定次数

```
<c:forEach begin="1" end="100" step="1" var="num">
    <c:set var="sum" value="${sum+num}"></c:set>
</c:forEach>
${sum}
```

上述代码运行结果如下。

```
5050
```

2. <c:forTokens>标签

<c:forTokens>标签用于实现类似 java.util.StringTokenizer 类的迭代功能，按照指定的分隔符对字符串进行迭代，其语法格式如下所示。

【语法】

```
<c:forTokens items="stringOfTokens" delims="delimiters"
            [var="varName"] [varStatus="varStatusName"]
            [begin=begin] [end=end] [step=step]>
        //标签体内容
</c:forTokens>
```

其中：

- items 用于指定将要迭代的字符串。
- delims 用于指定一个或多个分隔符。
- var 用于将当前迭代的子字符串保存为 page 域中的属性。
- varStatus 表示当前被迭代到的对象的状态信息，包括四个属性：index（表示当前迭代成员的索引值）、count（表示当前已迭代成员的数量）、first（表示当前迭代到的成员是否为第一个）、last（表示当前迭代到的成员是否为最后一个）。
- begin 指定从第 begin 个子字符串开始进行迭代，begin 的索引值从 0 开始编号。
- end 指定迭代到第 end 个字符串，end 的索引值从 0 开始编号。
- step 指定迭代的步长，即每次迭代后的迭代因子增量。

【示例】 字符串的分隔迭代

```
<c:set var = "sourceStr" value = "a|b|c|d|e" />
<c:forTokens var = "str" items = " ${sourceStr}" delims = "|" varStatus = "status">
    <c:out value = " ${status.count}"/>.<c:out value = " ${str}"/>  
    <c:if test = " ${status.last}">
        <p>总共被分为<c:out value = " ${status.count}"/>段</p>
    </c:if>
</c:forTokens>
```

上述代码运行结果如下。

```
1.a 2.b 3.c 4.d 5.e
总共被分为 5 段
```

7.5.4 URL 标签

JSTL 提供了一些与 URL 操作相关的标签：<c:url>、<c:import>、<c:redirect>。

1. <c:url>

<c:url>标签用于在 JSP 页面中构造一个 URL 地址，其语法格式如下所示。

【语法】

```
<c:url value = "value"
        [var = "varName"] [scope = "{page|request|session|application}"]
        [context = "context"]>
        [<c:param name = "paramName" value = "paramValue"/>]
</c:url>
```

其中：

- value 指定要构造的 URL。
- var 用于将构造出的 URL 结果保存为某个范围域中的属性。
- scope 指定构造出的 URL 结果保存到哪个范围域中。
- context 指定 URL 地址所属的同一容器下的 Web 应用上下文。
- <c:param>标签指定 URL 地址传递的参数，可选。

【示例】 构造 URL 地址

```
<c:url value = "query.jsp?keyword = ZKL&type = company" var = "queryURL"/>
<a href = " ${queryURL}">查询</a>
```

【示例】 使用标签构造带参数的 URL 地址

```
<c:url value="/query.jsp" var="queryURL" context="/ch07" scope="page">
    <c:param name="keyword" value="ZKL"/>
    <c:param name="type" value="company"/>
</c:url>
<a href="${queryURL}">查询</a>
```

上述两个示例通过两种不同的配置方式指定了相同的 URL 地址。需要注意的是,当指定 context 属性时,value 属性中地址必须是以"/"开头的相对地址。

2. <c:redirect>标签

<c:redirect>标签用于执行 response.sendRedirect()方法的功能,将当前访问请求重定向到其他资源,其语法格式如下所示。

【语法】

```
<c:redirect url="value" [context="context"]>
    [<c:param name="paramName" value="paramValue"/>]
</c:redirect>
```

其中:

- url 用于指定重定向的目标资源的 URL 地址。
- context 指定重定向地址所属的同一容器下的 Web 应用上下文。
- <c:param>标签指定 URL 地址传递的参数,可选。

【示例】 重定向到一个 URL 地址

```
<c:url value="query.jsp?keyword=ZKL&type=company" var="queryURL"></c:url>
<c:redirect url="${queryURL}"/>
```

3. <c:import>标签

<c:import>标签用于在 JSP 页面中导入一个 URL 地址指向的资源内容,也可以是一个静态或动态文件,也可以是当前应用或同一服务器下的其他应用中的资源,其语法格式如下所示。

【语法】

```
<c:import url="url"
        [var="varName"] [scope="{page|request|session|application}"]
        [context="context"] [charEncoding="charEncoding"]>
        [<c:param name="paramName" value="paramValue"/>]
</c:import>
```

其中:

- url 指定要导入资源的 URL 地址。
- var 用于将导入资源保存为某个范围域中的属性,可选。
- scope 指定导入资源所保存的范围域,可选,若指定 var 属性则其默认值为 page。
- context 指定导入资源所属的同一服务器下的 Web 应用上下文,默认为当前应用。
- charEncoding 指定将导入资源内容转换成字符串时所使用的字符集编码。
- <c:param>标签指定向导入的资源文件传递的参数,可选。

【示例】 导入一个 URL 地址指向的资源

```
<c:import url="header.jsp?userName=ZKL"/>
```

上述示例将参数 userName 传入 header.jsp，同时将 header.jsp 页面的内容加入当前页面中。该示例也可按下述形式进行详细配置。

【示例】 使用标签导入一个带参数的 URL 地址指向的资源

```
<c:import url="/header.jsp" context="/ch07" var="importURL" scope="page" charEncoding
="UTF-8">
    <c:param name="userName" value="ZKL"></c:param>
</c:import>
${pageScope.importURL}
```

注意 <c:import>标签与<jsp:include>动作指令功能类似，但<jsp:include>动作只能包含当前应用下的文件资源，而<c:import>标签可以包含任何其他应用或网站下的资源，例如：<c:import url="http://www.baidu.com"/>。

7.6 I18N 标签库

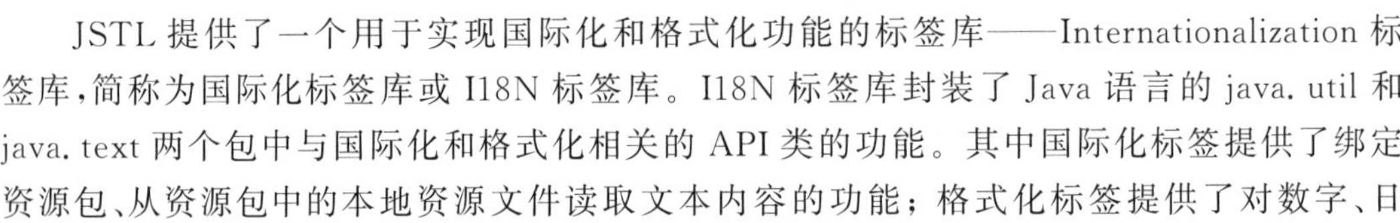

JSTL 提供了一个用于实现国际化和格式化功能的标签库——Internationalization 标签库，简称为国际化标签库或 I18N 标签库。I18N 标签库封装了 Java 语言的 java.util 和 java.text 两个包中与国际化和格式化相关的 API 类的功能。其中国际化标签提供了绑定资源包、从资源包中的本地资源文件读取文本内容的功能；格式化标签提供了对数字、日期、时间等本地敏感的数据按本地化信息显示的功能。

在 JSP 页面中使用 I18N 标签库，首先需要使用 taglib 指令导入，语法格式如下所示。

【语法】

```
<%@taglib prefix="标签库前缀" uri="http://java.sun.com/jsp/jstl/fmt" %>
```

其中：

- prefix 属性表示标签库的前缀，可以为任意字符串，通常设置值为“fmt”，注意避免使用一些保留的关键字，如 jsp、jspx、java、servlet、sun、sunw 等。
- uri 属性用来指定 I18N 标签库的 URI，从而定位标签库描述文件(TLD 文件)。

【示例】 导入 I18N 标签库

```
<%@taglib prefix="fmt" uri=" http://java.sun.com/jsp/jstl/fmt" %>
```

视频讲解

7.6.1 国际化标签

I18N 中的国际化标签主要包括<fmt:setLocale>、<fmt:bundle>、<fmt:setBundle>、<fmt:message>、<fmt:param>。

在使用国际化标签时，首先需要包含有多个资源文件的资源包，资源包中的各个资源文件分别对应于不同的本地信息。下述示例演示资源文件的创建，其中资源包基名指定为“messageResource”，简体中文的资源文件名称为“messageResource_zh_CN.properties”，美国英语的资源文件名称为“messageResource_en_US.properties”。

【案例 7-11】 messageResource_zh_CN. properties

```
title = 语言
select_language = 请选择您的首选语言:
chinese = 中文
english = 英语
submit = 提交
```

【案例 7-12】 messageResource_en_US. properties

```
title = Language
select_language = Please select your preferred language:
chinese = Chinese
english = English
submit = submit
```

资源 properties 文件以“key=value”形式保存信息，各个资源 properties 文件的 key 相同，但对应的 value 采用不同的语言。资源 properties 文件需要存放在项目中 Java 代码的顶级目录中，如图 7-13 所示。

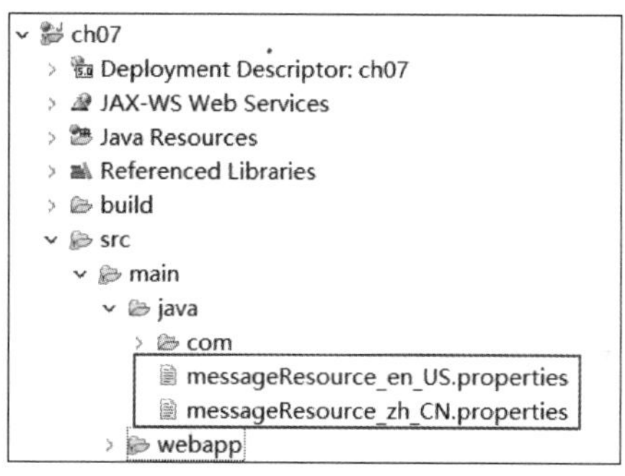

图 7-13　资源 properties 文件存放在 Java 根目录下

注意 早期版本的 properties 文件不支持中文，messageResource_zh_CN. properties 文件中的中文可以使用 JDK 提供的 native2ascii 命令将其转换为 Unicode 字符，命令为"native2ascii-encoding UTF-8 messageResource_zh_CN. properties"。也可以使用 Eclipse 创建 properties 文件，Eclipse 会默认使用自带的“Properties File Editor”插件对中文字符进行转换。

1. <fmt:setLocale>标签

<fmt:setLocale>标签用于在 JSP 页面中设置用户本地化语言环境，环境设置好后，国际化标签库中的其他标签将使用该本地化信息，而忽略客户端浏览器传递过来的本地信息，其语法格式如下所示。

【语法】

```
<fmt:setLocale value = "locale" [scope = "{page|request|session|application}"]/>
```

其中：

- value 用于指定语言和国家代码，可以是 java. util. Locale 或 String 类型的实例，例如：zh_CN。
- scope 用于指定 Locale 环境变量的作用范围，可选，默认为 page。

【示例】 设置页面语言环境

```
//设置页面语言环境为简体中文
<fmt:setLocale value="zh_CN" />
//设置页面语言环境为繁体中文
<fmt:setLocale value="zh_TW" />
//设置页面语言环境为英文
<fmt:setLocale value="en" />
```

2. <fmt:setBundle>标签

<fmt:setBundle>标签用于根据<fmt:setLocale>标签设置的本地化信息(绑定一个资源文件)创建一个资源包(ResourceBundle)对象,并将其保存在范围域属性中,其语法格式如下所示。

【语法】

```
<fmt:setBundle basename="basename"
    [var="varName"] [scope="{page|request|session|application}"] />
```

其中:

- basename 用于指定资源包的基名。
- var 用于将创建的资源包对象保存为某个范围域中的属性。
- scope 用于指定创建的资源包对象所属的范围域。

【示例】 根据本地化信息创建资源包对象

```
<fmt:setLocale value="zh_CN" />
<fmt:setBundle basename="messageResource" var="messageResource"/>
```

该示例绑定名为"messageResource_zh_CN.properties"的资源文件,创建相应的资源包对象。

3. <fmt:bundle>标签

<fmt:bundle>标签与<fmt:setBundle>标签的功能类似,但其创建的资源包对象仅对其标签体有效,其语法格式如下所示。

【语法】

```
<fmt:bundle basename="basename" [prefix="prefix"]>
    [<fmt:message key="messageKey">]
</fmt:bundle>
```

其中:

- basename 指定资源包的基名,不包括".properties"后缀名。
- prefix 指定嵌套在<fmt:bundle>标签内的<fmt:message>标签的 key 属性值前面的前缀。

【示例】 根据本地化信息创建资源包对象

```
<fmt:setLocale value="zh_CN" />
<fmt:bundle basename="messageResource">
    <fmt:message key="title"/>
</fmt:bundle>
```

对于资源文件中的 key 名称较长的情况,可以使用 prefix 属性简化<fmt:message>标签中 key 值的名称。例如下述资源文件及其 key 值查找方式为：

【示例】 example. properties

```
com.zkl.ch07.title = JSTL
com.zkl.ch07.welcome = welcome {0}
com.zkl.ch07.organization = ZKL QingDao
```

【示例】 未使用 prefix 属性的写法

```
<fmt:bundle basename = "example">
    <fmt:message key = "com.zkl.ch07.title"/>
      <fmt:message key = "com.zkl.ch07.organization "/>
</fmt:bundle>
```

【示例】 使用 prefix 属性的写法

```
<fmt:bundle basename = "example" prefix = "com.zkl.ch07">
    <fmt:message key = "title"/>
    <fmt:message key = "organization"/>
</fmt:bundle>
```

4. <fmt:message>标签

<fmt:message>标签用于从一个资源包中查找一个指定 key 值，并进行格式化输出，其语法格式如下所示。

【语法】

```
<fmt:message key = "messageKey"
      [bundle = "resourceBundle"] [var = "varName"]
    [scope = "{page|request|session|application}"]/>
```

其中：

- key 指定资源文件的键(key)。
- bundle 指定使用的资源包，若使用<fmt:setBundle>保存了资源文件，该属性就从保存的资源文件中查找。
- var 用于将显示信息保存为某个范围域的属性。
- scope 指定 var 属性所属的范围域，默认为 page。

【示例】 从资源包中查找指定 key 值并输出

```
<fmt:setLocale value = "zh_CN"/>
<fmt:setBundle basename = "messageResource"/>
<fmt:message key = "title"></fmt:message>
```

上述示例从"messageResource_zh_CN. properties"文件中查找 key 为“title”的 value 值，将显示输出“JSTL 标签”。

5. <fmt:param>标签

<fmt:param>标签仅有一个参数，用于在<fmt:message>中做参数置换，语法格式如下所示。

【语法】

```
<fmt:param value = "messageParameter"/>
```

其中：value 用于指定替换资源文件中参数的参数值。

下面案例代码演示国际化标签的使用。

【案例 7-13】 i18n.jsp

```
<%@ page language="java" contentType="text/html;charset=gbk" %>
<%@taglib uri="http://java.sun.com/jsp/jstl/core" prefix="c" %>
<%@taglib uri="http://java.sun.com/jsp/jstl/fmt" prefix="fmt" %>
<%@page import="java.util.Date" %>
<html>
<head>
<!-- 默认设置为 zh -->
<fmt:setLocale value="zh" />
<!-- 根据表单参数 language 的值设置不同的语言 -->
<c:if test="${param.language == 'zh'}">
    <fmt:setLocale value="zh_CN" />
</c:if>
<c:if test="${param.language == 'en'}">
    <fmt:setLocale value="en_US" />
</c:if>
<!-- 加载资源文件 -->
<fmt:setBundle basename="messageResource" />
<title><fmt:message key="title" /></title>
</head>
<body>
    <fmt:message key="select_language" />
    <p>
    <form action="i18n.jsp">
        <input type="radio" name="language" value="zh" />
        <fmt:message key="chinese" />
        <br /><input type="radio" name="language" value="en" />
        <fmt:message key="english" />
        <br /><input type="submit" value="<fmt:message key="submit"/>" />
    </form>
    </p>
</body>
</html>
```

上述页面代码使用<fmt:setLocale>设置语言；使用<fmt:setBundle>加载属性文件，basename 的值为属性文件名称(需要去掉名称后面的语言等后缀)；使用<fmt:message>显示属性文件中与某个 key 值对应的信息。

启动 Tomcat，在浏览器中访问 http://localhost:8080/ch07/i18n.jsp，运行结果如图 7-14 所示。

图 7-14 选择语言页面

选中英语，单击“提交”按钮，结果如图 7-15 所示。

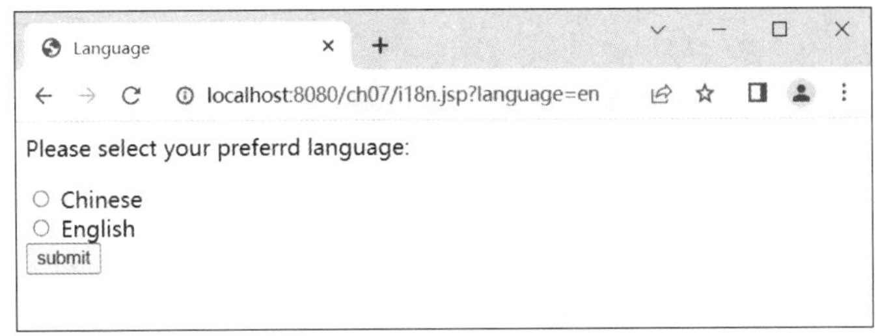

图 7-15 英文页面

7.6.2 格式化标签

I18N 中的格式化标签主要包括<fmt:formatDate>和<fmt:formatNumber>。

1. <fmt:formatDate>标签

<fmt:formatDate>标签用于对日期和时间按本地化信息或用户自定义的格式进行格式化，其语法格式如下所示。

【语法】

```
<fmt:formatDate value = "date"
        [type = "{time|date|both}"]
        [dateStyle = "{default|short|medium|long|full}"]
        [timeStyle = "{default|short|medium|long|full}"]
        [pattern = "customPattern"]
        [timeZone = "timeZone"]
        [var = "varName"]
        [scope = "{page|request|session|application}"]/>
```

其中：

- value 指定要格式化的日期或时间。
- type 指定是要输出日期部分还是时间部分，或者两者都输出。
- dateStyle 指定日期部分的输出格式，该属性仅在 type 属性取值为 date 或 both 时才有效。
- timeStyle 指定时间部分的输出格式，该属性仅在 type 属性取值为 time 或 both 时才有效。
- pattern 指定一个自定义的日期和时间输出格式。
- timeZone 指定当前采用的时区。
- var 用于将格式化结果保存为某个范围域中的属性。
- scope 指定格式化结果所保存的范围域。

【示例】 对日期和时间按本地化信息进行格式化

```
<fmt:setLocale value = "zh_CN" />
<fmt:formatDate value = "<% = new Date() %>"/>
<fmt:formatDate value = "<% = new Date() %>" pattern = "yyyy - MM - dd HH:mm:ss" />
<fmt:formatDate value = "<% = new Date() %>" type = "both" dateStyle = "full"/>
<fmt:formatDate value = "<% = new Date() %>" type = "both" timeStyle = "medium"/>
```

上述示例运行结果如下。

```
2022-10-12
2022-10-12 21:36:01
2022年10月12日 星期五 21:36:01
2022-10-12 21:36:01
```

2. <fmt:formatNumber>标签

<fmt:formatNumber>标签用于将数值、货币或百分数按本地化信息或用户自定义的格式进行格式化，其语法格式如下所示。

【语法】

```
<fmt:formatNumber value="numericValue"
      [type="{number|currency|percent}"]
      [pattern="customPattern"]
      [currencyCode="currencyCode"]
      [currencySymbol="currencySymbol"]
      [groupingUsed="{true|false}"]
      [var="varName"]
      [scope="{page|request|session|application}"]/>
```

其中：

- value 指定需要格式化的数字。
- type 指定值的类型，包括数字(number)、货币(currency)、百分比(percent)。
- pattern 指定自定义的格式化样式。
- currencyCode 指定货币编码，仅在 type 属性值为 currency 时有效。
- currencySymbol 指定货币符号，仅在 type 属性值为 currency 时有效。
- var 用于将格式化结果保存为某个范围域中的属性。
- scope 指定格式化结果所保存的范围域。
- groupingUsed 指定格式化后的结果是否使用间隔符，如：23,526,00。

【示例】 将数值、货币或百分数按本地化信息进行格式化

```
<fmt:setLocale value="zh_CN" />
<fmt:formatNumber value="123456.7" pattern="#,#00.0#"/>
<fmt:formatNumber value="123456.789" pattern="#,#00.0#"/>
<fmt:formatNumber value="1234567890" type="currency"/>
<fmt:formatNumber value="12.345" type="currency" pattern="$#,##"/>
<fmt:formatNumber value="123456.7" pattern="#,#00.00#"/>
<fmt:formatNumber value="0.12" type="percent" />
```

上述示例运行结果如下。

```
123,456.7
123,456.79
¥1,234,567,890.00
$12
123,456.70
12%
```

上述示例中，由于首先使用<fmt:setLocale>标签设置了本地化语言环境为简体中文，因此<fmt:formatNumber>标签中 type 类型为 currency 的货币符号为¥，同时也可以使用

pattern 属性指定货币符号的类型，如示例的“pattern="$#,##"”。pattern 属性中用于格式化的符号及其作用如表 7-11 所示。

表 7-11　格式化符号及作用

符　号	作　用	符　号	作　用
0	表示一个数位	,	表示组分隔符的位置
#	表示一个数位，前导零和追尾零不显示	-	表示负数前缀
.	表示小数点分隔位置	%	表示用 100 乘，并显示百分号

7.7　函数标签库

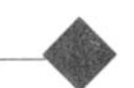

视频讲解

函数标签库是在 JSTL 中定义的标准的 EL 函数集。函数标签库中定义的函数，基本上都是对字符串进行操作的函数。

在 JSP 中使用函数标签库，首先需要使用 taglib 指令导入，语法格式如下所示。

【语法】

```
<%@taglib prefix="标签库前缀" uri="http://java.sun.com/jsp/jstl/functions" %>
```

其中：

- prefix 属性表示标签库的前缀，可以为任意字符串，通常设置值为“fn”，注意避免使用一些保留的关键字，如 jsp、jspx、java、servlet、sun、sunw 等。
- uri 属性用来指定函数标签库的 URI，从而定位标签库描述文件（TLD 文件）。

【示例】　导入函数标签库

```
<%@taglib prefix="fn" uri="http://java.sun.com/jsp/jstl/functions" %>
```

JSTL 提供的 EL 函数标签库如表 7-12 所示。

表 7-12　JSTL 提供的 EL 函数标签库

函数名称	功　能
contains(String string,String substring)	判断字符串 string 中是否包含字符串 substring
containsIgnoreCase(String string,String substring)	判断字符串 string 中是否包含字符串 substring，不区分大小写
endsWith(String string,String suffix)	判断字符串 string 是否以字符串 suffix 结尾
escapeXml(String string)	将字符串中的 XML/HTML 等特殊字符转换为实体字符
indexOf(String string,String substring)	查找字符串 string 中字符串 substring 第一次出现的位置
join(String[] array,String separator)	将数组 array 中的每个字符串按给定的分隔符 separator 连接为一个字符串
length(Object item)	返回参数 item 中包含元素的数量，item 的类型可以是集合、数组、字符串
replace (String string, String before, String after)	用字符串 after 替换字符串 string 中的 before 字符串，将替换后的结果返回
split(String string,String separator)	以 separator 为分隔符对字符串 string 进行分隔，将分隔后的每部分内容存入数组中返回
startWith(String string,String prefix)	判断字符串 string 是否以字符串 prefix 开头

续表

函数名称	功能
substring(String string,int begin,int end)	返回字符串 string 从索引值 begin 开始(包括 begin)到 end 结束(不包括 end)的部分内容
substringAfter(String string,String substring)	返回子串 substring 在字符串 string 中后面的部分内容
substringBefore(String string,String substring)	返回子串 substring 在字符串 string 中前面的部分内容
toLowerCase(String string)	将字符串 string 中所有的字符转换为小写返回
toUpperCase(String string)	将字符串 string 中所有的字符转换为大写返回
trim(String string)	去除字符串 string 首尾的空格后返回

上述 EL 函数在 JSTL 标签中的使用语法如下所示。

【语法】

```
${fn:函数名(参数列表)}
```

【示例】 函数标签的使用

```
${fn:escapeXml("<br>")}                       //输出结果<br>
${fn:substring("hello,everyone",0,5) }        //输出结果 hello
${fn:split("hello,everyone",",")[0] }         //输出结果 hello
```

下述代码使用“、”将数组中的每个字符串连接后输出，并输出数组的长度。

【案例 7-14】 ELFunction.jsp

```
<%@ page language="java" contentType="text/html; charset=GBK"
    pageEncoding="GBK"%>
<%@taglib uri="http://java.sun.com/jsp/jstl/functions" prefix="fn"%>
<html>
<head>
<title>JSTL 函数</title>
</head>
<body>
<%
    //示例数据
    String[] books = { "三国演义", "水浒传", "西游记", "红楼梦" };
    request.setAttribute("books", books);
%>
${fn:join(books,"、")}是中国古典小说的${fn:length(books)}大名著。
</body>
</html>
```

启动 Tomcat，在浏览器中访问 http://localhost:8080/ch07/ELFunction.jsp，运行结果如图 7-16 所示。

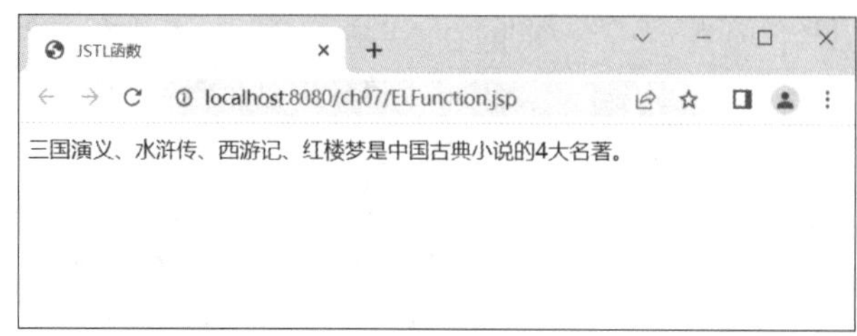

图 7-16 EL 函数使用

本章总结

- EL(Expression Language,表达式语言)是一种简单的语言,可以方便地访问和处理应用程序数据,而无须使用 JSP 脚本元素(Scriptlet)或 JSP 表达式。
- EL 隐含对象按照使用途径的不同,可以分为与范围有关的隐含对象、与请求参数有关的隐含对象和其他隐含对象。
- 与范围有关的隐含对象包括 pageScope、requestScope、sessionScope、applicationScope。
- 与请求参数有关的隐含对象包括 param、paramValues。
- 其他隐含对象有 pageContext、header、headerValues、cookie、initParam。
- EL 表达式语言中定义了用于执行各种算术、关系、逻辑和条件运算的运算符。
- JSTL 主要给 Java Web 开发人员提供一个标准通用的标签库,同时标签库支持用 EL 获取数据,Web 开发人员利用此标签库取代直接在页面中嵌入 Java 程序的传统做法,可以提高主程序的可读性和易维护性。
- JSTL 由 5 个不同功能的标签库组成:核心标签库、I18N 标签库、SQL 标签库、XML 标签库、函数标签库。
- JSTL 核心标签库中的标签按功能又可细分为通用标签、条件标签、迭代标签和 URL 标签。通用标签用于操作变量;条件标签用于流程控制;迭代标签用于循环遍历集合;URL 标签用于进行与 URL 相关的操作。
- JSTL 提供了一个用于实现国际化和格式化功能的标签库,简称为国际化标签库或 I18N 标签库。
- 函数标签库是在 JSTL 中定义的标准的 EL 函数集。

本章习题

1. 下列关于 EL 的说法正确的是________。
   A. EL 可以访问所有的 JSP 内置对象　　B. EL 可以读取 JavaBean 的属性值
   C. EL 可以修改 JavaBean 的属性值　　D. EL 可以调用 JavaBean 的任何方法
2. EL 表达式“${10 mod 3}”,执行结果为________。
   A. 10 mod 3　　B. 1　　C. 3　　D. null
3. EL 表达式"${2 +“4”}",执行结果为________。
   A. 2+ 4　　B. 6
   C. 24　　D. 不会输出,因为表达式是错误的
4. EL 表达式"${user.loginName}"执行效果等同于________。
   A. <% = user.getLoginName()%>　　B. <%user.getLoginName();%>
   C. <% = user.loginName%>　　D. <% user.loginName;%>
5. 下列 EL 语法使用正确的是________。
   A. ${1 + 2 = =3 ? 4: 5}　　B. ${param.name + paramValues[1]}
   C. ${someMap[var].someArray[0]}　　D. ${someArray[“0”]}

6. EL 表达式"${(10 * 10) ne 100}"的值是________。

A. 0　　B. true　　C. false　　D. 1

7. J2EE 中,JSP EL 表达式"${(10 * 10) ne 100}"的值是________。

A. 0　　B. True　　C. False　　D. 1

8. 下列关于 JSTL 条件标签的说法正确的是________。

A. 单纯使用 if 标签可以表达"if-else"的语法结构

B. when 标签必须在 choose 标签内使用

C. otherwise 标签必须在 choose 标签内使用

D. 以上都不正确

9. 下列代码的输出结果是________。

```
<%
    int[] a = new int[]{1,2,3,4,5,6,7,8};
    pageContext.setAttribute("a",a);
%>
<c:forEach items = "${a}" var = "i" begin = "3" end = "5" step = "2">
    ${i} 
</c:forEach>
```

A. 输出结果为:1 2 3 4 5 6　　B. 输出结果为:3 5

C. 输出结果为:4 6　　D. 输出结果为:4 5 6

10. 在 JSP 2.0 中,下列指令可以导入 JSTL 核心标签库的是________。

A. <%@taglib url="http://java.sun.com/jsp/jstl/core" prefix="c"%>

B. <%@taglib url="http://java.sun.com/jsp/jstl/core" prefix="core"%>

C. <%@taglib url="http://java.sun.com/jstl/core" prefix="c"%>

D. <%@taglib url="http://java.sun.com/jstl/core" prefix="core"%>

11. 下述代码中,可以取得 ArrayList 类型的变量 x 的长度的是________。

A. ${fn.size(x)}　　B. <fn:size value="${x}"/>

C. ${fn:length(x)}　　D. <fn:length value="${x}"/>

12. 给定如下 JSP 代码,假定在浏览器中输入 http://localhost:8080/web/jsp1.jsp,可以调用这个 JSP,那么这个 JSP 的输出的是________。

```
<%@page contentType = "text/html; charset = GBK" %>
<%@ taglib uri = "http://java.sun.com/jsp/jstl/core" prefix = "c" %>
<html>
<body>
    <%
        int counter = 10;
    %>
    <c:if test = "${counter % 2 == 1}">
        <c:set var = "isOdd" value = "true"></c:set>
    </c:if>
    <c:choose>
    <c:when test = "${isOdd == true}"> it's an odd </c:when>
        <c:otherwise> it's an even </c:otherwise>
    </c:choose>
```

```
</body>
</html>
```

A. 一个 HTML 页面,页面上显示"it's an odd"

B. 一个 HTML 页面,页面上显示"it's an even"

C. 一个空白的 HTML 页面

D. 错误信息

13. 以下代码的执行结果为________。

```
<c:forEach var = "i" begin = "1" end = "5" step = "2">
    <c:out value = "${i}"/>
</c:forEach>
```

A. 12345　　B. 135　　C. iii　　D. 15

第8章 Filter与Listener

CHAPTER 8

本章思维导图

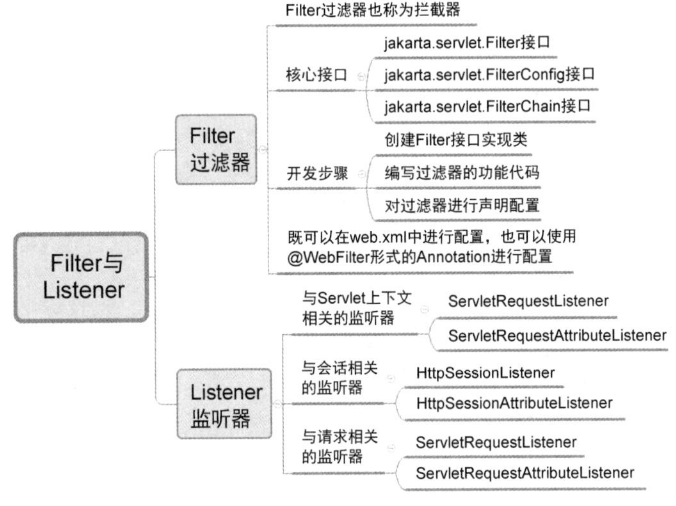

本章目标

- 理解过滤器原理及生命周期。
- 掌握如何实现一个过滤器。
- 了解监听器原理及生命周期中的方法。
- 掌握 Servlet 上下文监听和 Http 会话监听。
- 了解请求监听。

8.1 Filter 过滤器

8.1.1 过滤器简介

Filter 过滤器也被称为拦截器，是 Servlet 2.3 规范新增的功能，在 Servlet 2.4 规范中得到增强。Filter 是 Servlet 技术中非常实用的技术，Web 开发人员通过 Filter 技术可以在用户访问某个 Web 资源(如 JSP、Servlet、HTML、图片、CSS 等)之前，对访问的请求和响应进行拦截，从而实现一些特殊功能，例如，验证用户访问权限、记录用户操作、对请求进行重新编码、压缩响应信息等。

在 Web 应用中，过滤器所处的位置如图 8-1 所示。

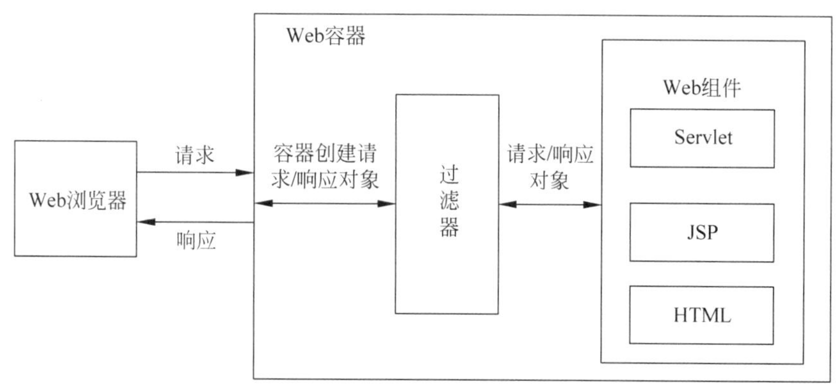

图 8-1 过滤器所处位置

过滤器的运行原理：当用户的请求到达所请求的资源之前，可以借助过滤器来改变这些请求的内容，此过程也称为“预处理”；当执行结果要响应到用户之前，可通过过滤器修改响应输出的内容，此过程也称为“后处理”。一个过滤器的运行过程可以分解为如下几个步骤。

(1) Web 容器判断接收的请求资源是否有与之匹配的过滤器，如果有，容器将请求交给相应过滤器进行处理。

(2) 在过滤器预处理过程中，可以改变请求的内容或者重新设置请求的报头信息，然后根据业务需要对请求进行拦截返回或者将请求发给目标资源。

(3) 若请求被转发给目标资源，则由目标资源对请求进行处理后做出响应。

(4) 容器将响应转发回过滤器。

(5) 在过滤器后处理过程中，可以根据需求对响应的内容进行修改。

(6) Web 容器将响应发送回客户端。

在一个 Web 应用中可以部署多个过滤器，这些过滤器组成了一个过滤器链。过滤器链中的每个过滤器负责特定的操作和任务，客户端的请求可以在这些过滤器之间进行传递，直到达到目标资源。例如，一个由两个 Filter 所组成的过滤器链的过滤过程如图 8-2 所示。

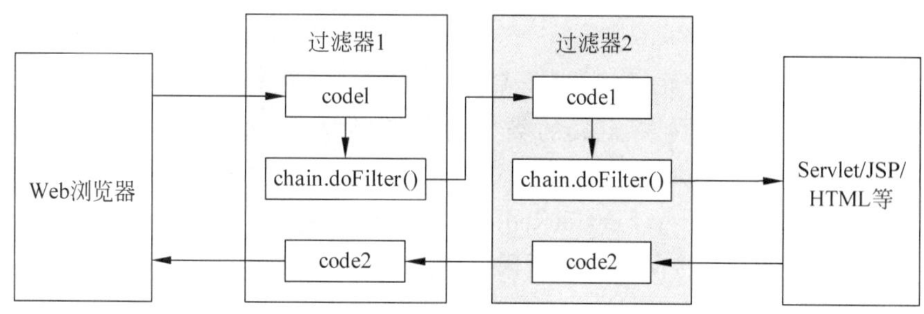

图 8-2 过滤器链的过滤过程

在客户端的请求响应过程中，并不需要经过所有的过滤器链，而是根据过滤器链中每个过滤器的过滤条件来匹配需要过滤的资源。

8.1.2 过滤器核心接口

过滤器的实现主要依靠以下核心接口。

- jakarta. servlet. Filter 接口。
- jakarta. servlet. FilterConfig 接口。
- jakarta. servlet. FilterChain 接口。

1. Filter 接口

与开发 Servlet 需要实现 Servlet 接口类似，开发 Filter 要实现 jakarta. servlet. Filter 接口，并提供一个公共的不带参数的构造方法。其中，Filter 接口的方法及说明如表 8-1 所示。

表 8-1 Filter 接口的方法及说明

方 法	说 明
init(FilterConfig config)	过滤器初始化方法。容器在过滤器实例化后调用此方法对过滤器进行初始化，同时向其传递 FilterConfig 对象，用于获得和 Servlet 相关的 ServletContext 对象
doFilter(ServletRequest request, ServletResponse response, FilterChain chain)	过滤器的功能实现方法。当用户请求经过时，容器调用此方法对请求和响应进行功能处理。该方法由容器传入三个参数对象，分别用于获取请求对象、响应对象和 FilterChain 对象，请求和响应对象类型分别为 ServletRequest 和 ServletResponse，并不依赖于具体的协议，FilterChain 对象的 doFilter(request, response)方法负责将请求传递给下一个过滤器或目标资源
destroy()	该方法在过滤器生命周期结束前由 Web 容器调用，可用于释放使用的资源

同样与 Servlet 类似，Filter 接口定义的三个方法也与过滤器的生命周期有着直接的关系。过滤器的生命周期分为四个阶段。

1）加载和实例化

Web 容器启动时，会根据@WebFilter 属性 filterName 所定义的类名的字符拼写顺序，或者 web. xml 中声明的 Filter 顺序依次实例化 Filter。

2）初始化

Web 容器调用 init(FilterConfig config)方法来初始化过滤器。容器在调用该方法时，向过滤器传递 FilterConfig 对象。实例化和初始化的操作只会在容器启动时执行，并且只会执行一次。

3）doFilter()方法的执行

当客户端请求目标资源时，容器会筛选出符合过滤器映射条件的 Filter，并按照@WebFilter 属性 filterName 所定义的类名的字符顺序，或者 web. xml 中声明的 filter-mapping 的顺序依次调用这些过滤器的 doFilter()方法。在这个链式调用过程中，可以调用 FilterChain 对象的 doFilter(ServletRequest, ServletResponse)方法将请求传给下一个过滤器或目标资源，也可以直接向客户端返回响应信息，或者利用请求转发或重定向将请求转向到其他资源。需要注意的是，这个方法的请求和响应参数的类型是 ServletRequest 和 ServletResponse，也就是说，过滤器的使用并不依赖于具体的协议。

4）销毁

Web 容器调用 destroy()方法指示过滤器的生命周期结束。在这个方法中，可以释放过滤器使用的资源。

2．FilterConfig 接口

jakarta.servlet.FilterConfig 接口由容器实现，容器将其实例作为参数传入过滤器（Filter）对象的初始化方法 init()中，来获取过滤器的初始化参数和 Servlet 的相关信息。FilterConfig 接口的具体方法如表 8-2 所示。

表 8-2 FilterConfig 接口的具体方法

方　法	说　明
getFilterName()	获取配置信息中指定的过滤器的名字
getInitParameter(String name)	获取配置信息中指定的名为 name 的过滤器的初始化参数值
getInitParameterNames()	获取过滤器的所有初始化参数的名字的枚举集合
getServletContext()	获取 Servlet 上下文对象

3．FilterChain 接口

jakarta.servlet.FilterChain 接口由容器实现，容器将其实例作为参数传入过滤器对象的 doFilter()方法中。过滤器对象使用 FilterChain 对象调用过滤器链中的下一个过滤器，如果该过滤器是链中最后一个过滤器，那么将调用目标资源。

FilterChain 接口只有一个方法，如表 8-3 所示。

表 8-3 FilterChain 接口的方法

方　法	说　明
doFilter(ServletRequest request, ServletResponse response)	该方法调用过滤器链中的下一个过滤器，如果调用该方法的过滤器是链中最后一个过滤器，那么将调用目标资源

8.1.3 过滤器开发步骤

视频讲解

基于上述过滤器的核心接口，一个过滤器的开发需经过下述三个步骤。

(1) 创建 Filter 接口实现类。

(2) 编写过滤器的功能代码。

(3) 对过滤器进行声明配置。

具体步骤如下所示。

1．创建 Filter 接口实现类

通过 Eclipse 工具创建 Dynamic Web Project 项目 ch08，在项目名称处右击，在弹出菜单中选择 New→Filter，过程如图 8-3 所示。

在打开的对话框中输入如图 8-4 所示的信息。

依次按默认设置单击 Next 按钮进行下一步，最后单击 Finish 按钮，Eclipse 会自动完成过滤器类“ExampleFilter”的创建。

2．编写过滤器的功能代码

下述代码实现了对请求和响应过程计时的功能，通过它来演示如何在 Filter 的 doFilter()方法中编写过滤器的功能代码。

【案例 8-1】 ExampleFilter.java

```
package com.zkl.ch08.filter;
public class ExampleFilter extends HttpFilter implements Filter {
```

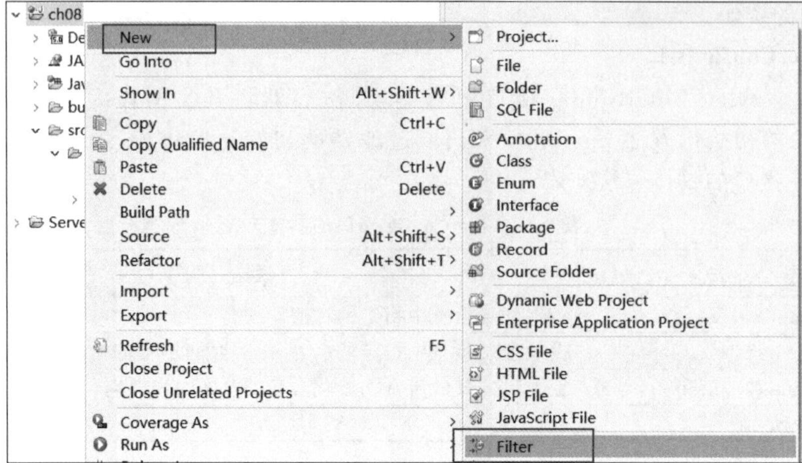

图 8-3　新建 Filter

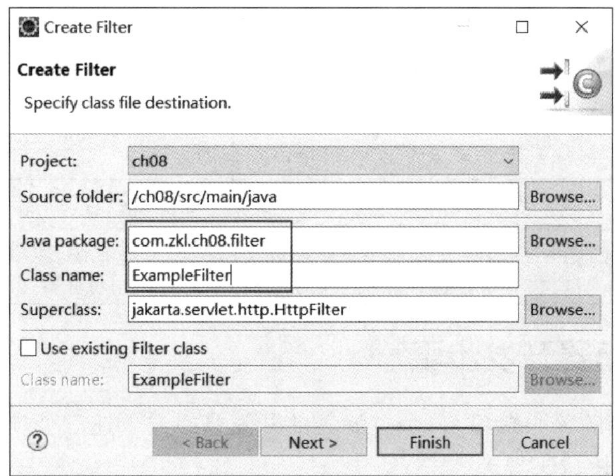

图 8-4　Filter 类创建信息

```
    private FilterConfig filterConfig = null;
    public ExampleFilter() {
        super();
    }
    public void init(FilterConfig fConfig) throws ServletException {
        this.filterConfig = fConfig;
        filterConfig.getServletContext().log("过滤器 init");
    }
    public void doFilter(ServletRequest request, ServletResponse response, FilterChain chain)
throws IOException, ServletException {
        long startTime = System.currentTimeMillis();
        filterConfig.getServletContext().log(new Date(startTime)
            + "请求经过" + this.getClass().getName() + "过滤器 doFilter");
        chain.doFilter(request, response);
        long stopTime = System.currentTimeMillis();
        filterConfig.getServletContext().log(new Date(stopTime)
             + "响应经过" + this.getClass().getName()
             + "过滤器,本次请求响应过程花费 " + (stopTime - startTime) + " 毫秒");
```

```
    }
    public void destroy() {
        this.filterConfig = null;
    }
}
```

上述代码中,ExampleFilter 类实现了 Filter 接口,并且实现了 Filter 接口的 init()、doFilter()和 destroy()三个方法,具备了一个 Filter 类所必需的基本条件。通过 doFilter()方法记录请求经过过滤器的时间,然后通过 FilterChain 对象的 doFilter()方法将请求对象和响应对象传递到下一个过滤或目标资源中,在服务器对此次请求响应后,记录下响应经过过滤器的时间,从而计算输出本次请求响应的总花费时间。

3. 对过滤器进行声明配置

【案例 8-2】 web.xml

```
<?xml version = "1.0" encoding = "UTF - 8"?>
<web - app xmlns:xsi = "http://www.w3.org/2001/XMLSchema - instance" … version = "5.0">
  <display - name> ch08 </display - name>
  <welcome - file - list>
    <welcome - file> index.html </welcome - file>
  </welcome - file - list>
  <filter>
    <display - name> ExampleFilter </display - name>
    <filter - name> ExampleFilter </filter - name>
    <filter - class> com.zkl.ch08.filter.ExampleFilter </filter - class>
  </filter>
  <filter - mapping>
    <filter - name> ExampleFilter </filter - name>
    <url - pattern>/ * </url - pattern>
  </filter - mapping>
</web - app>
```

上述代码使用< filter >和< filter-mapping >标签配置过滤器名、类以及 URL 映射,"/ * "拦截所有的 URL 请求。

启动服务器,Web 容器对 ExampleFilter 的初始化在 Console 控制台的显示效果如图 8-5 所示。

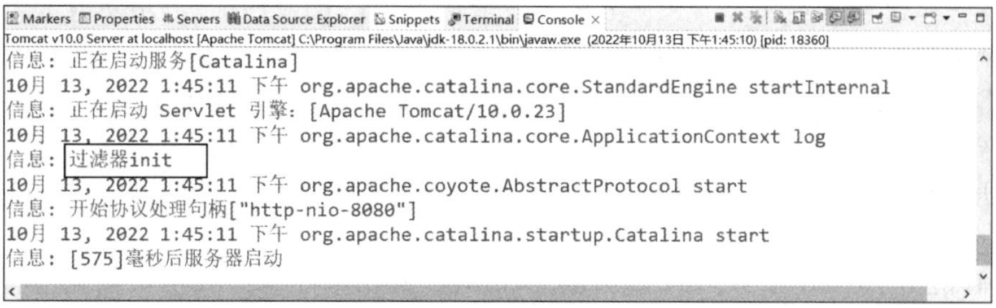

```
Markers  Properties  Servers  Data Source Explorer  Snippets  Terminal  Console ×
Tomcat v10.0 Server at localhost [Apache Tomcat] C:\Program Files\Java\jdk-18.0.2.1\bin\javaw.exe (2022年10月13日 下午1:45:10) [pid: 18360]
信息: 正在启动服务[Catalina]
10月 13, 2022 1:45:11 下午 org.apache.catalina.core.StandardEngine startInternal
信息: 正在启动 Servlet 引擎: [Apache Tomcat/10.0.23]
10月 13, 2022 1:45:11 下午 org.apache.catalina.core.ApplicationContext log
信息: 过滤器init
10月 13, 2022 1:45:11 下午 org.apache.coyote.AbstractProtocol start
信息: 开始协议处理句柄["http-nio-8080"]
10月 13, 2022 1:45:11 下午 org.apache.catalina.startup.Catalina start
信息: [575]毫秒后服务器启动
```

图 8-5 ExampleFilter 初始化方法的显示效果

在浏览器中访问 http://localhost:8080/ch08/,此请求和相应的响应在经过 ExampleFilter 过滤器后,Console 控制台的输出效果如图 8-6 所示。

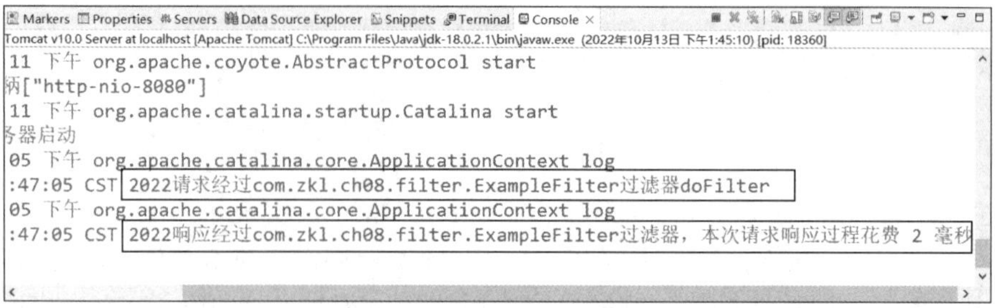

```
Markers  Properties  Servers  Data Source Explorer  Snippets  Terminal  Console ×
Tomcat v10.0 Server at localhost [Apache Tomcat] C:\Program Files\Java\jdk-18.0.2.1\bin\javaw.exe (2022年10月13日 下午1:45:10) [pid: 18360]
11 下午 org.apache.coyote.AbstractProtocol start
柄["http-nio-8080"]
11 下午 org.apache.catalina.startup.Catalina start
务器启动
05 下午 org.apache.catalina.core.ApplicationContext log
:47:05 CST 2022请求经过com.zkl.ch08.filter.ExampleFilter过滤器doFilter
05 下午 org.apache.catalina.core.ApplicationContext log
:47:05 CST 2022响应经过com.zkl.ch08.filter.ExampleFilter过滤器，本次请求响应过程花费 2 毫秒
```

图 8-6　经过 ExampleFilter 过滤器后 Console 控制台的输出效果

8.1.4　过滤器声明配置

对过滤器 Filter 进行声明配置，既可以在 web. xml 中进行配置，也可以使用@WebFilter 形式的 Annotation 进行配置。@WebFilter 所支持的常用属性如表 8-4 所示。

表 8-4　@WebFilter 常用属性

属 性 名	类 型	是否必需	说 明
filterName	String	否	用于指定该 Filter 的名称，默认为类名
urlPatterns/value	String[]	是	用于指定该 Filter 所拦截的 URL，两个属性功能相同但不能同时使用
servletNames	String[]	否	用于指定该 Filter 对哪些 Servlet 执行过滤，可指定多个 Servlet 的名称，值是@WebServlet 中的 name 属性的取值或 web. xml 中<servlet-name>的取值
dispatcherTypes	DispatcherType	否	用于指定该 Filter 对哪种模式的请求进行过滤，支持 REQUEST、FORWARD、INCLUDE、ERROR、ASYNC 这 5 个值的任意组合，默认值为 REQUEST
initParams	WebInitParam[]	否	用于指定该 Filter 的一组配置参数
asyncSupport	boolean	否	用于指定该 Filter 是否支持异步操作模式
displayName	String	否	用于指定该 Filter 的显示名称
description	String	否	用于指定该 Filter 的描述信息

其中属性 urlPatterns/value 指定的 URL 匹配模式有如下要求。

过滤器通过属性 urlPatterns/value 指定的 URL 匹配模式来对匹配的请求地址进行拦截，URL 匹配模式可以是路径匹配，也可以是扩展名匹配。例如，对请求地址"http://localhost:8080/ch08/index. jsp"，路径匹配可以为"/index. jsp"或"/ * "。扩展名匹配为" * . jsp"，但不能是路径匹配和扩展名匹配的混合，例如"/ * . jsp"这种写法是错误的。

@WebFilter 的属性 dispatcherTypes 的 5 个取值对应的转发模式的含义如下。

- REQUEST——当用户直接对网页做出请求的动作时，才会通过此 Filter，而诸如请求转发发出的请求则不会通过此 Filter。
- FORWARD——指由 RequestDispatcher 对象的 forward()方法发出的请求才会通过此 Filter，除此之外，该过滤器不会被调用。
- INCLUDE——指由 RequestDispatcher 对象的 include()方法发出的请求才会通过此 Filter，除此之外，该过滤器不会被调用。
- ERROR——如果在某个页面使用 page 指令指定了 error 属性，那么当此页面出现异常跳转到异常处理页面时才会经过此 Filter,除此之外,该过滤器不会被调用。

- ASYNC——指异步处理的请求才会通过此过滤器,除此之外,该过滤器不会被调用。

下述代码演示一个使用@WebFilter 的详细配置示例。

【示例】 使用@WebFilter 配置过滤器 Filter

```
@WebFilter(description = "Filter 示例", displayName = "TestFilter",
    filterName = "TestFilter",
    urlPatterns = { " * .jsp" }, servletNames = { "TestServlet" },
    initParams = { @WebInitParam(name = "CharacterEncoding", value = "UTF - 8") },
    dispatcherTypes = { DispatcherType.REQUEST },
    asyncSupported = false
    )
```

上述示例配置表示,在过滤器初始化时向过滤器传递初始化参数"CharacterEncoding",值为"UTF-8";对所有的 JSP 页面请求和配置名称为 TestServlet 的 Servlet 请求,在请求模式为 REQUEST 时进行过滤;不使用异步模式;过滤器名称和显示名称均为"TestFilter",描述信息为"Filter 示例"。

过滤器除了通过@WebFilter 的 Annotation 方式进行配置外,还可以通过 web. xml 文件进行配置,对于 Servlet3. 0 之前的版本,只能通过 web. xml 的方式配置。在 web. xml 文件中配置 Filter 与配置 Servlet 相似,下述示例演示使用 web. xml 进行声明配置,与@WebFilter 配置具有相同的效果。

【示例】 在 web. xml 中配置 Filter

```
<filter>
    <description>Filter 示例</description>
    <display-name>TestFilter</display-name>
    <filter-name>TestFilter</filter-name>
    <filter-class>com.zkl.ch08.filter.TestFilter</filter-class>
    <async-supported>false</async-supported>
    <init-param>
        <param-name>CharacterEncoding</param-name>
        <param-value>UTF-8</param-value>
    </init-param>
</filter>
<filter-mapping>
    <filter-name>TestFilter</filter-name>
    <url-pattern>*.jsp</url-pattern>
    <servlet-name>TestServlet</servlet-name>
    <dispatcher>REQUEST</dispatcher>
</filter-mapping>
```

在 web. xml 配置文件中,可以重复上述示例的< filter >和< filter-mapping >元素进行多个过滤器的配置,其中< filter >元素的先后顺序决定 Web 容器对 Filter 过滤器的加载和实例化顺序;< filter-mapping >元素的先后顺序决定 Web 容器对具有相同映射条件的过滤器执行顺序。

从上述两种配置方式来看,使用@WebFilter 的方式更加快捷方便,但这种方式对多个 Filter 的实例化和执行顺序并没有提供相关的参数。

8.1.5 过滤器应用

在 Web 开发中，Filter 是非常重要而且实用的技术，其应用非常广泛。

- 做统一的认证处理。
- 对用户的请求进行检查和更精确的记录。
- 监视或对用户所传递的参数做前置处理，例如：防止数据注入攻击。
- 改变图像文件的格式。
- 对请求和响应进行编码。
- 控制用户对资源的访问权限。
- 对响应做压缩处理。
- 对 XML 的输出使用 XSLT 来转换。

下述将选取两个典型应用进行介绍。

1. 批量设置请求编码

在前面章节的介绍中，对 POST 请求参数的乱码问题通常采用如下代码进行设置。

```
request.setCharacterEncoding("UTF-8");
```

使用这种方法有一个缺点：必须对每一个获得请求参数的程序都要加入上述程序代码。这种做法显然增加了重复的工作量，此时可以使用过滤器解决。案例 8-3 对此功能进行了实现。

【案例 8-3】 SetCharacterEncodingFilter.java

```
public class SetCharacterEncodingFilter extends HttpFilter implements Filter {

    String encoding;

    public SetCharacterEncodingFilter() {
    }

    public void init(FilterConfig fConfig) throws ServletException {
        // 获取过滤器配置的初始参数
        this.encoding = fConfig.getInitParameter("encoding");
    }

    public void destroy() {
        this.encoding = null;
    }

    public void doFilter(ServletRequest request, ServletResponse response,
            FilterChain chain) throws IOException, ServletException {
        if (encoding == null)
            encoding = "UTF-8";
        // 设置请求的编码
        request.setCharacterEncoding(encoding);
        // 过滤传递
        chain.doFilter(request, response);
    }

}
```

【案例 8-4】 web.xml

```
<filter>
    <filter-name>SetCharacterEncodingFilter</filter-name>
    <filter-class>
        com.zkl.ch08.filter.SetCharacterEncodingFilter
    </filter-class>
    <init-param>
        <param-name>encoding</param-name>
        <param-value>UTF-8</param-value>
    </init-param>
</filter>
<filter-mapping>
    <filter-name>SetCharacterEncodingFilter</filter-name>
    <url-pattern>/*</url-pattern>
</filter-mapping>
```

通过上述代码，当用户向服务器发送任意请求时，都会经过此过滤器对请求编码进行设置。需要注意的是，只有在最初使用请求对象的程序前进行编码设置，才会对后续使用程序起作用，因此，该过滤器在执行顺序上应该保证早于其他过滤器的执行。这种情况下，可以采用以下三种方式解决。

(1) 完全使用基于 Annotation 的方式配置，可以通过设置 filterName 按照过滤器的名称首字母顺序执行。

(2) 完全使用 web.xml 的方式配置，相同映射条件下，按照<filter-mapping>定义的先后顺序执行。

(3) 使用 Annotation 和 web.xml 相结合的方式配置，web.xml 文件中声明的 Filter 的执行顺序早于使用 Annotation 声明的 Filter。

2. 控制用户访问权限

在 Web 应用中，有很多操作是需要用户具有相关的操作权限才可进行访问的，例如：用户个人中心、网站后台管理、同一系统不同角色的访问。这些应用的权限控制可以在具体的访问资源中单独设置，也可以使用过滤器统一设置，显然后者具有更高的效率和可维护性。下述实例将演示如何使用 Filter 来实现这一功能。该实例的实现思路如下。

(1) 设置较为全面的请求拦截映射地址，但对于用户登录页面及处理登录操作的 Servlet 不能设置访问限制，可用初始化参数灵活指定相关地址。

(2) 通过判断会话对象中是否存在用户登录成功时设置的域属性，来决定用户是否有访问的权限。

【案例 8-5】 SessionCheckFilter.java

```
/**
 * 控制用户对某些请求地址的访问权限
 */
@WebFilter(urlPatterns = { "/*" }, initParams = {
        @WebInitParam(name = "loginPage", value = "login.jsp"),
        @WebInitParam(name = "loginServlet", value = "LoginProcessServlet") })
public class SessionCheckFilter extends HttpFilter implements Filter {
    // 用于获取初始化参数
    private FilterConfig config;
```

```
    publicSessionCheckFilter() {
    }

    public void init(FilterConfig fConfig) throws ServletException {
        this.config = fConfig;
    }

    public void destroy() {
        this.config = null;
    }

    public void doFilter(ServletRequest request, ServletResponse response,
            FilterChain chain) throws IOException, ServletException {
        // 获取初始化参数
        String loginPage = config.getInitParameter("loginPage");
        String loginServlet = config.getInitParameter("loginServlet");
        // 获取会话对象
        HttpSession session = ((HttpServletRequest) request).getSession();
        // 获取请求资源路径(不包含请求参数)
        String requestPath = ((HttpServletRequest) request).getServletPath();

        if (session.getAttribute("user") != null
                || requestPath.endsWith(loginPage)
                ||requestPath.endsWith(loginServlet)) {
        //如果用户会话域属性 user 存在,
        // 并且请求资源为登录页面和登录处理的 Servlet,则"放行"请求
            chain.doFilter(request, response);
        } else {
        // 对请求进行拦截,返回登录页面
        request.setAttribute("tip", "您还未登录,请先登录!");
        request.getRequestDispatcher(loginPage).forward(request, response);
        }
    }
}
```

请求被拦截返回的登录页面代码如下所示。

【案例 8-6】 login.jsp

```
<%@ page language="java" contentType="text/html; charset=UTF-8"
    pageEncoding="UTF-8"%>
<!DOCTYPE html PUBLIC "-//W3C//DTD HTML 4.01 Transitional//EN"
    "http://www.w3.org/TR/html4/loose.dtd">
<html>
<head>
<meta http-equiv="Content-Type" content="text/html; charset=UTF-8">
<title>用户登录</title>
</head>
<body>
<p><font color="red">${tip}</font></p>
<form action="LoginProcessServlet" method="post">
    <p>用户名:<input type="text" name="username"></p>
    <p>密 码:<input type="text" name="userpass"></p>
    <p><input type="submit" value="登录"></p>
</form>
```

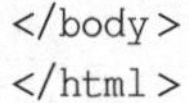

```
</body>
</html>
```

在浏览器中访问一个非登录页面 http://localhost:8080/ch08/main.jsp,运行结果如图 8-7 所示。

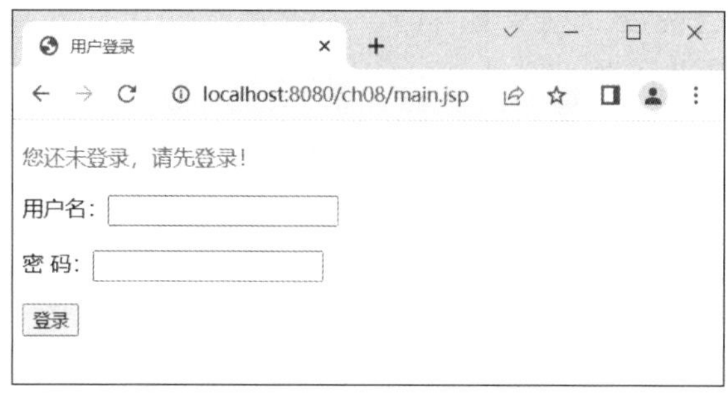

图 8-7 访问被拦截返回登录页面

8.2 Listener 监听器

8.2.1 监听器简介

在 Web 容器运行过程中有很多关键点事件,例如 Web 应用被启动、被停止、用户会话开始、用户会话结束、用户请求到达、用户请求结束等,这些关键点事件为系统运行提供支持,但对用户却是透明的。Servlet API 提供了大量监听器接口来帮助开发者对 Web 应用内特定事件进行监听,从而当 Web 应用内这些特定事件发生时,可以回调监听器内的事件监听方法来实现一些特殊功能。

Web 容器使用不同的监听器接口来实现对不同事件的监听,常用的 Web 事件监听器接口可分为如下三类。

- 与 Servlet 上下文相关的监听器接口。
- 与会话相关的监听器接口。
- 与请求相关的监听器接口。

开发者实现了上述三类监听器接口,即可开发对相关事件进行处理的监听器。下述各小节将依次对各类监听器接口及如何开发相关的监听器进行详细介绍。

8.2.2 与 Servlet 上下文相关的监听器

视频讲解

与 Servlet 上下文相关的监听器(Listener)需要实现的监听器接口如表 8-5 所示。

表 8-5 与 Servlet 上下文相关的监听器接口

监听器接口名称	说 明
ServletContextListener	用于监听 ServletContext(application)对象的创建和销毁
ServletContextAttributeListener	用于监听 ServletContext(application)范围内属性的改变

对上述两个监听器接口的说明及使用介绍如下。

1. ServletContextListener

ServletContextListener 接口用于监听 Web 应用程序的 ServletContext 对象的创建和销毁事件。每个 Web 应用对应一个 ServletContext 对象,在 Web 容器启动时创建,在容器关闭时销毁。当 Web 应用程序中声明了一个实现 ServletContextListener 接口的事件监听器后,Web 容器在创建或销毁此对象时就会产生一个 ServletContextEvent 事件对象,然后再执行监听器中的相应事件处理方法,并将 ServletContextEvent 事件对象传递给这些方法。在 ServletContextListener 接口中定义了如下两个事件处理方法。

- contextInitialized(ServletContextEvent sce):当 ServletContext 对象被创建时,Web 容器将调用此方法。该方法接收 ServletContextEvent 事件对象,通过此对象可获得当前被创建的 ServletContext 对象。
- contextDestroyed(ServletContextEvent sce):当 ServletContext 对象被销毁时,Web 容器调用此方法,同时向其传递 ServletContextEvent 事件对象。

上述处理方法中,ServletContextEvent 为一个事件类,用于通知 Web 应用程序中上下文对象的改变,该类所具有的方法如表 8-6 所示。

表 8-6 ServletContextEvent 的方法

方　法	说　明
getServletContext()	返回改变前的 ServletContext 对象

2. ServletContextAttributeListener

ServletContextAttributeListener 接口用于监听 ServletContext(application)范围内属性的创建、删除和修改。当 Web 容器中声明了一个实现 ServletContextAttributeListener 接口的监听器后,Web 容器在 ServletContext 应用域属性发生改变时就会产生一个 ServletContextAttributeEvent 事件对象,然后再调用监听器中的相应事件处理方法。在 ServletContextAttributeListener 接口中定义了如下三个事件处理方法。

- attributeAdded(ServletContextAttributeEvent event):当程序把一个属性存入 application 范围时,Web 容器调用此方法,同时向其传递 ServletContextAttributeEvent 事件对象。
- attributeRemoved(ServletContextAttributeEvent event):当程序把一个属性从 application 范围删除时,Web 容器调用此方法,同时向其传递 ServletContextAttributeEvent 事件对象。
- attributeReplaced(ServletContextAttributeEvent event):当程序替换 application 范围内的属性时,Web 容器调用此方法,同时向其传递 ServletContextAttributeEvent 事件对象。

上述处理方法中,ServletContextAttributeEvent 为一个事件类,用于通知 Web 应用程序中 Servlet 上下文属性的改变,该类所具有的方法如表 8-7 所示。

表 8-7 ServletContextAttributeEvent 的方法

方　法	说　明
getName()	返回 ServletContext 改变的属性名
getValue()	返回已被增加、删除、替换的属性值,如果属性被增加,就是该属性的值;如果属性被删除,就是被删除属性的值;如果属性被替换,就是该属性的旧值

监听器的实现通过以下两个步骤来完成。

步骤一：定义监听器实现类，实现监听器接口的所有方法。

步骤二：通过 Annotation 或在 web.xml 文件中声明监听器。

下面以 ServletContextAttributeListener 监听器为例来介绍监听器的开发和使用。

在 Eclipse 工具 ch08 项目名称处右击，在弹出菜单中选择 New→Listener，如图 8-8 所示。

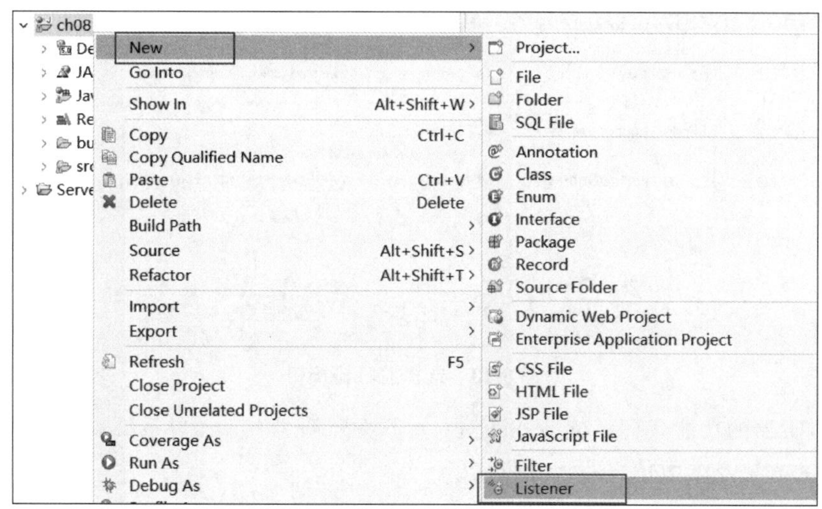

图 8-8　新建 Listener

在打开的对话框中填写包名和类名，如图 8-9 所示。

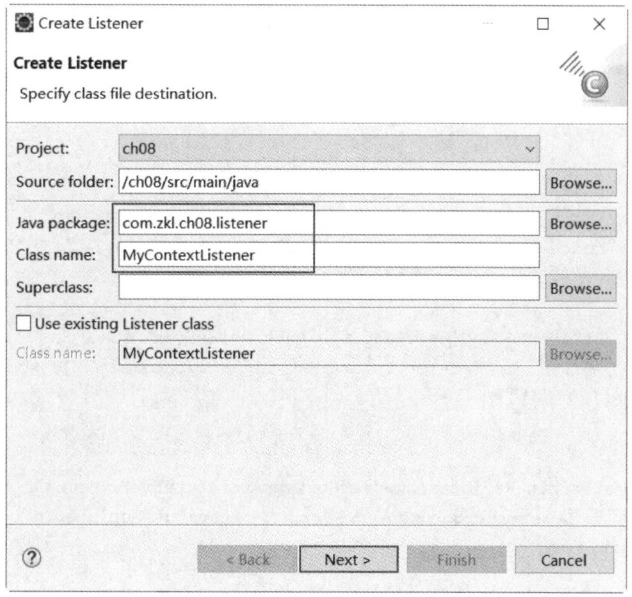

图 8-9　Listener 类创建信息

单击 Next 按钮，在打开的对话框中选择需要实现的监听器接口，如图 8-10 所示，实现 ServletContextListener 接口和 ServletContextAttributeListener 接口。

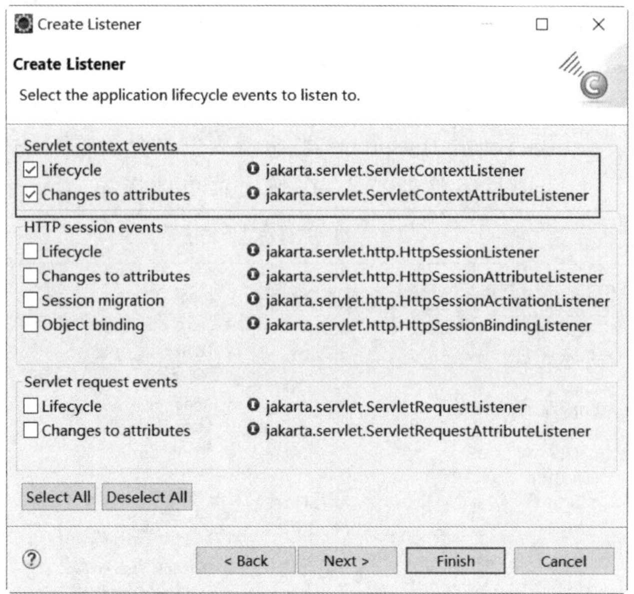

图 8-10 选择监听器接口

编写监听器的功能代码。实现 Serlvet 上下文监听器接口，当系统调用事件处理方法时，把对应的方法及参数信息写入文件中。

【案例 8-7】 MyContextListener. java

```
package com.zkl.ch08.listener;
public class MyContextListener implements ServletContextListener,
      ServletContextAttributeListener {
    // 获取 ServletContext 对象
    ServletContext context;
    public MyContextListener() {
    }
    // 上下文初始化
    public void contextInitialized(ServletContextEvent sce) {
        context = sce.getServletContext();
        logout("contextInitialized() --> ServletContext 初始化了");
    }
    // 添加属性
    public void attributeAdded(ServletContextAttributeEvent scae) {
        logout("增加了一个 ServletContext 属性:attributeAdded('" + scae.getName() + "', '"
 + scae.getValue() + "')");
    }
    // 修改属性
    public void attributeReplaced(ServletContextAttributeEvent scae) {
        logout("某个 ServletContext 的属性被改变:attributeReplaced ('" + scae.getName() +
"', '" + scae.getValue() + "')");
    }
    // 移除属性
    public void attributeRemoved(ServletContextAttributeEvent scae) {
        logout("删除了一个 ServletContext 属性:attributeRemoved ('" + scae.getName() + "',
'" + scae.getValue() + "')");
    }
```

```
    // 上下文销毁
    public void contextDestroyed(ServletContextEvent arg0) {
        logout("contextDestroyed() --> ServletContext 被销毁");
    }
    // 写日志信息
    private void logout(String message) {
        PrintWriter out = null;
        try {
            String filename = context.getRealPath("/") + "/log.txt";
            out = new PrintWriter(new FileOutputStream(filename, true));
            System.out.println(filename);
            SimpleDateFormat datef = new SimpleDateFormat("yyyy-MM-dd hh:mm:ss");
            String curtime = datef.format(new Date());
            out.println(curtime + "::Form ContextListener: " + message);
            out.close();
        } catch (Exception e) {
            // out.close();
            e.printStackTrace();
        }
    }
}
```

监听器可以使用注解@WebListener进行声明配置，也可以在web.xml中进行声明配置。注解@WebListener的常用属性如表8-8所示。

表8-8　@WebListener的常用属性

属性名	类型	是否必需	描述
value	String	否	设置该监听器的描述信息

【案例8-8】　使用@WebListener声明配置监听器

```
@WebListener
public class MyContextListener implements ServletContextListener,
        ServletContextAttributeListener {
```

与其等价的web.xml中的声明形式如下。

【案例8-9】　在web.xml中声明配置监听器

```
<listener>
    <listener-class>com.zkl.ch08.listener.MyContextListener</listener-class>
</listener>
```

下面代码通过context.jsp实现上下文属性的添加和删除，通过config隐含对象获取ServletContext对象，然后往ServletContext对象中添加、修改并删除属性。

【案例8-10】　context.jsp

```
<%@ page language="java" contentType="text/html; charset=UTF-8"
    pageEncoding="UTF-8"%>
<!DOCTYPE html>
<html>
<head>
<meta charset="UTF-8">
<title>Context Listener</title>
```

```
</head>
<body>
<%
    out.println("添加属性<br><hr>");
    config.getServletContext().setAttribute("userName", "king");
    out.println("修改属性<br><hr>");
    config.getServletContext().setAttribute("userName", "king2");
    out.println("删除属性<br><hr>");
    config.getServletContext().removeAttribute("userName");
%>
</body>
</html>
```

启动服务器,在浏览器中访问 http://localhost:8080/ch08/context.jsp,运行结果如图8-11所示。

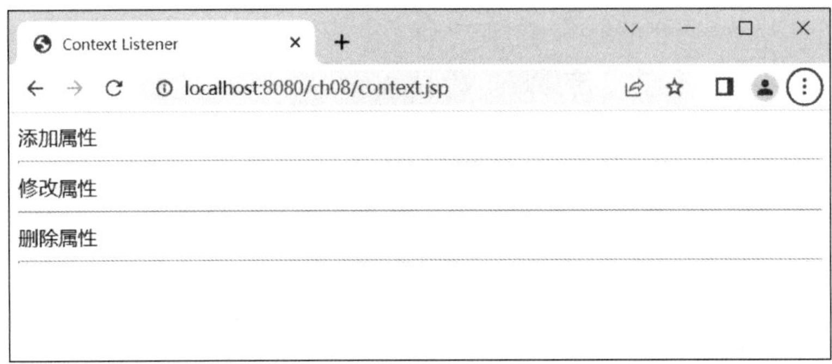

图 8-11 运行结果

生成的 log.txt 文件内容如下所示。

【案例 8-11】 log.txt

```
2022-10-14 11:37:04::Form ContextListener:
    contextInitialized()-->ServletContext 初始化了
2022-10-14 11:37:05::Form ContextListener: 增加了一个 ServletContext 属性:
    attributeAdded('org.apache.jasper.runtime.JspApplicationContextImpl',
    'org.apache.jasper.runtime.JspApplicationContextImpl@24749daf')
2022-10-14 11:37:08::Form ContextListener: 增加了一个 ServletContext 属性:
    attributeAdded('onlineRegister','{7F99516BD6829F724F6FB4A58C264BD6
    =com.zkl.ch08.javabean.UserSessionInfo@21a6741b}')
2022-10-14 11:37:08::Form ContextListener: 某个 ServletContext 的属性被改变:
    attributeReplaced ('onlineRegister', '{7F99516BD6829F724F6FB4A58C264BD6 =
    com.zkl.ch08.javabean.UserSessionInfo@7d03ea53}')
2022-10-14 11:37:24::Form ContextListener: 增加了一个 ServletContext 属性:
    attributeAdded('userName', 'king')
2022-10-14 11:37:24::Form ContextListener: 某个 ServletContext 的属性被改变:
    attributeReplaced ('userName', 'king')
2022-10-14 11:37:24::Form ContextListener: 删除了一个 ServletContext 属性:
    attributeRemoved ('userName', 'king2')
```

8.2.3 与会话相关的监听器

与会话相关的监听器需要实现的监听器接口如表 8-9 所示。

表 8-9 与会话相关的监听器接口

监听器接口名称	说　明
HttpSessionListener	用于监听会话对象的创建和销毁
HttpSessionAttributeListener	用于监听会话域属性的改变

对上述两个监听器接口的说明及使用介绍如下。

1. HttpSessionListener

HttpSessionListener 接口用于监听用户会话对象 HttpSession 的创建和销毁事件。每个浏览器与服务器的会话状态分别对应一个 HttpSession 对象，每个 HttpSession 对象在浏览器开始与服务器会话时创建，在浏览器与服务器结束会话时销毁。当在 Web 应用程序中声明了一个实现 HttpSessionListener 接口的事件监听器后，Web 容器在创建或销毁每个 HttpSession 对象时都会产生一个 HttpSessionEvent 事件对象，然后调用监听器中的相应事件处理方法，同时将 HttpSessionEvent 事件对象传递给这些方法。在 HttpSessionListener 接口中定义了如下两个事件处理方法。

- sessionCreated(HttpSessionEvent se)：当 HttpSession 对象被创建时，Web 容器将调用此方法。该方法接收 HttpSessionEvent 事件对象，通过此对象可获得当前被创建的 HttpSession 对象。
- sessionDestroyed(HttpSessionEvent se)：当 HttpSession 对象被销毁时，Web 容器调用此方法，同时向其传递 HttpSessionEvent 事件对象。

上述处理方法中，HttpSessionEvent 为一个事件类，用于通知 Web 应用程序中会话对象的改变，该类所具有的方法如表 8-10 所示。

表 8-10 HttpSessionEvent 的方法

方　法	说　明
getSession()	返回改变前的 HttpSession 对象

下述案例演示一个实现 HttpSessionListener 接口的监听器。该案例实现对当前在线人数的统计功能。

【案例 8-12】 OnlineUserNumberListener.java

```
@WebListener
public class OnlineUserNumberListener implements HttpSessionListener {
    // 统计在线人数
    private int num;

    public OnlineUserNumberListener() {
    }
    /**
     * 会话创建时的监听方法
     */
    public void sessionCreated(HttpSessionEvent se) {
        // 会话创建时，人数加 1
        num++;
        ServletContext context = se.getSession().getServletContext();
        // 将在线人数存入应用域属性
        context.setAttribute("onlineUserNum", num);
    }
```

```
    /**
     * 会话销毁时的监听方法
     */
    public void sessionDestroyed(HttpSessionEvent se) {
        // 会话销毁时,人数减 1
        num--;
        ServletContext context = se.getSession().getServletContext();
        // 将在线人数存入应用域属性
        context.setAttribute("onlineUserNum", num);
    }
}
```

在线用户数量显示页面代码如下所示。

【案例 8-13】 onlineUserNum.jsp

```
<%@ page language="java" contentType="text/html; charset=UTF-8"
    pageEncoding="UTF-8"%>
<!DOCTYPE html PUBLIC "-//W3C//DTD HTML 4.01 Transitional//EN"
    "http://www.w3.org/TR/html4/loose.dtd">
<html>
<head>
<meta http-equiv="Content-Type" content="text/html; charset=UTF-8">
<title>在线人数统计</title>
</head>
<body>
<p>当前在线人数为: ${applicationScope.onlineUserNum}</p>
<a href="logout.jsp">安全退出</a>
</body>
</html>
```

用户安全退出的页面代码如下所示。

【案例 8-14】 logout.jsp

```
<%@ page language="java" contentType="text/html; charset=UTF-8"
    pageEncoding="UTF-8"%>
<!DOCTYPE html PUBLIC "-//W3C//DTD HTML 4.01 Transitional//EN"
    "http://www.w3.org/TR/html4/loose.dtd">
<html>
<head>
<meta http-equiv="Content-Type" content="text/html; charset=UTF-8">
<title>用户退出</title>
</head>
<body>
<%
session.invalidate();            // 本次会话对象失效
%>
<p>您已经退出本系统!</p>
</body>
</html>
```

启动服务器,在两个浏览器窗口中访问 http://localhost:8080/ch08/onlineUserNum.jsp,随后在一个窗口中单击“安全退出”,运行结果如图 8-12 所示。

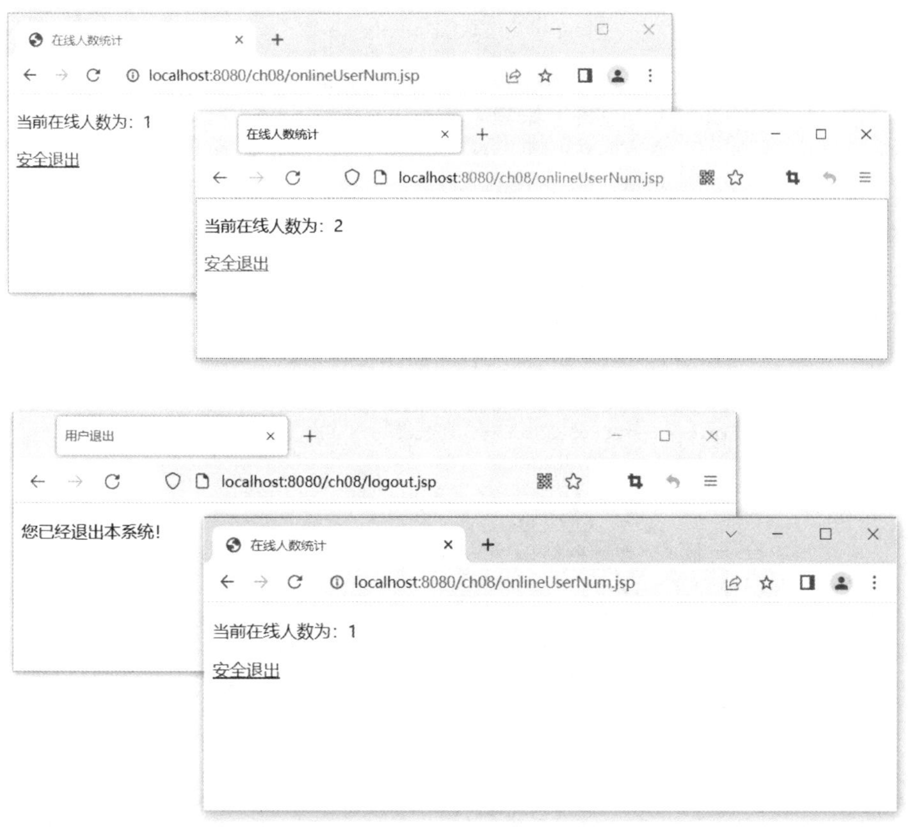

图 8-12 在线人数统计实例运行结果

2. HttpSessionAttributeListener

HttpSessionAttributeListener 接口用于监听会话域属性的创建、删除和修改。当 Web 容器中声明了一个实现 HttpSessionAttributeListener 接口的监听器后，Web 容器在 HttpSession 会话域属性发生改变时就会产生一个 HttpSessionAttributeEvent 事件对象，然后再调用监听器中的相应事件处理方法。在 HttpSessionAttributeListener 接口中定义了如下三个事件处理方法。

- attributeAdded(HttpSessionAttributeEvent event)：当程序把一个属性存入 session 范围时，Web 容器调用此方法，同时向其传递 HttpSessionAttributeEvent 事件对象。
- attributeRemoved(HttpSessionAttributeEvent event)：当程序把一个属性从 session 范围删除时，Web 容器调用此方法，同时向其传递 HttpSessionAttributeEvent 事件对象。
- attributeReplaced(HttpSessionAttributeEvent event)：当程序替换 session 范围内的属性时，Web 容器调用此方法，同时向其传递 HttpSessionAttributeEvent 事件对象。

上述处理方法中，HttpSessionAttributeEvent 为一个事件类，用于通知 Web 应用程序中会话对象属性的改变，该类所具有的方法如表 8-11 所示。

表 8-11 HttpSessionAttributeEvent 的方法

方 法	说 明
getName()	返回 HttpSession 对象中被改变的属性名
getValue()	返回已被增加、删除、替换的属性值，如果属性被增加，就是该属性的值；如果属性被删除，就是被删除属性的值；如果属性被替换，就是该属性的旧值

下述案例演示一个实现 HttpSessionAttributeListener 接口的监听器。该案例实现对在线登录用户名称、会话 sessionID、登录时间的显示。

【案例 8-15】 OnlineLoginUserViewListener. java

```
@WebListener
public class OnlineLoginUserViewListener
                implements HttpSessionAttributeListener {
    public OnlineLoginUserViewListener() {
    }
    /**
     * 增加 session 域属性时,容器调用此方法
     */
    @SuppressWarnings("unchecked")
    public void attributeAdded(HttpSessionBindingEvent event) {
        HttpSession session = event.getSession();
        //获取表示用户成功登录后的会话域属性 username
        String username = (String) session.getAttribute("username");
        if (username != null) {
            // 将登录的用户信息封装到一个 JavaBean 中
            UserSessionInfo userSessionBean = new UserSessionInfo(username,
                    session.getId(), new Date(session.getCreationTime()));
            // 获取保存登录用户信息(Map 类型)的应用域属性
            Map<String, UserSessionInfo> onlineRegister =
                    (Map<String, UserSessionInfo>) session
                    .getServletContext().getAttribute("onlineRegister");
            if (onlineRegister == null) {
                // 若应用域属性不存在,则实例化一个
                onlineRegister = new HashMap<String, UserSessionInfo>();
            }
            // 将登录用户信息保存在 Map 结构中,key 为:sessionID,
            // value 为登录用户信息 JavaBean
            onlineRegister.put(session.getId(), userSessionBean);
            // 将更新后的登录用户信息(Map 类型)保存到应用域属性中
            session.getServletContext().setAttribute("onlineRegister",
                    onlineRegister);
        }
    }
    /**
     * 删除 session 域属性时,容器调用此方法
     */
    public void attributeRemoved(HttpSessionBindingEvent event) {
        // 判断删除的 session 域属性名称是否为表示用户成功登录的会话域属性
        if ("username".equals(event.getName())) {
            HttpSession session = event.getSession();
            // 获取保存登录用户信息(Map 类型)的应用域属性
```

```
            Map<String, UserSessionInfo> onlineRegister =
                    (Map<String, UserSessionInfo>) session
                    .getServletContext().getAttribute("onlineRegister");
            // 根据 sessionID(key 值)将用户信息从应用域属性中移除
            onlineRegister.remove(session.getId());
            // 将更新后的登录用户信息(Map 类型)保存到应用域属性中
            session.getServletContext().setAttribute("onlineRegister",
                    onlineRegister);
        }
    }
    /**
     * session 域属性被替换时,容器调用此方法
     */
    public void attributeReplaced(HttpSessionBindingEvent event) {
    }
}
```

封装登录用户信息的 JavaBean 代码如下所示。

【案例 8-16】 UserSessionInfo.java

```
public class UserSessionInfo {
    // 用户姓名
    private String username;
    // 会话标识
    private String sessionID;
    // 会话创建时间
    private Date creationDate;
    public UserSessionInfo(){

    }
  public UserSessionInfo(String username, String sessionID, Date creationDate){
        super();
        this.username = username;
        this.sessionID = sessionID;
        this.creationDate = creationDate;
    }
    // 以下省略 setter 和 getter 方法
}
```

显示在线登录用户信息的页面代码如下所示。

【案例 8-17】 onlineLoginUserView.jsp

```
<%@ page language="java" contentType="text/html; charset=UTF-8"
    pageEncoding="UTF-8" import="com.zkl.ch08.javabean.*" %>
<%@ taglib prefix="c" uri="http://java.sun.com/jsp/jstl/core" %>
<%@ taglib prefix="fmt" uri="http://java.sun.com/jsp/jstl/fmt" %>
<!DOCTYPE html PUBLIC "-//W3C//DTD HTML 4.01 Transitional//EN"
    "http://www.w3.org/TR/html4/loose.dtd">
<html>
<head>
<meta http-equiv="Content-Type" content="text/html; charset=UTF-8">
<title>Insert title here</title>
</head>
<body>
```

```
        <c:forEach items = " ${applicationScope.onlineRegister}" var = "mapRegister">
            <p>
                用户名: ${mapRegister.value.username},会话创建时间:
                <fmt:formatDate value = " ${mapRegister.value.creationDate}"
                    pattern = "yyyy - MM - dd HH:mm:ss" />
            </p>
        </c:forEach>
        <a href = "loginPro.jsp">注册登录</a>
        <a href = "logoutPro.jsp">退出</a>
    </body>
    </html>
```

【案例 8-18】 loginPro.jsp

```
<%@page import = "java.util.Random" %>
<%@ page language = "java" contentType = "text/html; charset = UTF - 8"
    pageEncoding = "UTF - 8" %>
<!DOCTYPE html PUBLIC " - //W3C//DTD HTML 4.01 Transitional//EN"
    "http://www.w3.org/TR/html4/loose.dtd">
<html>
<head>
<meta http - equiv = "Content - Type" content = "text/html; charset = UTF - 8">
<title>模拟用户登录成功</title>
</head>
<body>
<%
session.setAttribute("username", "ZKL" + new Random().nextInt());
response.sendRedirect("onlineLoginUserView.jsp");
%>
</body>
</html>
```

【案例 8-19】 logoutPro.jsp

```
<%@ page language = "java" contentType = "text/html; charset = UTF - 8"
    pageEncoding = "UTF - 8" %>
<!DOCTYPE html PUBLIC " - //W3C//DTD HTML 4.01 Transitional//EN"
    "http://www.w3.org/TR/html4/loose.dtd">
<html>
<head>
<meta http - equiv = "Content - Type" content = "text/html; charset = UTF - 8">
<title>模拟用户退出</title>
</head>
<body>
<%
session.removeAttribute("username");
//或使用 session.invalidate();
response.sendRedirect("onlineLoginUserView.jsp");
%>
</body>
</html>
```

启动服务器,在浏览器中访问 http://localhost:8080/ch08/onlineLoginUserView.jsp,单击页面中的“注册登录”来模拟登录成功后的效果,返回 onlineLoginUserView.jsp 页面

查看当前在线注册用户信息，也可同时使用其他浏览器按照此操作模拟多用户登录效果，然后再单击页面中的“退出”来模拟用户退出效果，返回 onlineLoginUserView.jsp 页面再次查看当前在线注册用户信息。运行过程中部分效果图如图 8-13 所示。

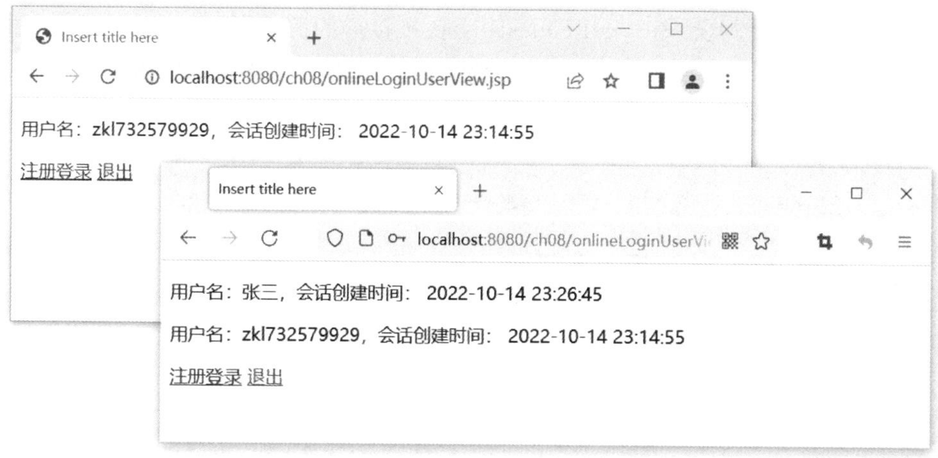

图 8-13　在线注册用户信息显示效果图

8.2.4　与请求相关的监听器

与请求相关的监听器需要实现的监听器接口如表 8-12 所示。

表 8-12　与请求相关的监听器接口

监听器接口名称	说　明
ServletRequestListener	用于监听用户请求的创建和销毁
ServletRequestAttributeListener	用于监听 ServletRequest(request)范围内属性的改变

对上述两个监听器接口的说明及使用介绍如下。

1. ServletRequestListener

ServletRequestListener 接口用于监听 ServletRequest 对象的创建和销毁事件。浏览器的每次访问请求分别对应一个 ServletRequest 对象，每个 ServletRequest 对象在每次访问请求开始时创建，在每次访问请求结束后销毁。当在 Web 应用程序中声明了一个实现 ServletRequestListener 接口的事件监听器后，Web 容器在创建或销毁每个 ServletRequest 对象时都会产生一个 ServletRequestEvent 事件对象，然后将其传递给监听器中的相应事件处理方法。在 ServletRequestListener 接口中定义了如下两个事件处理方法。

- requestInitialized(ServletRequestEvent sre)：当 ServletRequest 对象被创建时，Web 容器将调用此方法。该方法接收 ServletRequestEvent 事件对象，通过此对象可获得当前被创建的 ServletRequest 对象。
- requestDestroyed(ServletRequestEvent sre)：当 ServletRequest 对象被销毁时，Web 容器调用此方法，同时向其传递 ServletRequestEvent 事件对象。

上述处理方法中，ServletRequestEvent 为一个事件类，用于通知 Web 应用程序中 ServletRequest 对象的改变，该类所具有的方法如表 8-13 所示。

表 8-13 ServletRequestEvent 的方法

方　法	说　明
getServletRequest()	返回改变前的 ServletRequest 对象

下述案例演示一个实现 ServletRequestListener 接口的监听器。该实例用来获取请求访问的资源地址、请求用户名(若未登录,用户为"游客")、请求用户 IP 地址、请求时间。

【案例 8-20】 UserRequestInfoListener.java

```
@WebListener
public class UserRequestInfoListener implements ServletRequestListener {

    public UserRequestInfoListener() {
    }
    /**
     * 请求结束时,容器调用此方法
     */
    public void requestDestroyed(ServletRequestEvent sre) {
    }
    /**
     * 请求初始化时,容器调用此方法
     */
    public void requestInitialized(ServletRequestEvent sre) {
        // 获取 HttpServletRequest 对象
        HttpServletRequest request = (HttpServletRequest) sre
                .getServletRequest();
        // 获取请求用户 IP 地址
        String userIP = request.getRemoteAddr();
        // 获取请求资源地址
        String requestURI = request.getRequestURI();
        // 获取已登录请求用户名
        String username = (String) request.getSession()
                                    .getAttribute("username");
        // 若未登录,设请求用户名为"游客"
        username = (username == null) ? "游客" : username;
        StringBuffer sb = new StringBuffer();
        sb.append("本次请求访问信息:");
        sb.append("用户名称:");
        sb.append(username);
        sb.append(";用户 IP:");
        sb.append(userIP);
        sb.append(";请求地址:");
        sb.append(requestURI);
        request.getServletContext().log(sb.toString());
    }
}
```

启动服务器,在浏览器中随意发起一个请求,例如 http://localhost:8080/ch08/index.jsp,通过 Eclipse 的 Console 控制台查看用户请求信息日志,效果如图 8-14 所示。

2. ServletRequestAttributeListener

ServletRequestAttributeListener 接口用于监听 ServletRequest(request)范围内属性的创建、删除和修改。当 Web 容器中声明了一个实现 ServletRequestAttributeListener 接口

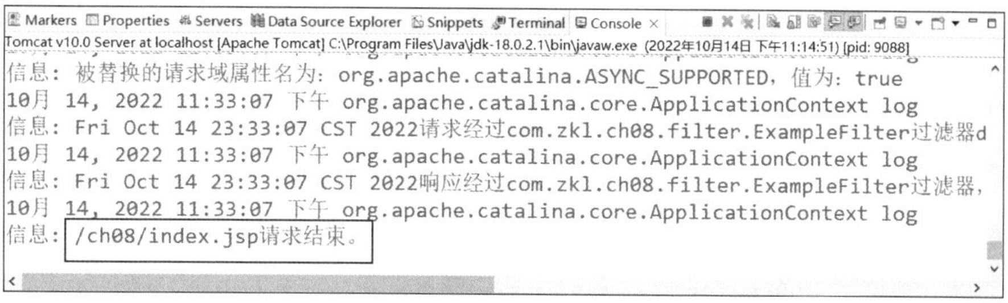

```
Markers Properties Servers Data Source Explorer Snippets Terminal Console
Tomcat v10.0 Server at localhost [Apache Tomcat] C:\Program Files\Java\jdk-18.0.2.1\bin\javaw.exe (2022年10月14日 下午11:14:51) [pid: 9088]
信息: 被替换的请求域属性名为: org.apache.catalina.ASYNC_SUPPORTED, 值为: true
10月 14, 2022 11:33:07 下午 org.apache.catalina.core.ApplicationContext log
信息: Fri Oct 14 23:33:07 CST 2022请求经过com.zkl.ch08.filter.ExampleFilter过滤器d
10月 14, 2022 11:33:07 下午 org.apache.catalina.core.ApplicationContext log
信息: Fri Oct 14 23:33:07 CST 2022响应经过com.zkl.ch08.filter.ExampleFilter过滤器,
10月 14, 2022 11:33:07 下午 org.apache.catalina.core.ApplicationContext log
信息: /ch08/index.jsp请求结束。
```

图 8-14 请求信息的监听效果

的监听器后，Web 容器在 ServletRequest 请求域属性发生改变时就会产生一个 ServletRequestAttributeEvent 对象，然后再调用监听器中的相应事件处理方法。在 ServletRequestAttributeListener 接口中定义了如下三个事件处理方法。

- attributeAdded(ServletRequestAttributeEvent event)：当程序把一个属性存入 request 范围时，Web 容器调用此方法，并向其传递 ServletRequestAttributeEvent 事件对象。
- attributeRemoved(ServletRequestAttributeEvent event)：当程序把一个属性从 request 范围删除时，Web 容器调用此方法，并向其传递 ServletRequestAttributeEvent 事件对象。
- attributeReplaced(ServletRequestAttributeEvent event)：当程序替换 request 范围内的属性时，Web 容器调用此方法，并向其传递 ServletRequestAttributeEvent 事件对象。

上述处理方法中，ServletRequestAttributeEvent 为一个事件类，用于通知 Web 应用程序中 ServletRequest 对象属性的改变，该类所具有的方法如表 8-14 所示。

表 8-14 ServletRequestAttributeEvent 的方法

方　法	说　明
getName()	返回 ServletRequest 改变的属性名
getValue()	返回已被增加、删除、替换的属性值，如果属性被增加，就是该属性的值；如果属性被删除，就是被删除属性的值；如果属性被替换，就是该属性的旧值

在 Web 应用中，应用程序可以采用一个监听器类来监听多种事件，下述案例演示一个同时实现 ServletRequestAttributeListener 和 ServletRequestListener 接口的监听器。

【案例 8-21】 RequestOperatorListener.java

```
@WebListener
public class RequestOperatorListener implements ServletRequestListener,
        ServletRequestAttributeListener{

    public RequestOperatorListener() {
    }
    /**
     * 请求结束时触发该方法
     */
    public void requestDestroyed(ServletRequestEvent sre) {
        // 获取 HttpServletRequest 对象
```

```
        HttpServletRequest request = (HttpServletRequest) sre
                .getServletRequest();
        String requestURI = request.getRequestURI();
        sre.getServletContext().log(requestURI + "请求结束.");
    }
    /**
     * 请求对象被初始化时触发该方法
     */
    public void requestInitialized(ServletRequestEvent sre) {
        //获取 HttpServletRequest 对象
        HttpServletRequest request = (HttpServletRequest) sre
                .getServletRequest();
        String requestURI = request.getRequestURI();
        sre.getServletContext().log(requestURI + "请求被初始化.");
    }
    /**
     * 请求域属性被移除时触发该方法
     */
    public void attributeRemoved(ServletRequestAttributeEvent srae) {
        //获取被移除属性的名称和值
        String attrName = srae.getName();
        Object attValue = srae.getValue();
        StringBuffer sb = new StringBuffer();
        sb.append("删除的请求域属性名为:");
        sb.append(attrName);
        sb.append(",值为:");
        sb.append(attValue);
        srae.getServletContext().log(sb.toString());
    }
    /**
     * 添加请求域属性时触发该方法
     */
    public void attributeAdded(ServletRequestAttributeEvent srae) {
        //获取添加属性的名称和值
        String attrName = srae.getName();
        Object attValue = srae.getValue();
        StringBuffer sb = new StringBuffer();
        sb.append("添加的请求域属性名为:");
        sb.append(attrName);
        sb.append(",值为:");
        sb.append(attValue);
        srae.getServletContext().log(sb.toString());
    }
    /**
     * 请求域属性值被替换时触发该方法
     */
    public void attributeReplaced(ServletRequestAttributeEvent srae) {
        //获取被替换属性的名称和值
        String attrName = srae.getName();
        Object attValue = srae.getValue();
        StringBuffer sb = new StringBuffer();
        sb.append("被替换的请求域属性名为:");
        sb.append(attrName);
        sb.append(",值为:");
```

```
            sb.append(attValue);
            srae.getServletContext().log(sb.toString());
        }
    }
```

创建上述监听器测试页面,代码如下所示。

【案例 8-22】 requestListenerOper.jsp

```
<%@ page language="java" contentType="text/html; charset=UTF-8"
    pageEncoding="UTF-8"%>
<!DOCTYPE html PUBLIC "-//W3C//DTD HTML 4.01 Transitional//EN"
    "http://www.w3.org/TR/html4/loose.dtd">
<html>
<head>
<meta http-equiv="Content-Type" content="text/html; charset=UTF-8">
<title>与请求相关的监听器测试页面</title>
</head>
<body>
<%
request.setAttribute("temp", "ZKL");
request.setAttribute("temp", "QingDao");
request.removeAttribute("temp");
%>
</body>
</html>
```

启动服务器,在浏览器中访问 http://localhost:8080/ch08/requestListenerOper.jsp,通过 Eclipse 的 Console 控制台查看监听器的运行结果,如图 8-15 所示。

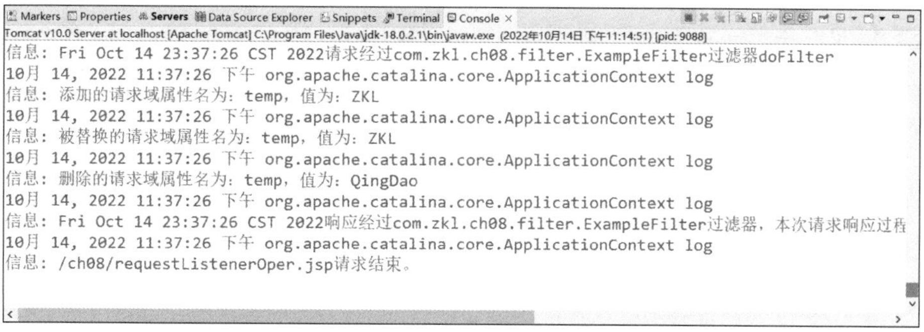

```
Markers  Properties  Servers  Data Source Explorer  Snippets  Terminal  Console ×
Tomcat v10.0 Server at localhost [Apache Tomcat] C:\Program Files\Java\jdk-18.0.2.1\bin\javaw.exe (2022年10月14日 下午11:14:51) [pid: 9088]
信息: Fri Oct 14 23:37:26 CST 2022请求经过com.zkl.ch08.filter.ExampleFilter过滤器doFilter
10月 14, 2022 11:37:26 下午 org.apache.catalina.core.ApplicationContext log
信息: 添加的请求域属性名为: temp, 值为: ZKL
10月 14, 2022 11:37:26 下午 org.apache.catalina.core.ApplicationContext log
信息: 被替换的请求域属性名为: temp, 值为: ZKL
10月 14, 2022 11:37:26 下午 org.apache.catalina.core.ApplicationContext log
信息: 删除的请求域属性名为: temp, 值为: QingDao
10月 14, 2022 11:37:26 下午 org.apache.catalina.core.ApplicationContext log
信息: Fri Oct 14 23:37:26 CST 2022响应经过com.zkl.ch08.filter.ExampleFilter过滤器, 本次请求响应过程
10月 14, 2022 11:37:26 下午 org.apache.catalina.core.ApplicationContext log
信息: /ch08/requestListenerOper.jsp请求结束。
```

图 8-15 RequestOperatorListener 监听器运行结果

本章总结

- 过滤器(Filter)也被称为拦截器,是 Servlet 技术中非常实用的技术,Web 开发人员通过 Filter 技术可以在用户访问某个 Web 资源(如 JSP、Servlet、HTML、图片、CSS 等)之前,对访问的请求和响应进行拦截,从而实现一些特殊功能,例如,验证用户访问权限、记录用户操作、对请求进行重新编码、压缩响应信息等。
- 过滤器的运行原理: 当用户的请求到达指定的网页之前,可以借助过滤器来改变这些请求的内容,此过程也称为“预处理”; 同样,当执行结果要响应到用户之前,可通过过滤器修改响应输出的内容，此过程也称为“后处理”。

- jakarta. servlet. Filter 接口定义了与 Filter 生命周期相关的方法；FilterConfig 接口用来获取过滤器的初始化参数和 Servlet 的相关信息；过滤器对象使用 FilterChain 对象调用过滤器链中的下一个过滤器，如果该过滤器是链中最后一个过滤器，那么将调用目标资源。
- 在 Servlet 3.0 以上版本中，既可以使用@WebFilter 形式的 Annotation 对 Filter 进行配置，也可以在 web. xml 文件中进行配置。
- Servlet API 提供了大量监听器接口来帮助开发者对 Web 应用内特定事件进行监听，从而当 Web 应用内这些特定事件发生时，可以回调监听器内的事件监听方法来实现一些特殊功能。
- ServletContextListener 接口用于监听代表 Web 应用程序的 ServletContext 对象的创建和销毁事件。
- ServletContextAttributeListener 接口用于监听 ServletContext(application)范围内属性的创建、删除和修改。
- HttpSessionListener 接口用于监听用户会话对象 HttpSession 的创建和销毁事件。
- HttpSessionAttributeListener 接口用于监听 HttpSession(session)范围内属性的创建、删除和修改。
- ServletRequestListener 接口用于监听 ServletRequest 对象的创建和销毁事件。
- ServletRequestAttributeListener 接口用于监听 ServletRequest(request)范围内属性的创建、删除和修改。

本章习题

1. 编写一个 Filter 需要________。

   A. 继承 Filter 类　　B. 实现 Filter 接口

   C. 继承 HttpFilter 类　　D. 实现 HttpFilter 接口

2. 在一个 Filter 中，处理 Filter 业务的是________方法。

   A. doFilter(HttpServletRequest request,HttpServletResponse response,FilterChain chain)

   B. doFilter(HttpServletRequest request,HttpServletResponse response)

   C. doFilter(ServletRequest request,ServletResponse response,FilterChain chain)

   D. doFilter(ServletRequest request,ServletResponse response)

3. 在过滤器的生命周期方法中，每当传递请求或响应时 Web 容器会调用过滤器的________方法。

   A. init　　B. service　　C. doFilter　　D. destroy

4. 在过滤器的声明配置中，可以在 web. xml 文件的________元素中配置<init-param>元素。

   A. <filter>　　B. <filter-mapping>

   C. <filter-name>　　D. <filter-class>

5. 在过滤器声明配置中，需要通过 web. xml 文件的________元素将过滤器映射到 Web 资源。

A. <filter>　　B. <filter-mapping>

C. <servlet>　　D. <servlet-mapping>

6. 过滤条件配置正确的是________。

A. <filter-class>/ * </filter-class>　　B. <url-pattern>/user/ * </url-attern>

C. <url-pattern> * </url-attern>　　D. <filter-mapping> * </filter-mapping>

7. 简要描述过滤器和监听器的功能。

第9章 CHAPTER 9 MVC模式

本章思维导图

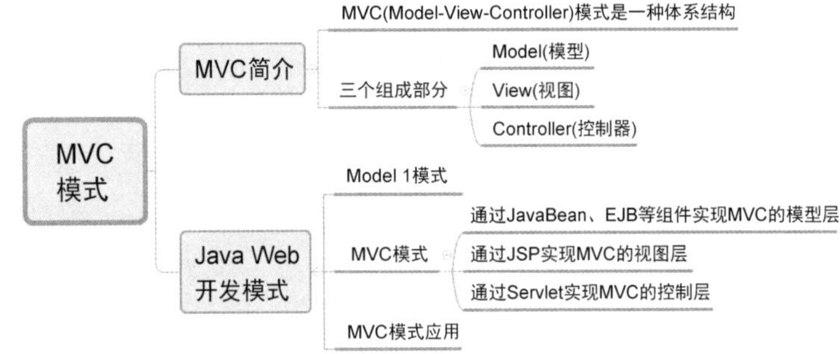

本章目标

- 理解 MVC 体系结构。
- 了解 Model 1 模式。
- 掌握 MVC 模式开发及应用。

9.1 MVC 简介

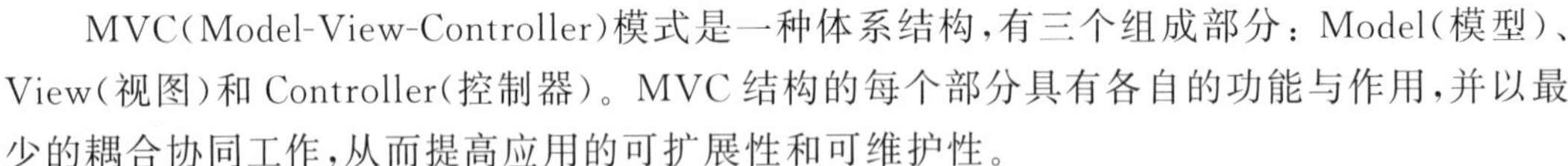

MVC(Model-View-Controller)模式是一种体系结构,有三个组成部分:Model(模型)、View(视图)和 Controller(控制器)。MVC 结构的每个部分具有各自的功能与作用,并以最少的耦合协同工作,从而提高应用的可扩展性和可维护性。

MVC 模式是交互式应用程序最为广泛使用的一种体系结构,该模式能够有效地将界面显示、流程控制、业务处理相分离,改变了传统的将输入、处理和输出功能集中在一个图形用户界面的结构,形成了多层次的软件商业应用架构。

MVC 模式结构图如图 9-1 所示。

MVC 模式结构的三个组成部分代表了软件结构的三个层级:模型层、视图层、控制器层。

(1) 模型(Model)层。模型层是应用系统的核心层,负责封装数据和业务操作。模型层可以分为数据模型和业务模型。数据模型用来对用户请求的数据和数据库查询的数据进行封装;业务模型用来对业务处理逻辑进行封装。控制器(Controller)将用户请求数据和业务处理逻辑交给相应的模型,视图(View)从模型中获取数据,模型发生改变时通知视图数

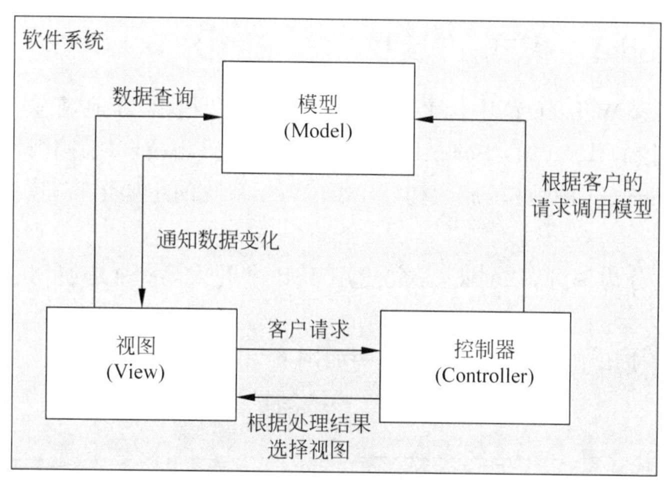

图 9-1 MVC 模式结构图

据有了更新。开发人员在后期对项目的业务逻辑进行维护时，只需要对模型层做更新、变动，而不需要牵扯到视图层，这样既可以将网页设计和程序处理完整分离，又可以使日后的维护更具弹性。

（2）视图（View）层。视图层主要指与用户交互的界面，即应用程序的外观。这层主要被当作用户的操作接口，让用户输入数据和显示数据处理后的结果。用户通过视图输入数据，并将数据转交给控制器，控制器根据用户请求调用相应的数据模型和业务模型进行处理，然后根据处理结果选择合适的视图，视图再调用模型对结果数据进行显示，同时当模型更新数据时，视图也随之更新。

（3）控制器（Controller）层。控制器层主要的工作就是控制整个系统处理的流程，其角色通常是介于视图层和模型层之间，进行数据传递和流程转向。控制器层接收用户的请求和数据，然后做出判断将请求和数据交由哪个模型来处理，最后将结果交由视图来显示模型返回的数据。

MVC 最主要的优势之一就是 Model 和 View 是分离的，这两者之间的分离使网页设计人员和程序开发人员能够独立工作、互不影响，从而提高了开发效率和维护效率。除此之外，将模型层的数据处理建立成许多组件，增加了程序的可复用性、增进了系统功能扩充的弹性；将业务流程集中在控制器层，增强了程序流程的清晰度。

MVC 并不是新概念，是早在 20 世纪 80 年代为 Smalltalk 语言发明的一种软件设计模式，随着 Web 系统的普及和发展，越来越多的应用系统，尤其是一些大型 Web 应用系统，更需要使用这样的设计思想来对其系统进行设计开发。

9.2 Java Web 开发模式

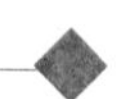

在 Java Web 应用开发的发展过程中，先后经历了 Model 1 和 Model 2 两种应用结构模式。Model 1 模式是以 JSP 为主的开发模式，Model 2 模式即 Java Web 应用的 MVC 模式；从 Model 1 模式到 Model 2 模式的发展，既是技术发展的必然，也是无数程序开发人员的心血结晶。

9.2.1 Model 1 模式

在早期的 Java Web 开发中，由于 JSP 网页可以很容易地将业务逻辑代码（如：JavaBean）和流程控制代码（如：Scriptlet）与 HTML 代码相结合快速构建一套小型系统，因此 JSP 很快取代 Servlet 的地位，成为构建 Java Web 系统的主要语言，逐渐形成以 JSP 为主的 Model 1 模式。

Model 1 模式分为两种，一种是完全使用 JSP 来开发，一种是使用 JSP＋JavaBean 来设计。

Model 1 完全使用 JSP 开发的模式结构如图 9-2 所示。

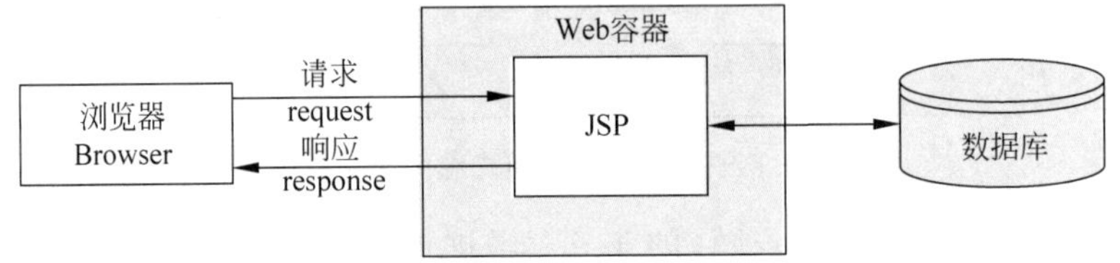

图 9-2 Model 1 JSP 模式

用户发送一个请求到服务器端，完全由 JSP 来接受处理，并将执行结果响应到客户端。

Model 1 完全使用 JSP 这种模式的优点如下。

- 开发时间缩短，程序员无须编写额外的 Servlet 及 JavaBean，只需专注开发 JSP。
- 小幅度修改非常容易，因为没有使用 Servlet 及 JavaBean，故小幅度修改程序代码时，无须重新编译。

只使用 JSP 这种模式也存在如下许多缺点。

- 程序可读性降低，且因为程序代码与网页标签混合在一起，所以增加了维护难度。
- 程序重复利用性降低，因为所有功能均编写在 JSP 中，且会在不同 JSP 中使用相同功能，所以当业务逻辑需要修改时，就必须修改所有相关的 JSP，造成维护成本较大。

Model 1 使用 JSP＋JavaBean 开发的模式结构如图 9-3 所示。

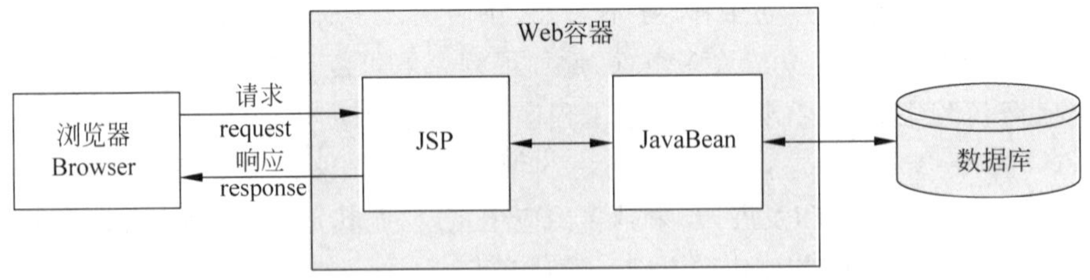

图 9-3 Model 1 JSP＋JavaBean 模式

相对于纯粹使用 JSP 开发应用程序，许多有经验的工程师都会将部分可重复利用的组件抽取出来写成 JavaBean；当用户送来一个请求时，通过 JSP 调用 JavaBean 负责相关数据的存取、逻辑运算等处理，最后将结果回传到 JSP 显示。

JSP＋JavaBean 这种模式的优点如下。

- 程序可读性增高，将复杂的程序代码写在 JavaBean 中，可以减少和网页标签混合的情况，使程序清晰易读，也更易于维护。

- 可重复利用率提高，由于通过 JavaBean 来封装重要的商业逻辑运算，故不同的 JSP 可以调用许多共享性的组件，减少了开发重复程序代码的工作，提高了开发效率。

JSP+JavaBean 这种模式也存在一些缺点：缺乏流程控制，这是此种模式最大的缺点。缺少了 MVC 中的 Controller 去控制相关的流程，需要通过 JSP 页面来负责验证请求的参数正确度、确认用户的身份权限、异常发生的处理，甚至还包括显示端的网页编码的设定。

通过上述优缺点总结可以看出，就 Model 1 整体来说，进行小型项目的开发具有非常大的优势，但是这种模式开发的结果会造成将来维护难度加大的问题，非常不利于应用程序的扩展与更新，因此大型系统的开发多采取 Model 2 MVC 架构的开发模式。

9.2.2　Model 2 模式

Java Web 的 Model 2 模式即基于 MVC 结构的设计模式。在 Model 2 模式中，通过 JavaBean、EJB 等组件实现 MVC 的模型层；通过 JSP 实现 MVC 的视图层；通过 Servlet 实现 MVC 的控制器层，通过这种设计模式把业务处理、流程控制和显示界面分成不同的组件实现，这些组件可以进行交互和重用来弥补 Model 1 的不足。

Model 2 的模式结构如图 9-4 所示。

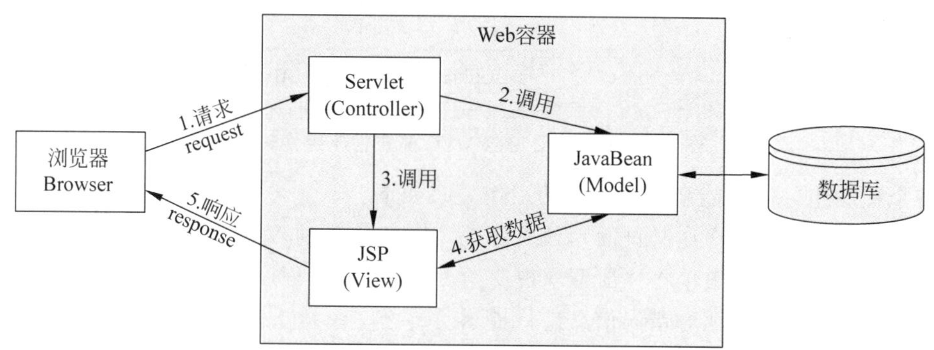

图 9-4　Model 2 模式结构

图 9-4 展示了 Model 2 模式在大多数业务逻辑中的执行过程，具体流程如下。

(1) 用户通过浏览器(网址访问或 JSP 页面操作)向 Servlet 发送请求。

(2) Servlet 根据用户请求调用相应的 JavaBean 完成对请求数据、业务操作、结果数据的处理和封装。

(3) Servlet 根据处理结果选择相应的 JSP 页面。

(4) JSP 页面调用 JavaBean 获取页面所需的结果数据。

(5) 包含结果数据的 JSP 页面被响应回客户端浏览器。

Model 2 模式的优点如下。

- 开发流程更为明确。使用 Model 2 设计模式可以完全切开显示端与商业逻辑端的开发。
- 核心的程序管控。由控制器集中控制每个请求的处理流程，减少在显示层依靠条件判断进行的流程控制代码。
- 维护容易。不论是后端业务逻辑对象还是前端的网页呈现，都通过控制中心来掌控，如果商业逻辑变更，可以仅修改 Model 端的程序，而不用去修改相关的 JSP 文件。

Model 2 模式的缺点如下。

- 学习时间较长。
- 开发时间较长，各组件间的功能分配和资源调用需要更多的时间进行系统设计。

视频讲解

9.2.3 MVC 模式应用

本节内容采用 MVC 模式实现用户注册并登录功能，如图 9-5 所示，程序包含两个 JSP 页面：register. jsp(用户注册页面)、loginSuccess. jsp(注册成功后跳转页面)；一个 Servlet：UserServlet. java(用户请求控制类)；一个 JavaBean：UserBean. java(用户信息封装、数据校验和注册数据库操作功能的 JavaBean)和两个 Java 类：DBUtil. java(模拟数据库访问的工具类)、DBUtilException. java(自定义数据库异常类)。

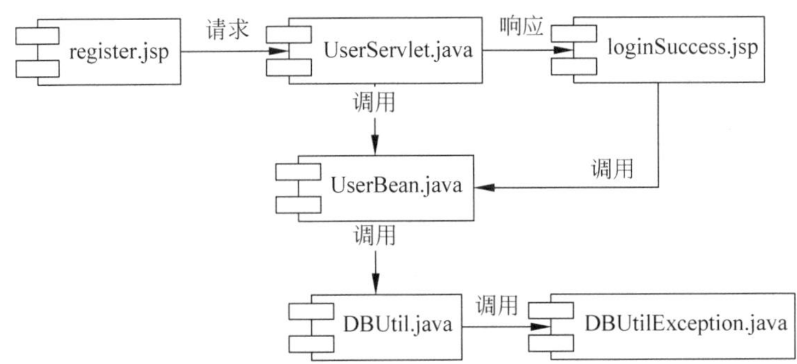

图 9-5 用户注册功能 MVC 模式程序组件关系

各个程序组件的功能和相互之间的工作关系如下。

- register. jsp(用户注册页面)，该页面为 MVC 模式的 View 层。页面实现一个用户注册表单，通过表单将注册请求提交给 UserServlet 程序处理，当程序处理出现错误时，返回注册页面对错误信息进行提示。
- UserServlet. java(用户请求控制类)，该 Servlet 为 MVC 模式的 Controller 层。该类调用 UserBean 对象完成注册请求的业务操作，同时对各业务执行的流程、异常现象处理进行统一的控制和响应。
- UserBean. java(负责用户信息封装和注册业务处理的 JavaBean)，该 JavaBean 为 MVC 模式的 Model 层，负责封装注册表单信息和注册业务处理功能。UserBean 对象由 UserServlet 控制器调用完成注册用户信息的封装、服务器端数据格式的校验、注册信息的数据库保存等业务操作，并在异常发生时转发回注册页面，注册页面获取 UserBean 对象中的异常信息并进行显示。
- DBUtil. java(模拟数据库访问的工具类)，该类提供查询和插入用户信息。
- DBUtilException. java(自定义数据库异常类)，该类是自定义的异常类，用于表示 DBUtil 数据库操作时出现的异常信息。本程序中模拟了一个用户名已被使用的异常。
- loginSuccess. jsp(注册成功页面)，该页面为 MVC 模式的 View 层。注册成功页面显示用户名信息，当单击“退出”链接时返回登录页面。
- login. jsp(登录页面)，该页面为 MVC 模式的 View 层。登录页面提供用户登录信息。

各程序组件功能实现代码如下所示。

【案例 9-1】 register.jsp

```
<%@ page language="java" contentType="text/html; charset=UTF-8"
    pageEncoding="UTF-8"
    import="com.zkl.ch09.util.DBUtil,com.zkl.ch09.bean.UserBean" %>
<%@taglib prefix="c" uri="http://java.sun.com/jsp/jstl/core" %>
<!DOCTYPE html PUBLIC "-//W3C//DTD HTML 4.01 Transitional//EN"
     "http://www.w3.org/TR/html4/loose.dtd">
<html>
<head>
<meta http-equiv="Content-Type" content="text/html; charset=UTF-8">
<title>用户注册</title>
</head>
<body>
    <!-- 判断用户是否已登录 -->
    <c:if test="${not empty sessionScope.loginuser }">
        <jsp:forward page="loginSuccess.jsp"></jsp:forward>
    </c:if>

    <h1>用户注册</h1>

    <!-- 表单验证的错误信息提示 -->
    <c:forEach items="${requestScope.registerBean.errors}" var="errors">
        <font color="red">${errors.value}</font>
    </c:forEach>

    <form action="UserServlet" method="post">
        <p>
            用户名:<input name="userName" type="text" value=""></p>
        <p>
            密码:<input name="userPass" type="password" value=""></p>
        <p>
            邮箱:<input name="email" type="text" value=""></p>
        <p>
            <input type="submit" name="submit" value="提交"></p>
    </form>
</body>
</html>
```

【案例 9-2】 UserServlet.java

```
package com.zkl.ch09.servlet;
@WebServlet("/UserServlet")
public class UserServlet extends HttpServlet {
    private static final long serialVersionUID = 1L;

    public UserServlet() {
        super();
    }

    protected void doGet(HttpServletRequest request,
            HttpServletResponse response) throws ServletException, IOException {
        this.doPost(request, response);
    }
```

```
    protected void doPost(HttpServletRequest request,
            HttpServletResponse response) throws ServletException, IOException {
        request.setCharacterEncoding("UTF-8");
        response.setContentType("text/html;charset=UTF-8");
        // 获取注册请求数据
        String userName = request.getParameter("userName");
        String userPass = request.getParameter("userPass");
        String email = request.getParameter("email");
        UserBean register = new UserBean(userName, userPass, email);

        if(!register.isValidateRegister()) {
            // 表单信息验证失败,将错误信息转发回注册页面
            request.setAttribute("registerBean", register);
            request.getRequestDispatcher("register.jsp").forward(request,
                    response);
            return;
        }
        // 向数据库中添加用户
        try {
            register.setSaveUser(register);
        } catch (DBUtilException e) {
            request.setAttribute("registerBean", register);
            request.getRequestDispatcher("register.jsp").forward(request,
                    response);
            return;
        }
        // 注册成功后,自动登录
        request.getSession().setAttribute("loginuser", register);
        response.sendRedirect("loginSuccess.jsp");
    }
}
```

【案例 9-3】 UserBean.java

```
package com.zkl.ch09.bean;
public class UserBean {
    private String userName = "";
    private String userPass = "";
    private String email = "";
    private boolean loginSuccess;
    private Map<String, String> errors = new HashMap<String, String>();
    public UserBean() {
    }
    public UserBean(String userName, String userPass, String email) {
        super();
        this.userName = userName;
        this.userPass = userPass;
        this.email = email;
    }
    /**
     * 登录信息格式验证
     * @return
     */
    public boolean isValidateLogin() {
```

```
        boolean flag = true;
        if ("".equals(this.userName.trim())) {
            this.setErrorMsg("userName", "用户名不能为空!");
            flag = false;
        }
        if ("".equals(this.userPass.trim())) {
            this.setErrorMsg("userPass", "密码不能为空!");
            flag = false;
        } else if (this.userPass.trim().length() < 6) {
            this.setErrorMsg("userPass", "密码长度不能小于 6 位!");
            flag = false;
        }
        return flag;
    }
    /**
     * 登录验证,查询是否和数据库信息一致
     * @param user
     */
    public void setUserLogin(UserBean user) {
        DBUtil db = DBUtil.getInstance();
        // 查询数据库是否有此用户名的用户
        UserBean u = db.getUser(user.getUserName());
        if (u != null) {
            // 若用户名查询存在,判断密码是否正确
            if (u.getUserPass().equals(user.getUserPass())) {
                this.loginSuccess = true;
            } else {
                user.setErrorMsg("userPass", "密码错误!");
                this.loginSuccess = false;
            }
        } else {
            user.setErrorMsg("userName", "用户名错误!");
            this.loginSuccess = false;
        }
    }
    public boolean isLoginSuccess() {
        return this.loginSuccess;
    }
    /**
     * 注册表单数据格式验证
     * @return
     */
    public boolean isValidateRegister() {
        boolean flag = true;
        if ("".equals(this.userName.trim())) {
            this.setErrorMsg("userName", "用户名不能为空!");
            flag = false;
        }
        if ("".equals(this.userPass.trim())) {
            this.setErrorMsg("userPass", "密码不能为空!");
            flag = false;
        } else if (this.userPass.trim().length() < 6) {
            this.setErrorMsg("userPass", "密码长度不能小于 6 位!");
            flag = false;
```

```
        }
        if ("".equals(this.email.trim())) {
            this.setErrorMsg("email", "邮箱地址不能为空!");
            flag = false;
        } else if (!email
                .matches("[a-zA-Z0-9_-]+@[a-zA-Z0-9_-]+(\\.[a-zA-Z0-9_-]+)
+")) {
            this.setErrorMsg("email", "邮箱地址格式不正确!");
            flag = false;
        }
        return flag;
    }
    /**
     * 若用户注册成功,将数据保存到数据库中
     * @param register
     * @throws DBUtilException
     */
    public void setSaveUser(UserBean register) throws DBUtilException{
        DBUtil db = DBUtil.getInstance();
        try {
            // 向数据库中添加用户
            db.insert(register);
        } catch (DBUtilException ex) {
            // 对数据库操作抛出的异常进行处理
            register.setErrorMsg("userName", ex.getMessage());
            throw ex;
        }
    }
    public void setErrorMsg(String obj, String errorMsg) {
        errors.put(obj, errorMsg);
    }
    public String getUserName() {
        return userName;
    }
    public void setUserName(String userName) {
        this.userName = userName;
    }
    public String getUserPass() {
        return userPass;
    }
    public void setUserPass(String userPass) {
        this.userPass = userPass;
    }
    public String getEmail() {
        return email;
    }
    public void setEmail(String email) {
        this.email = email;
    }
    public Map<String, String> getErrors() {
        return errors;
    }
}
```

【案例 9-4】 DBUtil.java

```
package com.zkl.ch09.util;
/**
 * 数据库操作工具类
 * @author zkl
 */
public class DBUtil {
    private static DBUtil instance = new DBUtil();
    private Map<String, UserBean> userTable = new Hashtable<String, UserBean>();
    /**
     * 模拟数据库数据
     */
    privateDBUtil() {
        UserBean u1 = new UserBean("zhangs", "123456", "zhangs@qq.com");
        UserBean u2 = new UserBean("lisi", "123456", "lisi@qq.com");
        UserBean u3 = new UserBean("fengjj", "123456", "fengjj@qq.com");
        userTable.put("zhangs", u1);
        userTable.put("lisi", u2);
        userTable.put("fengjj", u3);
    }
    public static DBUtil getInstance() {
        return instance;
    }
    /**
     * 根据用户名查询用户对象
     * @param userName
     * @return
     */
    public UserBean getUser(String userName) {
        return userTable.get(userName);
    }
    /**
     * 添加用户
     * @param register
     * @throws DBUtilException
     */
    public void insert(UserBean register) throws DBUtilException {
        // 判断此用户名的用户是否已存在
        if (this.getUser(register.getUserName()) != null) {
            // 若用户名已存在,抛出自定义数据库操作异常对象
            throw new DBUtilException("用户名已存在!");
        }
        userTable.put(register.getUserName(), register);
    }
}
```

【案例 9-5】 DBUtilException.java

```
package com.zkl.ch09.util;
/**
 * 数据库操作自定义异常类
 * @author zkl
 */
```

```
public class DBUtilException extends Exception {

    private static final long serialVersionUID = 1L;

    public DBUtilException(String msg) {
        super(msg);
    }
}
```

【案例 9-6】 LoginSuccess.jsp

```
<%@ page language="java" contentType="text/html; charset=UTF-8"
    pageEncoding="UTF-8"%>
<%@taglib prefix="c" uri="http://java.sun.com/jsp/jstl/core"%>
<!DOCTYPE html PUBLIC "-//W3C//DTD HTML 4.01 Transitional//EN" "http://www.w3.org/TR/html4/
loose.dtd">
<html>
<head>
<meta http-equiv="Content-Type" content="text/html; charset=UTF-8">
<title>用户信息显示</title>
</head>
<body>
    <!-- 判断用户是否已登录 -->
    <c:if test="${empty sessionScope.loginuser }">
        <jsp:forward page="login.jsp"></jsp:forward>
    </c:if>

    <p>欢迎您:${sessionScope.loginuser.userName }</p>
    <p><a href="loginSuccess.jsp?action=logout">退出</a></p>

    <!--若用户请求退出 -->
    <c:if test="${param.action=='logout'}">
        <%
        session.invalidate();
        response.sendRedirect("login.jsp");
        %>
    </c:if>
</body>
</html>
```

【案例 9-7】 login.jsp

```
<%@ page language="java" contentType="text/html; charset=UTF-8"
    pageEncoding="UTF-8"
    import="com.zkl.ch09.util.DBUtil,com.zkl.ch09.bean.UserBean"%>
<%@taglib prefix="c" uri="http://java.sun.com/jsp/jstl/core"%>
<!DOCTYPE html PUBLIC "-//W3C//DTD HTML 4.01 Transitional//EN"
     "http://www.w3.org/TR/html4/loose.dtd">
<html>
<head>
<meta http-equiv="Content-Type" content="text/html; charset=UTF-8">
<title>用户登录</title>
</head>
<body>
    <!-- 判断用户是否已登录 -->
```

```
    <c:if test = "${not empty sessionScope.loginuser }">
        <jsp:forward page = "loginSuccess.jsp"></jsp:forward>
    </c:if>
    <!-- 定义或获取一个 JavaBean -->
    <jsp:useBean id = "loginBean"
        class = "com.zkl.ch09.bean.UserBean" scope = "page"></jsp:useBean>
    <!-- 是否为表单提交的请求 -->
    <c:if test = "${not empty param.submit }">
        <jsp:setProperty property = " * " name = "loginBean" />
        <jsp:setProperty property = "userLogin" value = "${loginBean}" name = "loginBean" />
        <!-- 用户名和密码格式是否正确 -->
        <c:if test = "${loginBean.validateLogin}">
            <!-- 登录信息数据库验证是否成功 -->
            <c:if test = "${loginBean.loginSuccess }">
                <%
                session.setAttribute("loginuser", loginBean);
                response.sendRedirect("loginSuccess.jsp");
                %>
            </c:if>
        </c:if>
    </c:if>
    <h1>用户登录</h1>
    <!-- 表单验证的错误信息提示 -->
    <c:forEach items = "${loginBean.errors}" var = "errors">
        <font color = "red">${errors.value}</font>
    </c:forEach>
    <form action = "login.jsp" method = "post">
        <p>
            用户名:<input name = "userName" type = "text" value = "">
        </p>
        <p>
            密码:<input name = "userPass" type = "password" value = "">
        </p>
        <p>
            <input type = "submit" name = "submit" value = "提交">
        </p>
    </form>
</body>
</html>
```

启动服务器，在浏览器中访问 http://localhost:8080/ch09/register.jsp，运行结果如图 9-6 所示。

图 9-6 register.jsp 运行结果

在图 9-6 中单击“提交”按钮，跳转到登录成功页面，如图 9-7 所示。

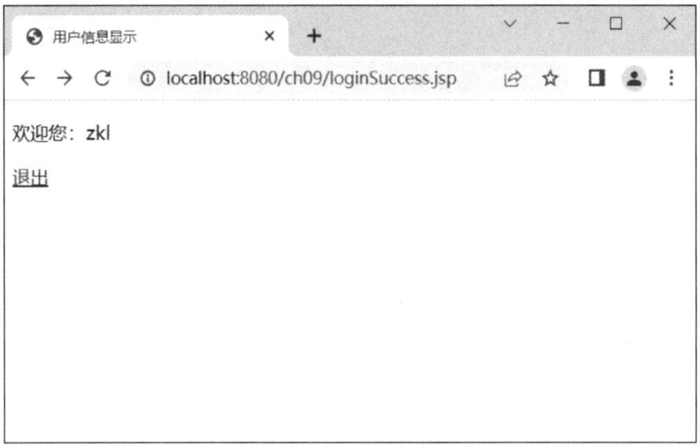

图 9-7 登录成功页面

单击“退出”链接，跳转到登录页面，如图 9-8 所示。

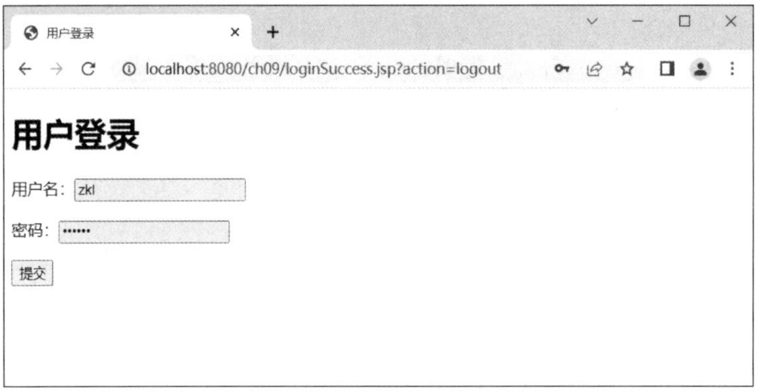

图 9-8 登录页面

本章总结

- MVC 模式是一种体系结构，MVC 是 Model-View-Controller 的缩写，代表了它的三个组成部分：Model（模型）、View（视图）和 Controller（控制器）。
- 模型层是应用系统的核心层，负责封装数据处理和业务操作。
- 视图层主要指与用户交互的界面，即应用程序的外观。
- 控制器层主要的工作就是控制整个系统处理的流程。
- Model 1 模式是以 JSP 为主的开发模式，Model 1 模式分为两种：一种是完全使用 JSP 来开发，一种是使用 JSP+JavaBean 来设计。
- Model 1 模式进行快速及小型项目的应用开发具有非常大的优势，但这种开发模式会造成未来维护难度加大的问题，非常不利于应用程序的扩展与更新。
- Java Web 的 Model 2 模式即基于 MVC 结构的设计模式。
- Model 2 模式中，通过 JavaBean、EJB 等组件实现 MVC 的模型层；通过 JSP 实现 MVC 的视图层；通过 Servlet 实现 MVC 的控制器层。

- Model 2 模式把业务处理、流程控制和显示界面分成不同的组件实现,这些组件可以进行交互和重用来弥补 Model 1 的不足。

本章习题

1. 在 JavaWeb 应用中,MVC 设计模式中的 V(视图)通常由________充当。

A. JSP　　B. Servlet　　C. Action　　D. JavaBean

2. MVC 属于________。

A. Model 1(JSP+JavaBean)　　B. Model 2(JSP+Servlet+JavaBean)

C. Model 3　　D. Model 4

3. 在 MVC 设计模式中,JavaBean 的作用是________。

A. Controller　　B. Model　　C. 业务数据的封装　　D. View

4. JSP 设计的目的在于简化________的表示。

A. 设计层　　B. 模型层　　C. 表示层　　D. 控制器层

5. 在 MVC 架构中________代表企业数据和业务规则,用来控制访问和数据更新。

A. 模型　　B. 视图　　C. 控制器　　D. 模型和控制器

6. 在 MVC 架构中________把与视图的交互转化成模型执行的动作。

A. 模型　　B. 视图　　C. 控制器　　D. 模型和控制器

7. 下面关于 MVC 的说法不正确的是________。

A. M 表示 Model 层,是存储数据的地方

B. View 表示视图层,负责向用户显示外观

C. Controller 是控制器层,负责控制流程

D. 在 MVC 架构中 JSP 通常作为控制器层

第10章 异步刷新

CHAPTER 10

本章思维导图

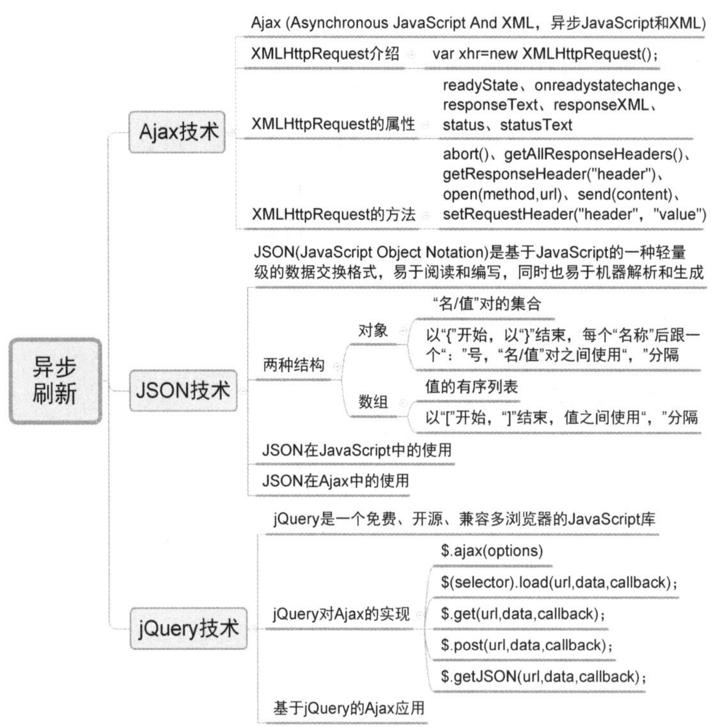

本章目标

- 了解 Ajax 的特点及工作原理。
- 掌握 XMLHttpRequest 对象的属性、方法的使用。
- 掌握使用 Ajax 实现 JSP 页面动态无刷新效果。
- 掌握使用 Ajax 操作 JSON 数据。
- 了解 jQuery 的特点及基础语法。

10.1 Ajax 技术

在传统的 Web 应用中，Web 客户端和服务器采用"发送请求—等待—响应新页面或刷

新整个当前页面”的交互模式。随着 Web 应用的广泛普及和对用户体验度的追求，这种模式的弊端也逐渐暴露出来。例如当用户注册时，假若数据库中有该用户名，而注册者并不知情，然后等到都填写完毕后单击“注册”按钮，突然程序提示该用户名已经被占用，于是又回到注册界面，发现原来填写的注册信息需要重新再填写一遍。这时用户肯定会想，如果注册时在填完用户名后，不用刷新当前页面，程序就能自动验证用户名是否存在该有多方便呀。其实自 Web 诞生之日起，就有类似的问题一直困扰着应用开发者们，也先后出现了一些解决方案，比如< frameset >和< frame >标签，它们在一定程度上提供了解决之道，但繁多的页面嵌套令人眼花缭乱，随后又出现了< iframe >标签，但同样未能解决问题。

2005 年，Google 通过其 Google Suggest 使 Ajax 变得流行起来。Google Suggest 使用 Ajax 创造出动态性极强的 Web 界面：在 Google 的搜索框输入关键字时，JavaScript 会把这些字符发送到服务器，然后服务器会返回一个搜索建议的列表。随后 Google 又推出了典型的富客户端应用 Google Maps。Google Maps 的地图支持鼠标的拖动和放大、缩小，地图随着鼠标的拖动进行新数据的加载，但页面本身却无须重新加载。这种整页无刷新下的动态交互性效果，使 Web 应用达到了近似桌面应用的效果，Ajax 技术随之迅速风靡。

10.1.1 Ajax 简介

Ajax(Asynchronous JavaScript And XML，异步 JavaScript 和 XML)是一种对传统 Web 应用模式进行扩展的技术，使得“不刷新页面向服务器发起请求”成为可能。在 Ajax 的帮助下，可以在不重新加载整个网页的情况下，通过异步请求方式对网页的局部进行更新，改善了传统网页(不使用 Ajax)要想更新内容必须重载整个网页的情况。

在传统的 Web 应用模型下，客户机(浏览器或者本地机器上运行的代码)向服务器发出请求，然后服务器开始处理(接收数据、执行业务逻辑、访问数据库等)，这期间客户机只能等待，如果请求需要大量的服务器处理，那么等待的时间可能更长。这种传统 Web 应用程序让人感到笨拙或缓慢的原因是缺乏真正的交互性。传统 Web 应用这种“发送请求—等待—发送请求—等待”的请求方式也被称为同步请求，图 10-1 描述了这种同步请求方式随着时间轴的执行过程。

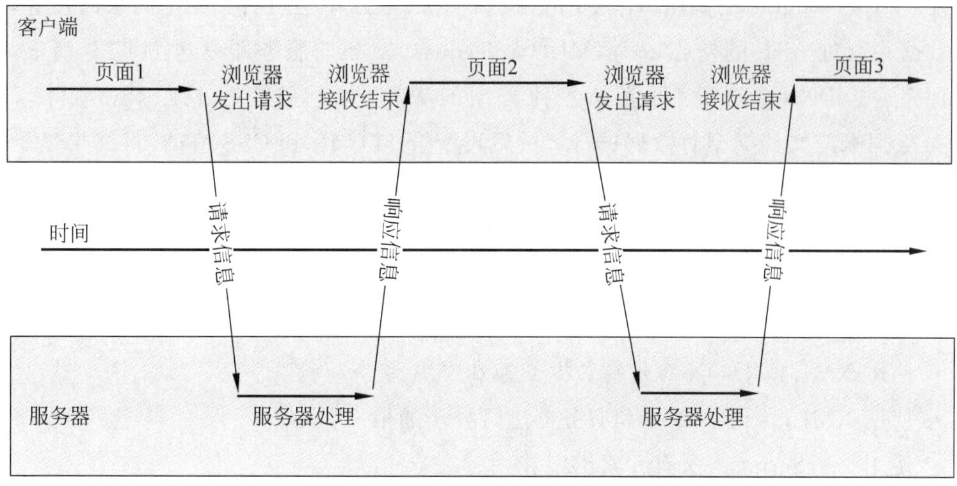

图 10-1　传统 Web 应用同步请求执行时间轴

Ajax 请求是异步的,或者说是非阻塞的。Ajax 应用通过在客户端浏览器和服务器之间引入一个媒介——Ajax Engine 来发送异步请求,客户端可以在响应未到达之前继续当前页面的其他操作,Ajax Engine 则继续监听服务器的响应状态,在服务器完成响应后,获取响应结果更新当前页面内容。这种请求方式改变了传统的"发送请求—等待—发送请求—等待"的特性,极大地提高了用户体验。图 10-2 描述了这种异步请求方式随着时间轴的执行过程。

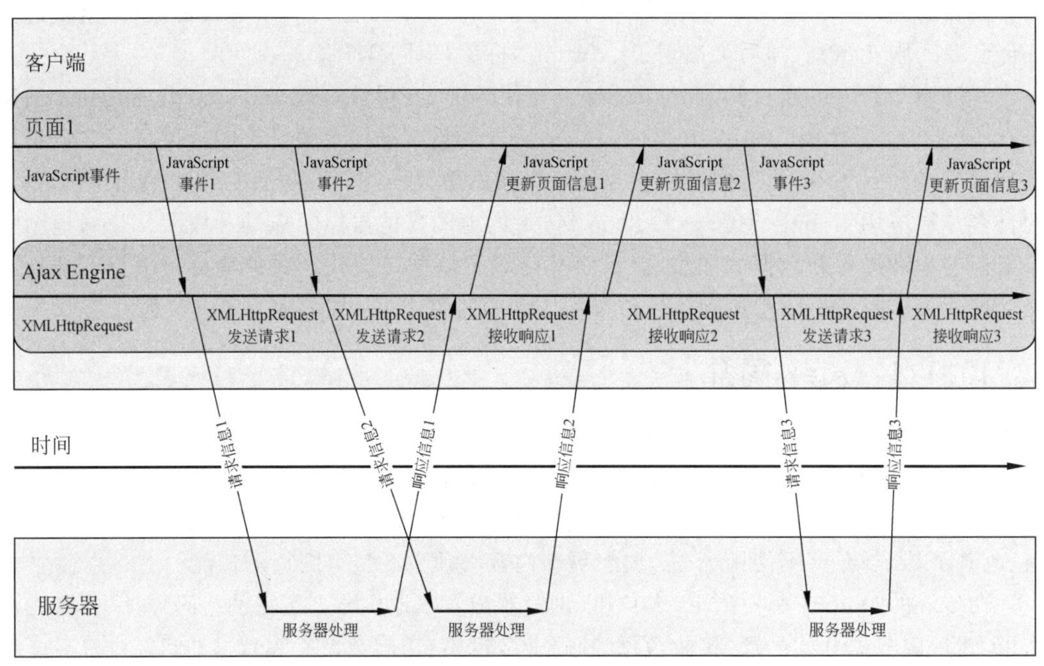

图 10-2 Ajax 应用异步请求执行时间轴

图 10-3 对传统 Web 应用与 Ajax 应用的请求过程进行了比较。

由图 10-3 可以看出,Ajax 应用与传统 Web 应用相比,客户端浏览器通过 JavaScript 事件触发对 Ajax Engine 的调用,Ajax Engine 在 Ajax 应用中担负着一个中间层的任务,负责收集数据并通过 Ajax 的核心——XMLHttpRequest 对象向服务器发送 HTTP 请求,服务器处理完后返回响应结果(可能是各种类型的数据,如字符串、XML、JSON 等),Ajax Engine 根据响应文档类型对数据进行解析后再配合 HTML 和 CSS 渲染,将结果显示到客户端页面。

基于 Ajax 的应用程序会用到如下关键技术。

- 使用 XHTML(HTML)和 CSS 构建标准化的展示层。
- 使用 DOM 进行动态显示和交互。
- 使用 XML 或 JSON 等进行数据交换和操纵。
- 使用 XMLHttpRequest 和服务器进行异步通信。
- 使用 JavaScript 将所有元素绑定在一起。

其中 XMLHttpRequest 是 Ajax 技术得以实现的一个重要的 JavaScript 对象。

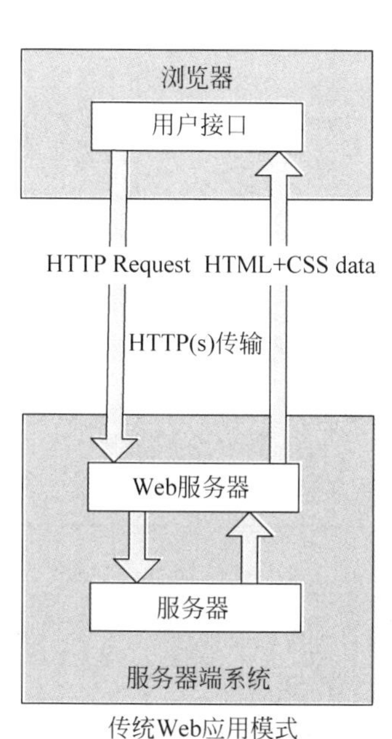

传统Web应用模式

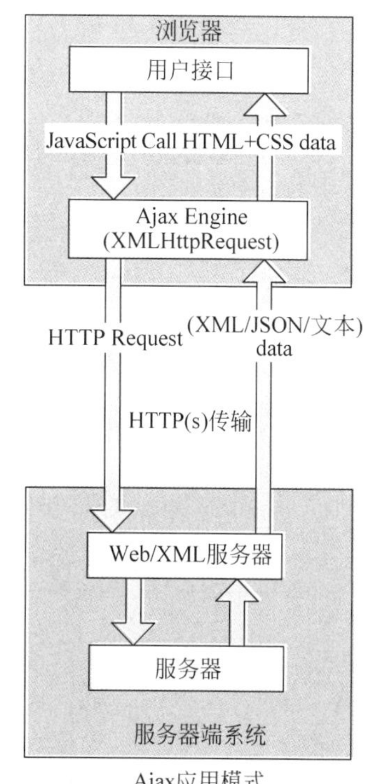

Ajax应用模式

图 10-3　传统 Web 应用与 Ajax 应用请求过程对比

10.1.2　XMLHttpRequest 介绍

XMLHttpRequest 是浏览器的一种高级特性，最初只有 IE 浏览器上实现了这种特性，随后几乎所有主要的浏览器都实现了这一特性。XMLHttpRequest 实质上是一个 JavaScript 对象，是 Ajax 的核心，使用这个对象可以在客户端向服务器发起 HTTP 请求，并且可以访问和处理服务器返回的应答数据。

目前，几乎所有浏览器（如 IE10、Firefox、Chrome、Safari 以及 Opera）均支持 XMLHttpRequest 对象，仅有一些老版本的 IE（如 IE5 和 IE6）使用 ActiveXObject 对象。两种对象的创建代码如下所示。

【示例】 XMLHttpRequest 对象创建

```
var xhr = new XMLHttpRequest();
```

【示例】 IE5、IE6 中 ActiveXObject 对象的创建

```
var activeObj  = new ActiveXObject("Microsoft.XMLHTTP");
```

为了兼顾上述两种情况对 Ajax 的支持，同时也使代码更加严谨，可以如下述代码所示，分别对两种对象进行创建尝试，若均不能正常创建，则向用户提示错误信息。

【示例】 XMLHttpRequest 对象创建

```
var xhr =  false;
try {
    // 适用于 IE7 + , Firefox, Chrome, Opera, Safari
```

```
    xhr = new XMLHttpRequest();
} catch (e) {
    try {
        // 适用于 IE6, IE5
        xhr = new ActiveXObject("Microsoft.XMLHTTP");
    } catch (e1) {
        xhr = false;
    }
}
if (!xhr)
    alert("初始化 XMLHttpRequest 对象失败!");
```

10.1.3 XMLHttpRequest 的属性

XMLHttpRequest 对象的属性如表 10-1 所示。

表 10-1 XMLHttpRequest 对象属性

属　性	描　述
readyState	表示异步请求过程中的各种状态
onreadystatechange	每次状态改变所触发事件的事件处理程序
responseText	从服务器进程返回的数据的字符串形式
responseXML	从服务器进程返回的 XML 文档数据对象
status	从服务器返回的响应状态码,例如 404(未找到)或 200(就绪)
statusText	伴随状态码的字符串信息

XMLHttpRequest 对象把一个 HTTP 请求发送到服务器会经历若干种状态,XMLHttpRequest 对象通过 readyState 属性来描述这些状态,如表 10-2 所示。

表 10-2 readyState 属性

readyState 取值	描　述
0	描述一种"未初始化"状态,此时,已经创建了一个 XMLHttpRequest 对象,但还没有初始化
1	描述一种"待发送"状态,此时,代码已经调用了 XMLHttpRequest.open()方法并且 XMLHttpRequest 已经准备好把一个请求发送到服务器
2	描述一种"发送"状态,此时 XMLHttpRequest 对象已经通过 send()方法把一个请求发送到服务器端,但是还没有收到响应
3	描述一种"正在接收"状态,此时 Ajax Engine 已经接收到 HTTP 响应头部信息,但是消息体部分还没有完全接收结束
4	描述一种"已加载"状态,此时,响应已经被完全接收

除 readyState 属性外,表 10-1 中的其他属性介绍如下。

- onreadystatechange 属性用于存储函数(或函数名),每当 readyState 属性改变时,就会调用该函数,因此该函数正常情况下会被调用 4 次。在该函数中,通常只需在 readyState 值为 4 时做数据的获取和处理工作。
- responseText 属性包含客户端接收到的 HTTP 响应的文本内容。当 readyState 值为 0、1、2 时,responseText 包含一个空字符串;当 readyState 值为 3(正在接收)时,响应中包含客户端还未完成的响应信息;当 readyState 值为 4(已加载)时,该

responseText 包含完整的响应信息。

- responseXML 属性用于当接收到完整的 HTTP 响应时(readyState 为 4)描述 XML 响应。此时,Content-Type 头部指定 MIME(媒体)类型为 text/xml、application/xml 或以 + xml 结尾。如果 Content-Type 头部并不包含这些媒体类型之一,那么 responseXML 的值为 null。无论何时,只要 readyState 值不为 4,则该 responseXML 的值为 null。其实,responseXML 属性值是一个文档接口类型的对象,用来描述被分析的文档。如果文档不能被分析(例如,如果文档不是良构的或不支持文档相应的字符编码),那么 responseXML 的值为 null。
- status 属性描述了 HTTP 状态码,类型为 short。需要注意的是,仅当 readyState 值为 3(正在接收中)或 4(已加载)时,这个 status 属性才可用。当 readyState 的值小于 3 时试图存取 status 的值将引发一个异常。常用的 HTTP 状态码有:200(请求成功)、202(请求被接受但处理未完成)、400(错误请求)、404(请求资源未找到)、500(内部服务器错误)。可根据 status 获取的状态码对响应结果进行有针对性的处理。
- statusText 属性描述了 HTTP 状态代码文本,并且仅当 readyState 值为 3 或 4 时才可用。当 readyState 为其他值时,试图存取 statusText 属性将引发一个异常。

10.1.4 XMLHttpRequest 的方法

XMLHttpRequest 的方法如表 10-3 所示。

表 10-3 XMLHttpRequest 的方法

方 法	描 述
abort()	停止当前请求
getAllResponseHeaders()	获取所有 HTTP 头部,以名/值对形式返回
getResponseHeader("header")	返回指定 HTTP 头部的串值
open(method,url)	建立对服务器的调用,method 参数可以是 get、post 或 put,url 参数可以是相对 URL 或绝对 URL。这个方法还包括 3 个可选参数
send(content)	向服务器发送请求
setRequestHeader("header","value")	把指定请求头设为提供的值,在设置任何请求头之前必须先调用 open()方法

对表 10-3 中的各方法解释如下。

(1) void open(method, url, asynch, username, password)。

open()方法会建立对服务器的调用,这是初始化一个请求的纯脚本方法。前两个是必选的参数,后 3 个是可选参数,具体含义如下。

- method: 特定的请求方法,如 GET、POST、PUT。
- url: 所调用资源的 URL。
- asynch: 指定是异步调用还是同步调用,默认值为 true,表示请求本质上是异步的,如果值为 false,处理就会等待,直到服务器返回响应为止,由于异步调用是使用 Ajax 的主要优势,因此此参数应设为 true。
- username: 指定一个特定的用户名。
- password: 指定密码。

(2) void send(content)。

send()方法用于向服务器发出请求。如果请求声明为异步的,这个方法就会立即返回,否则它会等待直到接收到响应为止,可选参数可以是 DOM 对象的实例、输入流或者字符串,传入这个方法的内容会作为请求体的一部分发送。

(3) void setRequestHeader(header, value)。

setRequestHeader()方法用于为 HTTP 请求中一个给定的请求头设置值。此方法必须在调用 open()之后才能调用。方法中各参数的含义如下。

- header:要设置的请求名称。
- value:要设置的值。

(4) void abort()。

该方法用于停止请求。

(5) string getAllResponseHeaders()。

这个方法的核心功能返回一个字符串,包含 HTTP 请求的所有响应头部,头部包括 Content-Length、Date 和 URI 等。

(6) string getResponseHeader(header)。

这个方法与 getAllResponseHeader()对应,用于获得特定响应头部值,并把这个值作为字符串返回。

视频讲解

10.1.5 Ajax 示例

一个 Ajax 应用示例的实现通常需要经过如下几个步骤。

(1) 在页面中定义 Ajax 请求的触发事件。

(2) 创建 XMLHttpRequest 对象。

(3) 确定请求地址和请求参数。

(4) 调用 XMLHttpRequest 对象的 open()方法建立对服务器的调用。

(5) 通过 XMLHttpRequest 对象的 onreadystatechange 属性指定响应事件处理函数。

(6) 在函数中根据响应状态进行数据获取和数据处理工作。

(7) 调用 XMLHttpRequest 对象的 send()方法向服务器发出请求。

下述实例演示在用户输入完区号时,触发 Ajax 异步请求,从服务器获取区号所对应的省市信息,并对页面中相应的省市文本域进行更新填充。最终运行结果如图 10-4 所示。

图 10-4 示例运行结果图

【案例 10-1】 ajaxDemo.jsp

```
<%@ page language="java" contentType="text/html; charset=UTF-8"
    pageEncoding="UTF-8"%>
<!DOCTYPE html PUBLIC "-//W3C//DTD HTML 4.01 Transitional//EN"
    "http://www.w3.org/TR/html4/loose.dtd">
<html>
<head>
<meta http-equiv="Content-Type" content="text/html; charset=UTF-8">
<title>Ajax 示例</title>
</head>
<script type="text/javascript">
    // 定义一个全局的 XMLHttpRequest 对象
    var xhr = false;
    // 创建 XMLHttpRequest 对象
    function createXHR() {
        try {
            // 适用于 IE7+, Firefox, Chrome, Opera, Safari
            xhr = new XMLHttpRequest();
        } catch (e) {
            try {
                // 适用于 IE6, IE5
                xhr = new ActiveXObject("Microsoft.XMLHTTP");
            } catch (e1) {
                xhr = false;
            }
        }
        if (!xhr)
            alert("初始化 XMLHttpRequest 对象失败!");
    }
    // 进行 Ajax 请求和响应结果处理
    function ajaxProcess(obj) {
        // 创建 XMLHttpRequest 对象
        createXHR();
        // 获取请求数据
        var zipcode = obj.value;
        // 设定请求地址
        var url = "AjaxServlet?zipcode=" + zipcode;
        // 建立对服务器的调用
        xhr.open("GET", url, true);
        // 指定响应事件处理函数
        xhr.onreadystatechange = function(){
            // 当 readyState 等于 4 且状态为 200 时,表示响应已就绪
            if (xhr.readyState == 4 && xhr.status == 200) {
                // 对响应结果进行处理
                var responseData = xhr.responseText.split(",");
                // 将响应数据更新到页面控件中显示
                document.getElementById("province").value = responseData[0];
                document.getElementById("city").value = responseData[1];
            }
        };
        // 向服务器发出请求
        xhr.send(null);
    }
```

```
</script>
<body>
    <h2>获取区号对应的省市信息</h2>
    <p>
        区号:<input name="zipcode" id="zipcode" type="text"
            onblur="ajaxProcess(this)">
    </p>
    <p>
        省:<input name="province" id="province" type="text">
    </p>
    <p>
        市:<input name="city" id="city" type="text">
    </p>
</body>
</html>
```

【案例 10-2】 AjaxServlet.java

```
package com.zkl.ch10.servlet;
/**
 * Ajax 请求处理
 */
@WebServlet("/AjaxServlet")
public class AjaxServlet extends HttpServlet {
    private static final long serialVersionUID = 1L;
    public AjaxServlet() {
        super();
    }
    protected void doGet(HttpServletRequest request, HttpServletResponse response) throws
ServletException, IOException {
        // 使用 Map 模拟一个包含区号、省市的数据库
        Map<String,String> datas = new HashMap<String,String>();
        datas.put("0532", "山东,青岛");
        datas.put("0351", "山西,太原");
        datas.put("0474", "内蒙古,乌兰察布");
        // 设置请求和响应内容编码
        request.setCharacterEncoding("UTF-8");
        response.setContentType("text/html;charset=UTF-8");
        // 获取 Ajax 请求数据
        String zipcode = request.getParameter("zipcode");
        // 根据区号从模拟数据库中查询省市信息
        String data = datas.get(zipcode);
        if(data == null){
            data = "Error,Error";
        }
        // 将请求结果数据响应输出
        response.getWriter().print(data);
    }
    protected void doPost(HttpServletRequest request, HttpServletResponse response) throws
ServletException, IOException {
    }
}
```

10.2 JSON 技术

10.2.1 JSON 简介

JSON(JavaScript Object Notation)是基于 JavaScript 的一种轻量级的数据交换格式，易于阅读和编写，同时也易于机器解析和生成。JSON 采用完全独立于语言的文本格式，但是也使用了类似于 C 语言家族的格式(包括 C、C++、C＃、Java、JavaScript 等)。JSON 的这些特性使其成为理想的数据交换语言。

JSON 有以下两种结构。

(1) “名/值”对的集合(a collection of name/value pairs)：在不同的语言中，它被理解为对象、结构、关联数组等。

(2) 值的有序列表(an ordered list of values)：在大部分语言中，它被理解为数组。

这两种结构都是常见的数据结构，事实上大部分现代计算机语言都以某种形式支持它们，这也使得一种数据格式在基于这些结构的编程语言之间的交换成为可能。

对这两种结构在编程语言中所体现的元素说明如下。

(1) 对象。

对象是一个无序的“名/值”对集合。一个对象以“{”开始，“}”结束。每个“名称”后跟一个“:”号，“名/值”对之间使用“,”分隔。其结构如图 10-5 所示。

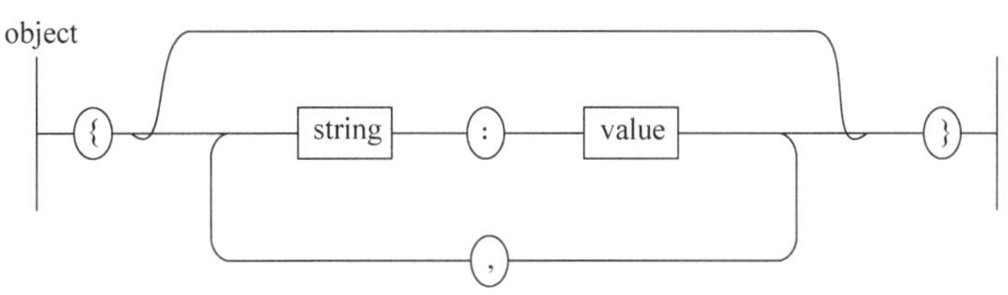

图 10-5 对象的结构形式

【示例】 一个用户对象

```
{
"firstName":"Jenny",
"lastName":"Zhao",
"email":"zkl@qq.com"
}
```

(2) 数组。

数组是值(value)的有序集合。一个数组以“[”开始，“]”结束。值之间使用“,”分隔。其结构如图 10-6 所示。

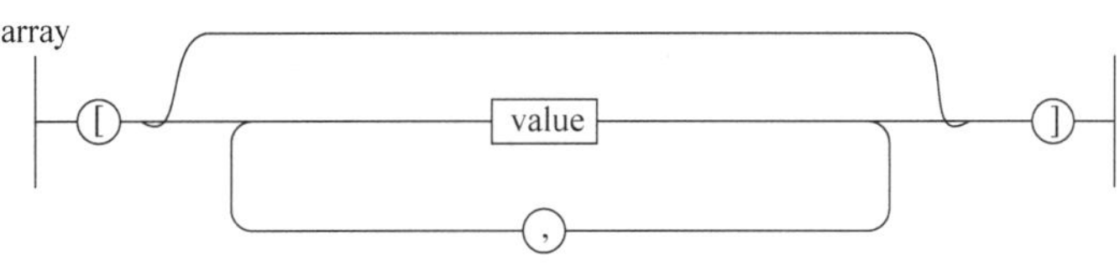

图 10-6 数组的结构形式

【示例】 一个用户对象数组

```
[
{"firstName":"Jenny","lastName":"Zhao","email":"zkl@qq.com"},
{"firstName":"Jone","lastName":"Liu","email":"jone@qq.com"},
{"firstName":"Lucy","lastName":"Wang","email":"lucy@qq.com"}
]
```

从上述编程语言元素的结构描述来看,JSON 数据结构清晰,可读性强,可以很好地对一些复杂数据结构进行描述。

在 JSON 出现之前,XML 一直是应用程序间进行数据交互的首选格式。下述两个示例对这两种数据格式做了一个简单的对比。例如描述一个名称为"users"的数组对象,分别采用 JSON 和 XML 的表现形式如下。

【示例】 JSON 格式的名称为 users 的数组对象

```
{ "users": [
{"firstName":"Jenny","lastName":"Zhao","email":"zkl@qq.com"},
{"firstName":"Jone","lastName":"Liu","email":"jone@qq.com"},
{"firstName":"Lucy","lastName":"Wang","email":"lucy@qq.com"}
] }
```

【示例】 XML 格式的名称为 users 的数组对象

```
<users>
     <user>
       <firstName>KeLing</firstName>
       <lastName>Zhao</lastName>
       <email>zkl@qq.com</email>
     </user>
     <user>
       <firstName>Jone</firstName>
       <lastName>Liu</lastName>
       <email>jone@qq.com</email>
     </user>
     <user>
       <firstName>Luncy</firstName>
       <lastName>Wang</lastName>
       <email>lucy@ithixun.com</email>
     </user>
</users>
```

对 JSON 格式和 XML 格式进行如下比较。

- 可读性:JSON 和 XML 的可读性可谓不相上下,XML 略占上风。
- 可扩展性:XML 天生有很好的扩展性,JSON 当然也有,没有什么是 XML 能扩展,JSON 不能的。
- 编码难度:XML 有丰富的编码工具,如 Dom4j、JDom 等,JSON 也有 json.org 提供的工具,JSON 的编码明显比 XML 容易许多,即使不借助工具也能写出 JSON 的代码,相比之下要写好 XML 就不太容易了。
- 解码难度:XML 的解析得考虑子节点与父节点的关系,让人头昏眼花,而 JSON 的解析难度几乎为零。

- 流行度：目前在 Ajax 领域，JSON 凭借自身的优势其流行度已远远超过 XML。

10.2.2 JSON 在 JavaScript 中的使用

JSON 是 JavaScript 的原生格式，这意味着在 JavaScript 中处理 JSON 数据不需要任何特殊的 API 或工具包。

在 JavaScript 中，可将一个 JSON 数据赋值给一个 JavaScript 变量，如下述示例所示。

【示例】 将 JSON 数据赋值给变量

```
var usersArray =
{ "users": [
{"firstName":"Jenny","lastName":"Zhao","email":"zkl@qq.com"},
{"firstName":"Jone","lastName":"Liu","email":"jone@qq.com"},
{"firstName":"Lucy","lastName":"Wang","email":"lucy@qq.com"}
] };
```

上述示例将创建一个 JavaScript 对象 usersArray。

在 JavaScript 中，可使用 JavaScript 对象的方式访问 JSON 数据。例如，获取上述示例中第一个用户的 firstName 信息的代码如下。

【示例】 获取 JSON 数据中对象信息

```
usersArray.users[0].firstName
```

可以用点号和括号访问数据的方式对 JSON 数据进行修改。例如修改第一个示例中第一个用户的 email 信息的代码如下。

【示例】 对 JSON 数据进行修改

```
usersArray.users[0].email ="jenny@qq.com";
```

JavaScript 可以使用 eval()函数将 JSON 文本转化为 JavaScript 对象。例如，对 Ajax 请求响应结果(假设响应数据格式为 JSON)转换的代码如下。

【示例】 将 JSON 文本转换为 JavaScript 对象

```
// 定义 JSON 文本变量
var text = "{\"province\" : \"山东\", \"city\" : \"青岛\"}";
// 将 JSON 文本转换为 JavaScript 对象
var jsonObj = eval("(" + text + ")");
// 获取对象属性值
alert(jsonObj.city);
```

需要注意的是，在 eval()函数中使用额外的圆括号，可使 eval()函数将参数值无条件地视为表达式进行解析。

10.2.3 JSON 在 Ajax 中的使用

视频讲解

在 Ajax 应用中，XMLHttpRequest 对象可以通过 responseText 属性获取字符串格式的响应数据，或通过 responseXML 属性获取 XML 格式的响应数据。由于 XML 格式的数据比需要自定义规则的字符串格式的数据有着明显的优势，因此在早期的 Ajax 应用中，复杂结构的对象数据普遍会采用 XML 数据格式。随着 JSON 的出现和发展，越来越多的 Ajax 应用和 Ajax 框架开始支持 JSON 的使用。

以通过区号获取省市信息功能为例,简单介绍一下 JSON 在 Ajax 中的使用。服务器端数据处理实现如案例 10-3 所示,客户端进行 Ajax 请求及数据获取实现如案例 10-4 所示。

【案例 10-3】 AjaxJSONServlet.java

```
package com.zkl.ch10.servlet;
@WebServlet("/AjaxJSONServlet")
public class AjaxJSONServlet extends HttpServlet {
    private static final long serialVersionUID = 1L;
    public AjaxJSONServlet() {
        super();
    }
    protected void doGet(HttpServletRequest request, HttpServletResponse response) throws
ServletException, IOException {
        // 使用 Map 模拟一个包含区号、省市的数据库,value 值改写为 JSON 对象格式
        Map<String,String> datas = new HashMap<String,String>();
        datas.put("0532", "{\"province\":\"山东\",\"city\":\"青岛\"}");
        datas.put("0351", "{\"province\":\"山西\",\"city\":\"太原\"}");
        datas.put("0474", "{\"province\":\"内蒙古\",\"city\":\"乌兰察布\"}");
        // 设置请求和响应内容编码
        request.setCharacterEncoding("UTF-8");
        response.setContentType("text/html;charset=UTF-8");
        // 获取 Ajax 请求数据
        String zipcode = request.getParameter("zipcode");
        // 根据区号从模拟数据库中查询省市信息
        String data = datas.get(zipcode);
        if(data == null){
            data = "{\"province\":\"Error\",\"city\":\"Error\"}";
        }
        // 将请求结果数据响应输出
        response.getWriter().print(data);
    }
    protected void doPost(HttpServletRequest request, HttpServletResponse response) throws
ServletException, IOException {
    }

}
```

【案例 10-4】 jsonDemo.jsp 中 Ajax 实现部分

```
<script type="text/javascript">
    // 定义一个全局的 XMLHttpRequest 对象
    var xhr = false;
    // 创建 XMLHttpRequest 对象
    functioncreateXHR() {
        try {
            // 适用于 IE7+, Firefox, Chrome, Opera, Safari
            xhr = new XMLHttpRequest();
        } catch (e) {
            try {
                // 适用于 IE6, IE5
                xhr = new ActiveXObject("Microsoft.XMLHTTP");
            } catch (e1) {
                xhr = false;
            }
```

```
        }
        if (!xhr)
            alert("初始化 XMLHttpRequest 对象失败!");
    }
    // 进行 Ajax 请求和响应结果处理
    functionajaxProcess(obj) {
        // 创建 XMLHttpRequest 对象
        createXHR();
        // 获取请求数据
        var zipcode = obj.value;
        // 设定请求地址
        var url = "AjaxJSONServlet?zipcode=" + zipcode;
        // 建立对服务器的调用
        xhr.open("GET", url, true);
        // 指定响应事件处理函数
        xhr.onreadystatechange = function(){
            // 当 readyState 等于 4 且状态为 200 时,表示响应已就绪
            if (xhr.readyState == 4 && xhr.status == 200) {
            // 将响应的 JSON 格式数据转换为 JavaScript 对象
            var responseObj = eval("(" + xhr.responseText + ")");
            // 将响应数据更新到页面控件中显示
            document.getElementById("province").value = responseObj.province;
            document.getElementById("city").value = responseObj.city;
            }
        };
        // 向服务器发出请求
        xhr.send(null);
    }
</script>
```

运行服务器，在浏览器中访问 http://localhost:8080/ch10/jsonDemo.jsp，效果如图 10-7 所示。

图 10-7　使用 JSON 通过区号获取省市信息

从上面案例可以看出，将服务器响应数据包装为 JSON 格式后，数据的表现形式更符合面向对象思想，客户端 JavaScript 对数据的解析更加方便。但是上述案例也存在弊端：响应数据向 JSON 格式转换的拼写过程非常烦琐且易出错。若服务器需要响应一个结构更为复杂、数据量更为庞大的数据对象(如，从数据库中查询出的一个 List 集合对象数据)，那么转换过程将更加费时。因此，在实际开发中，Java 对象和 JSON 数据之间的互相转换通常

使用第三方插件来协助完成，如JSON-Lib、Jackson、Gson、FastJson等。这些插件不仅适用于JSON格式数据，也适用于XML格式数据。应用插件可以大大提高开发效率，同时也降低了数据转换过程的出错率。因本书篇幅有限，此处不再介绍第三方插件的使用。

10.3 jQuery技术

10.3.1 jQuery简介

jQuery是一个免费、开源、兼容多浏览器的JavaScript库，其核心理念是：write less，do more(写得更少，做得更多)。jQuery于2006年1月由美国人John Resig在纽约的barcamp发布，吸引了来自世界各地的众多JavaScript高手加入，由Dave Methvin率领团队进行开发。如今，jQuery已经成为最流行的JavaScript库，在世界前10000个访问最多的网站中，超过55%的在使用jQuery。

jQuery的语法设计可以使开发者的很多操作更加便捷，例如操作文档对象、选择DOM元素、制作动画效果、事件处理、使用Ajax以及其他功能。除此以外，jQuery提供API让开发者编写插件，其模块化的使用方式使开发者可以很轻松地开发出功能强大的静态或动态网页。

这里仅对jQuery的核心功能做一个简单的介绍。

(1) DOM的遍历和操作。

下述示例从页面中选择一个class名称为"continue"的<button>元素，并将其提示信息设为"Next Step..."。

【示例】

```
$ ( "button.continue" ).html( "Next Step..." )
```

(2) 事件处理。

下述示例从页面中选择一个id值为"banner-message"的隐藏对象，在id值为"button-container"的按钮被单击时，使其变为可见的。

【示例】

```
var hiddenBox = $ ( "#banner-message" );
$ ( "#button-container" ).on( "click", function( event ) {
  hiddenBox.show();
});
```

(3) 对Ajax的实现。

下述示例向服务器端发送Ajax异步请求，请求地址为"/api/getWeather"；请求参数为"zipcode:97201"；在响应成功时，用响应数据更新id值为"weather-temp"的元素的内容。

【示例】

```
$.ajax({
  url: "/api/getWeather",
  data: {
    zipcode: 97201
```

```
    },
    success: function( data ) {
      $ ( "#weather-temp" ).html( "<strong>" + data + "</strong> degrees" );
    }
});
```

10.3.2 jQuery 对 Ajax 的实现

jQuery 提供多个与 Ajax 有关的方法，通过 jQuery Ajax 方法，能够使用 HTTP GET 或 HTTP POST 请求从远程服务器上请求文本、HTML、XML 或 JSON 数据，同时能够把这些外部数据载入网页的被选元素中。

下面分别对 jQuery 提供的 Ajax 实现方法进行介绍。

(1) ajax()方法。

ajax()方法是 jQuery 底层 Ajax 实现(简单易用的高层实现可参见 \$.get()、\$.post()等方法)。\$.ajax()方法返回其创建的 XMLHttpRequest 对象，大多数情况下无须直接操作该对象，但特殊情况下可用于手动终止请求。

\$.ajax()只有一个参数：options，包含各配置及回调函数信息，其语法格式如下。

【语法】

```
$.ajax(options)
```

其中：

- options：表示 Ajax 的请求设置，所有选项都是可选的。
- 方法返回 XMLHttpRequest 对象。

ajax()方法具体的参数及含义如表 10-4 所示。

表 10-4 ajax()方法参数及含义

属 性	描 述
async (Boolean)	默认 true。默认设置下，所有请求均为异步请求。如果需要发送同步请求，请将此选项设置为 false。注意，同步请求将锁住浏览器，用户其他操作必须等待请求完成才可以执行
beforeSend (Function)	发送请求前可修改 XMLHttpRequest 对象的函数，如添加自定义 HTTP 头。XMLHttpRequest 对象是唯一的参数
cache(Boolean)	默认 true，dataType 为 script 时默认为 false。jQuery 1.2 新功能，设置为 false 将不会从浏览器缓存中加载请求信息
complete (Function)	请求完成后回调函数 (请求成功或失败时均调用)。参数：XMLHttpRequest 对象和一个描述成功请求类型的字符串
contentType (String)	默认"application/x-www-form-urlencoded"，发送信息至服务器时的内容编码类型。默认值适合大多数应用场合
data (Object,String)	发送到服务器的数据。将自动转换为请求字符串格式。在 GET 请求中将附加在 URL 后。查看 processData 选项说明以禁止此自动转换。必须为 Key/Value 格式。如果为数组，jQuery 将自动为不同值对应同一个名称，如{foo:["bar1","bar2"]}转换为'&foo=bar1&foo=bar2'
dataFilter (Function)	给 Ajax 返回的原始数据进行预处理的函数。提供 data 和 type 两个参数：data 是 Ajax 返回的原始数据，type 是调用 jQuery.ajax 时提供的 dataType 参数。函数返回的值将由 jQuery 进一步处理

续表

属　　性	描　　述
dataType (String)	预期服务器返回的数据类型。如果不指定,jQuery 将自动根据 HTTP 包 MIME 信息返回 responseXML 或 responseText,并作为回调函数参数传递,可用值如下。 "xml":返回 XML 文档,可用 jQuery 处理; "html":返回纯文本 HTML 信息,包含 script 元素; "script":返回纯文本 JavaScript 代码,不会自动缓存结果,除非设置了"cache"参数; "json":返回 JSON 数据; "jsonp":JSONP 格式,使用 JSONP 形式调用函数时,如"myurl? callback=?",jQuery 将自动替换"?"为正确的函数名,以执行回调函数; "text":返回纯文本字符串
error (Function)	默认自动判断 xml 或 html 请求失败时调用事件。参数:XMLHttpRequest 对象、错误信息、捕获的错误对象(可选)
global (Boolean)	默认 true。是否触发全局 AJAX 事件。设置为 false 将不会触发全局 AJAX 事件,如 ajaxStart 或 ajaxStop 可用于控制不同的 Ajax 事件
ifModified (Boolean)	默认 false。仅在服务器数据改变时获取新数据。使用 HTTP 包 Last-Modified 头信息判断
jsonp (String)	在一个 jsonp 请求中重写回调函数的名字。这个值用来替代在"callback=?"这种 GET 或 POST 请求中 URL 参数里的"callback"部分,比如{jsonp:'onJsonPLoad'}将"onJsonPLoad=?"传给服务器
password (String)	用于响应 HTTP 访问认证请求的密码
processData (Boolean)	默认 true。默认情况下,发送的数据将被转换为对象(技术上讲并非字符串)以配合默认内容类型 "application/x-www-form-urlencoded"。如果要发送 DOM 树信息或其他不希望转换的信息,请设置为 false
scriptCharset (String)	只有当请求的 dataType 为"jsonp"或"script",并且 type 是"GET"时才会用于强制修改 charset。通常本地和远程的内容编码不同时使用
success (Function)	请求成功后回调函数。参数:服务器返回数据及数据格式
timeout (Number)	设置请求超时时间(毫秒)。此设置将覆盖全局设置
type (String)	默认请求方式 ("POST" 或 "GET")为 "GET"。注意:其他 HTTP 请求方法,如 PUT 和 DELETE 也可以使用,但仅部分浏览器支持
url (String)	发送请求的地址,不写则默认为当前页地址
username (String)	用于响应 HTTP 访问认证请求的用户名

【示例】

```
$.ajax({
    url:'/ExampleServlet',
    type:'post',
    dataType:'json',
    success:function(data){
        alert('成功!');
        alert(data);
    },
    error:function(){
        alert('内部错误!');
    }
});
```

【示例】

```
$.ajax({
    async : false,
    type: "POST",
    url: "example.jsp",
    data: "name = John&location = Boston"
}).success(function(msg){
    alert("Data Saved: " + msg);
}).error(function(xmlHttpRequest,statusText,errorThrown) {
    alert(
        "Your form submission failed.\n\n"
         + "XML Http Request: " + JSON.stringify(xmlHttpRequest)
         + ",\nStatus Text: " + statusText
         + ",\nError Thrown: " + errorThrown);
});
```

第二个示例中发送"name = John"和"location = Boston"两个数据给服务端的"example.jsp",请求成功后会提示用户。async 默认的设置值为 true,这种情况为异步方式,表示 Ajax 发送请求后,在等待 Server 端返回的这个过程中,前台会继续执行 Ajax 块后面的脚本,直到 Server 端返回正确的结果才会去执行 success。这时执行的是两个线程: Ajax 块发出请求后的一个线程和 Ajax 块后面的脚本所执行的另一个线程。

(2) load()方法。

load()方法是 jQuery 中最简单和最常用的 Ajax 方法。load()方法从服务器加载数据,并把返回的数据放入被选元素中。

【语法】

```
$(selector).load(url,data,callback);
```

其中:

- url: 必选参数,指定需要加载的 URL。
- data: 可选参数,规定与请求一同发送的查询字符串键/值对集合。
- callback: 可选参数,请求成功完成时的回调函数。

【示例】

```
<div id = "info"></div>
$("#info").load("infoList.jsp", {limit: 25}, function(){
   alert("25 条信息装载完成!");
});
```

(3) get()和 post()方法。

jQuery 的 get()和 post()方法用于通过 HTTP GET 或 POST 请求从服务器请求数据。GET 基本上用于从服务器获得(取回)数据,也可能返回缓存数据; POST 也可用于从服务器获取数据,不过 POST 方法不会缓存数据,且常用于连同请求一起发送数据。

get()和 post()方法中的回调函数仅在请求成功时可调用。如果需要在出错时执行函数,需要使用 $.ajax()。

【语法】 get()方法

```
$.get(url,data,callback);
```

其中：

- url：必选参数，规定希望请求的 URL。
- data：可选参数，规定连同请求发送的数据。
- callback：可选参数，请求成功完成时的回调函数。

【语法】 post()方法

```
$.post(url,data,callback);
```

- url：必选参数，规定希望请求的 URL。
- data：可选参数，规定连同请求发送的数据。
- callback：可选参数，请求成功完成时的回调函数。

【示例】 get()方法示例

```
$.get("test.jsp", { name: "John", time: "2pm" },
  function(data){
    alert("Data Loaded: " + data);
  });
```

【示例】 post()方法示例

```
$.post("test.jsp", { name: "John", time: "2pm" },
  function(data){
    alert("Data Loaded: " + data);
  });
```

(4) getJSON()方法。

getJSON()方法用于通过 HTTP GET 请求载入 JSON 数据，并尝试将其转为对应的 JavaScript 对象。

【语法】

```
$.getJSON(url,data,callback);
```

【示例】

```
// 从 test.jsp 载入 JSON 数据,附加参数,显示 JSON 数据中一个 name 字段数据
$.getJSON("test.jsp", { name: "John", time: "2pm" }, function(json){
  alert("JSON Data: " + json.users[3].name);
});
```

视频讲解

10.3.3 基于 jQuery 的 Ajax 应用

jQuery 在 Web 应用中的使用非常方便，可以分为如下两个步骤。

(1) 下载 jQuery 插件的 JavaScrip 库，导入 Web 项目。

(2) 在网页中引入 jQuery 的 JavaScript 库。

以上述根据区号进行省市查询为例，jQuery 对其实现方式如下。

首先从 jQuery 官方网站下载最新版本 jQuery 插件：jquery-3.6.1.min.js，将其复制到项目开发目录的 WebContent/js 目录下，如图 10-8 所示。

然后在网页中通过"< script type="text/javascript" src="js/jquery-3.6.1.min.js"> </script >"代码将 jquery-3.6.1.min.js 引入当前页面中。功能实现代码如下所示。

ch10
Deployment Descriptor: ch10
JAX-WS Web Services
Java Resources
build
src
main
java
webapp
js
jquery-3.6.1.min.js
META-INF
WEB-INF

图 10-8　jQuery 插件存放目录

【案例 10-5】 jqueryAjaxDemo.jsp

```
<!DOCTYPE html PUBLIC "-//W3C//DTD HTML 4.01 Transitional//EN"
    "http://www.w3.org/TR/html4/loose.dtd">
<html>
<head>
<meta http-equiv="Content-Type" content="text/html; charset=UTF-8">
<title>基于 jQuery 的 Ajax 应用</title>
<script type="text/javascript" src="js/jquery-3.6.1.min.js"></script>
<script type="text/javascript">
//进行 Ajax 请求和响应结果处理
function ajaxProcess(obj) {
    // 获取请求数据
    var zipcode = obj.value;

    $.getJSON("AjaxJSONServlet", { "zipcode": zipcode }, function(json){
        // 将响应数据更新到页面控件中显示
        document.getElementById("province").value = json.province;
        document.getElementById("city").value = json.city;
    });

    /* get()方法实现方式
    $.get("AjaxJSONServlet", { "zipcode": zipcode },function(data){
        // 将响应的 JSON 格式数据转换为 JavaScript 对象
        var responseObj = eval("(" + data + ")");
        // 将响应数据更新到页面控件中显示
        document.getElementById("province").value = responseObj.province;
        document.getElementById("city").value = responseObj.city;
    }); */
}
</script>
</head>
<body>
    <h2>获取区号对应的省市信息</h2>
    <p>
        区号:<input name="zipcode" id="zipcode" type="text"
            onblur="ajaxProcess(this)">
    </p>
    <p>
        省:<input name="province" id="province" type="text">
    </p>
```

```
        <p>
            市:<input name="city" id="city" type="text">
        </p>
    </body>
    </html>
```

在上述实例中，分别使用 getJSON()和 get()方法进行了 Ajax 的请求和响应结果的处理。通过对比可以看出，当响应结果为 JSON 格式数据时，使用 getJSON()方法可以省略 JSON 文本向 JavaScript 对象的转换过程，使开发更加便捷。

运行服务器，在浏览器中访问 http://localhost:8080/ch10/jqueryAjaxDemo.jsp，效果如图 10-9 所示。

图 10-9 使用 jQuery 通过区号获取省市信息

本章总结

- Ajax(Asynchronous JavaScript And XML，异步 JavaScript 和 XML)是一种对传统 Web 应用模式进行扩展的技术，通过异步请求方式对网页的局部进行更新，改善了传统网页(不使用 Ajax)要想更新内容必须重载整个网页的情况。
- XMLHttpRequest 实质上是一个 JavaScript 对象，是 Ajax 的核心，使用这个对象可以在客户端向服务器发起 HTTP 请求，并且可以访问和处理服务器发回的应答数据。
- JSON(JavaScript Object Notation)是基于 JavaScript 的一种轻量级的数据交换格式，采用完全独立于语言的文本格式，使用了类似于 C 语言家族的格式，这些特性使 JSON 成为理想的数据交换语言。
- JSON 有两种结构："名/值"对的集合(在不同的语言中，它被理解为对象、结构、关联数组等)和值的有序列表(在大部分语言中，它被理解为数组)。
- JSON 是 JavaScript 的原生格式，在 JavaScript 中可将一个 JSON 数据赋值给一个 JavaScript 变量、可使用 JavaScript 对象的方式访问 JSON 数据、可将 JSON 文本转换为 JavaScript 对象。
- jQuery 是一个免费、开源、兼容多浏览器的 JavaScript 库，其核心理念是：write less，do more(写得更少，做得更多)。
- jQuery 的语法设计可以使开发者的很多操作更加便捷，例如操作文档对象、选择

DOM 元素、制作动画效果、事件处理、使用 Ajax 以及其他功能。

- jQuery 提供多个与 Ajax 有关的方法，通过 jQuery 的 Ajax 方法，能够使用 HTTP GET 或 HTTP POST 请求从远程服务器上请求文本、HTML、XML 或 JSON 数据，同时能够把这些外部数据直接载入网页的被选元素中。

本章习题

1. 以下________技术不是 Ajax 技术体系的组成部分。

A. XMLHttpRequest　B. DHTML　C. CSS　D. DOM

2. XMLHttpRequest 对象有________个返回状态值。

A. 3　B. 4　C. 5　D. 6

3. 在对象 XMLHttpRequest 的属性 readyState 值为________表示异步访问服务器通信已经完成。

A. 1　B. 2　C. 3　D. 4

4. Ajax 术语是由________公司或组织最先提出的。

A. Google　B. IBM　C. Adaptive Path　D. Dojo Foundation

5. 以下 Web 应用不属于 Ajax 应用的是________。

A. Hotmail　B. Gmaps　C. Flickr　D. Windows Live

附录A HTTP响应状态码及其含义

状态码	含义
100	客户端应当继续发送请求。这个临时响应是用来通知客户端它的部分请求已经被服务器接收，且仍未被拒绝。客户端应当继续发送请求的剩余部分，或者如果请求已经完成，忽略这个响应。服务器必须在请求完成后向客户端发送一个最终响应
101	服务器已经理解了客户端的请求，并将通过 Upgrade 消息头通知客户端采用不同的协议来完成这个请求。在发送完这个响应最后的空行后，服务器将会切换到在 Upgrade 消息头中定义的那些协议。 只有在切换新的协议更有好处的时候才应该采取类似措施。例如，切换到新的 HTTP 版本比旧版本更有优势，或者切换到一个实时且同步的协议以传送利用此类特性的资源
102	由 WebDAV(RFC 2518)扩展的状态码，代表处理将被继续执行
200	请求已成功，请求所希望的响应头或数据体将随此响应返回
201	请求已经被实现，而且有一个新的资源已经依据请求的需要而建立，且其 URI 已经随 Location 头信息返回。假如需要的资源无法及时建立，应当返回 '202 Accepted'
202	服务器已接受请求，但尚未处理。正如它可能被拒绝一样，最终该请求可能会也可能不会被执行。在异步操作的情况下，发送这个状态码很方便。 返回 202 状态码的响应的目的是允许服务器接受其他过程的请求(例如某个每天只执行一次的基于批处理的操作)，而不必让客户端一直保持与服务器的连接直到批处理操作全部完成。接受请求处理并返回 202 状态码的响应应当在返回的实体中包含一些指示处理当前状态的信息，以及指向处理状态监视器或状态预测的指针，以便用户能够估计操作是否已经完成
203	服务器已成功处理了请求，但返回的实体头部元信息不是在原始服务器上有效的确定集合，而是来自本地或者第三方的备份。当前的信息可能是原始版本的子集或者超集。例如，包含资源的元数据可能导致原始服务器知道元信息的超集。使用此状态码不是必须的，而且只有在响应不使用此状态码便会返回 200 OK 的情况下才会使用
204	服务器成功处理了请求，但不需要返回任何实体内容，并且希望返回更新了的元信息。响应可能通过实体头部的形式，返回新的或更新后的元信息。如果存在这些头部信息，则应当与所请求的变量相呼应。 如果客户端是浏览器，那么用户浏览器应保留发送了该请求的页面，而不产生任何文档视图上的变化，即使按照规范新的或更新后的元信息应当被应用到用户浏览器活动视图中的文档。 由于 204 响应被禁止包含任何消息体，因此它始终以消息头后的第一个空行结尾
205	服务器成功处理了请求，且没有返回任何内容。与 204 响应不同，返回此状态码的响应要求请求者重置文档视图。该响应主要被用于接受用户输入后，立即重置表单，以便用户能够轻松地开始另一次输入。 与 204 响应一样，该响应也被禁止包含任何消息体，且以消息头后的第一个空行结束

续表

状态码	含　义
206	服务器已经成功处理了部分 GET 请求。类似于 FlashGet 或者迅雷这类的 HTTP 下载工具都是使用此类响应，实现断点续传或者将一个大文档分解为多个下载段同时下载。 该请求必须包含 Range 头信息来指示客户端希望得到的内容范围，并且可能包含 If-Range 来作为请求条件。 响应必须包含如下的头部域。 Content-Range 用以指示本次响应中返回的内容的范围；如果是 Content-Type 为 multipart/byteranges 的多段下载，则每一 multipart 段中都应包含 Content-Range 域用以指示本段的内容范围。假如响应中包含 Content-Length，那么它的数值必须匹配它返回的内容范围的真实字节数。 Date ETag 和/或 Content-Location，假如同样的请求本应该返回 200 响应。 Expires，Cache-Control，和/或 Vary，假如其值可能与之前相同变量的其他响应对应的值不同。 假如本响应请求使用了 If-Range 强缓存验证，那么本次响应不应该包含其他实体头；假如本响应请求使用了 If-Range 弱缓存验证，那么本次响应禁止包含其他实体头；这避免了缓存的实体内容和更新了的实体头信息之间的不一致。否则，本响应就应当包含所有本应该返回 200 的响应中应当返回的所有实体头部域。 假如 ETag 或 Last-Modified 头部不能精确匹配，则客户端缓存应禁止将 206 响应返回的内容与之前任何缓存过的内容组合在一起。 任何不支持 Range 以及 Content-Range 头的缓存都禁止缓存 206 响应返回的内容
207	由 WebDAV(RFC 2518)扩展的状态码，代表之后的消息体将是一个 XML 消息，并且可能依照之前子请求数量的不同，包含一系列独立的响应代码
300	被请求的资源有一系列可供选择的回馈信息，每个都有自己特定的地址和浏览器驱动的商议信息。用户或浏览器能够自行选择一个首选的地址进行重定向。 除非这是一个 HEAD 请求，否则该响应应当返回一个包含资源特性及地址列表的实体，以便用户或浏览器从中选择最合适的重定向地址。这个实体的格式由 Content-Type 定义的格式所决定。浏览器可能根据响应的格式以及浏览器自身能力，自动做出最合适的选择。当然，RFC 2616 规范并没有规定这样的自动选择该如何进行。 如果服务器本身已经有了首选的回馈选择，那么在 Location 中应当指明这个回馈的 URI；浏览器可能会将这个 Location 值作为自动重定向的地址。此外，除非额外指定，否则这个响应也是可缓存的
301	被请求的资源已永久移动到新位置，并且将来任何对此资源的引用都应该使用本响应返回的若干 URI 之一。如果可能，拥有链接编辑功能的客户端应当自动把请求的地址修改为从服务器反馈回来的地址。除非额外指定，否则这个响应也是可缓存的。 新的永久性的 URI 应当在响应的 Location 域中返回。除非这是一个 HEAD 请求，否则响应的实体中应当包含指向新的 URI 的超链接及简短说明。 如果这不是一个 GET 或者 HEAD 请求，那么浏览器禁止自动进行重定向，除非得到用户的确认，因为请求的条件可能因此发生变化。 注意：对于某些使用 HTTP/1.0 协议的浏览器，若它们发送的 POST 请求得到了一个 301 响应，则接下来的重定向请求将会变成 GET 方式
302	请求的资源现在临时从不同的 URI 响应请求。这样的重定向是临时的，故客户端应当继续向原有地址发送以后的请求。只有在 Cache-Control 或 Expires 中进行了指定的情况下，这个响应才是可缓存的。 新的临时性的 URI 应当在响应的 Location 域中返回。除非这是一个 HEAD 请求，否则响应的实体中应当包含指向新的 URI 的超链接及简短说明。 如果这不是一个 GET 或者 HEAD 请求，那么浏览器禁止自动进行重定向，除非得到用户的确认，因为请求的条件可能因此发生变化。 注意：虽然 RFC 1945 和 RFC 2068 规范不允许客户端在重定向时改变请求的方法，但是很多现存的浏览器将 302 响应视为 303 响应，并且使用 GET 方式访问在 Location 中规定的 URI，而无视原先请求的方法。状态码 303 和 307 被添加了进来，用以明确服务器期待客户端进行何种反应

续表

状态码	含　义
303	对应当前请求的响应可以在另一个 URI 上被找到,而且客户端应当采用 GET 的方式访问那个资源。这个方法的存在主要是为了允许由脚本激活的 POST 请求输出重定向到一个新的资源。这个新的 URI 不是原始资源的替代引用。同时,303 响应禁止被缓存。当然,第二个请求(重定向)可能被缓存。 新的 URI 应当在响应的 Location 域中返回。除非这是一个 HEAD 请求,否则响应的实体中应当包含指向新的 URI 的超链接及简短说明。 注意:许多 HTTP/1.1 版以前的浏览器不能正确理解 303 状态。如果需要考虑与这些浏览器之间的互动,302 状态码应该可以胜任,因为大多数的浏览器处理 302 响应时的方式恰恰就是上述规范要求客户端处理 303 响应时应当做的
304	如果客户端发送了一个带条件的 GET 请求且该请求已被允许,而文档的内容(自上次访问以来或者根据请求的条件)并没有改变,则服务器应当返回这个状态码。304 响应禁止包含消息体,因此始终以消息头后的第一个空行结尾。 该响应必须包含以下的头信息。 Date,除非这个服务器没有时钟。假如没有时钟的服务器也遵守这些规则,那么代理服务器以及客户端可以自行将 Date 字段添加到接收到的响应头中去(正如 RFC 2068 中规定的一样),缓存机制将会正常工作。 ETag 和/或 Content-Location,假如同样的请求本应返回 200 响应。 Expires 的值是 GMT 格式的时间字符串,代表资源的过期失效时间,当再一次请求时如未超过该值则用缓存的资源,否则重新请求。 Cache-Control 的值决定能否使用缓存及缓存方式,可选的值包括 no-cache、no-store、max-age、public 和 private。 Last-Modified 添加在响应头中,告诉客户端当前资源修改的最后时间。if-Modified-Since 添加在请求头中,当第一次请求时,响应头的 Last-Modified 非空,第二次请求时会在请求头中加入该字段,之后发给服务器进行判断。 假如某个 304 响应指明了当前某个实体没有缓存,那么缓存系统必须忽视这个响应,并且重复发送不包含限制条件的请求。 假如接收到一个要求更新某个缓存条目的 304 响应,那么缓存系统必须更新整个条目以反映所有在响应中被更新的字段的值
305	被请求的资源必须通过指定的代理才能被访问。Location 域中将给出指定的代理所在的 URI 信息,接收者需要重复发送一个单独的请求,通过这个代理才能访问相应资源。只有原始服务器才能建立 305 响应。 注意:RFC 2068 中没有明确 305 响应是为了重定向一个单独的请求,而且只能被原始服务器建立。忽视这些限制可能导致严重的安全后果
306	在最新版的规范中,已经不再使用 306 状态码
307	请求的资源现在临时从不同的 URI 响应请求。由于这样的重定向是临时的,故客户端应当继续向原有地址发送以后的请求。只有在 Cache-Control 或 Expires 中进行了指定的情况下,这个响应才是可缓存的。 新的临时性的 URI 应当在响应的 Location 域中返回。除非这是一个 HEAD 请求,否则响应的实体中应当包含指向新的 URI 的超链接及简短说明。因为部分浏览器不能识别 307 响应,因此需要添加上述必要信息以便用户能够理解并向新的 URI 发出访问请求。如果这不是一个 GET 或者 HEAD 请求,那么浏览器禁止自动进行重定向,除非得到用户的确认,因为请求的条件可能因此发生变化
400	语义有误,当前请求无法被服务器理解。除非进行修改,否则客户端不应该重复提交这个请求。请求参数有误

续表

状态码	含义
401	当前请求需要用户验证。该响应必须包含一个适用于被请求资源的 WWW-Authenticate 信息头用以询问用户信息。客户端可以重复提交一个包含恰当的 Authorization 头信息的请求。如果当前请求已经包含了 Authorization 证书,那么 401 响应代表着服务器验证已经拒绝了那些证书。如果 401 响应包含了与前一个响应相同的身份验证询问,且浏览器已经至少尝试了一次验证,那么浏览器应当向用户展示响应中包含的实体信息,因为这个实体信息中可能包含了相关诊断信息。参见 RFC 2617
402	该状态码是为了将来可能的需求而预留的
403	服务器已经理解请求,但是拒绝执行它。与 401 响应不同的是,身份验证并不能提供任何帮助,而且这个请求也不应该被重复提交。如果这不是一个 HEAD 请求,而且服务器希望能够讲清楚为何请求不能被执行,那么就应该在实体内描述拒绝的原因。当然服务器也可以返回一个 404 响应,假如它不希望让客户端获得任何信息
404	请求失败,未在服务器上发现请求所希望得到的资源。没有信息能够告诉用户这个状况到底是暂时的还是永久的。假如服务器知道情况,应当使用 410 状态码来告知旧资源因为某些内部的配置机制问题,已经永久不可用,而且没有任何可以跳转的地址。404 这个状态码被广泛应用于当服务器不想揭示到底为何请求被拒绝或者没有其他适合的响应可用的情况下
405	请求行中指定的请求方法不能被用于请求相应的资源。该响应必须返回一个 Allow 头信息用以表示出当前资源能够接受的请求方法的列表。 鉴于 PUT、DELETE 方法会对服务器上的资源进行写操作,因而绝大部分的网页服务器都不支持或者在默认配置下不允许上述请求方法,对于此类请求均会返回 405 错误
406	请求的资源的内容特性无法满足请求头中的条件,因而无法生成响应实体。 除非这是一个 HEAD 请求,否则该响应就应当返回一个包含可以让用户或者浏览器从中选择最合适的实体特性以及地址列表的实体。实体的格式由 Content-Type 头中定义的媒体类型决定。浏览器可以根据格式及自身能力自行做出最佳选择。但是,规范中并没有定义任何做出此类自动选择的标准
407	与 401 响应类似,只不过客户端必须在代理服务器上进行身份验证。代理服务器必须返回一个 Proxy-Authenticate 用以进行身份询问。客户端可以返回一个 Proxy-Authorization 信息头用以验证。参见 RFC 2617
408	请求超时。客户端没有在服务器预备等待的时间内完成一个请求的发送。客户端可以随时再次提交这一请求而无须进行任何更改
409	由于和被请求的资源的当前状态之间存在冲突,请求无法完成。这个代码只在以下这样的情况下才能被使用:用户被认为能够解决冲突,并且会重新提交新的请求。该响应应当包含足够的信息以便用户发现冲突的源头。 冲突通常发生于对 PUT 请求的处理中。例如,在采用版本检查的环境下,某次 PUT 提交的对特定资源的修改请求所附带的版本信息与之前的某个(第三方)请求冲突,那么此时服务器就应该返回一个 409 错误,告知用户请求无法完成。此时,响应实体中很可能包含两个冲突版本之间的差异比较,以便用户重新提交归并以后的新版本
410	被请求的资源在服务器上已经不再可用,而且没有任何已知的转发地址。这样的状况应当被认为是永久性的。如果可能,拥有链接编辑功能的客户端应当在获得用户许可后删除所有指向这个地址的引用。如果服务器不知道或者无法确定这个状况是否是永久的,那么就应该使用 404 状态码。除非额外说明,否则这个响应是可缓存的。 410 响应的目的主要是帮助网站管理员维护网站,通知用户该资源已经不再可用,并且服务器拥有者希望所有指向这个资源的远端连接也被删除。这类事件在限时、增值服务中很普遍。同样,410 响应也被用于通知客户端在当前服务器站点上,原本属于某个个人的资源已经不再可用。当然,是否需要把所有永久不可用的资源标记为'410 Gone',以及需要保持此标记多长时间,完全取决于服务器拥有者

续表

状态码	含　义
411	服务器拒绝在没有定义 Content-Length 头的情况下接受请求。在添加了表明请求消息体长度的有效 Content-Length 头之后，客户端可以再次提交该请求
412	服务器在验证请求的头字段中给出的先决条件时，没能满足其中的一个或多个。这个状态码允许客户端在获取资源时在请求的元信息(请求头字段数据)中设置先决条件，以此避免该请求方法被应用到其希望的内容以外的资源上
413	服务器拒绝处理当前请求，因为该请求提交的实体数据大小超过了服务器愿意或者能够处理的范围。此种情况下，服务器可以关闭连接以免客户端继续发送此请求。 如果这个状况是临时的，服务器应当返回一个 Retry-After 的响应头，以告知客户端可以在多少时间以后重新尝试
414	请求的 URI 长度超过了服务器能够解释的长度，因此服务器拒绝对该请求提供服务。这比较少见，通常的情况包括： 本应使用 POST 方法的表单提交变成了 GET 方法，导致查询字符串(query string)过长。 重定向 URI"黑洞"，例如每次重定向把旧的 URI 作为新的 URI 的一部分，导致在若干次重定向后 URI 超长。 客户端正在尝试利用某些服务器中存在的安全漏洞攻击服务器。这类服务器使用固定长度的缓冲读取或操作请求的 URI，当 GET 后的参数超过某个数值后，可能会产生缓冲区溢出，导致任意代码被执行。没有此类漏洞的服务器，应当返回 414 状态码
415	对于当前请求的方法和所请求的资源，请求中提交的实体并不是服务器中所支持的格式，因此请求被拒绝
416	如果请求中包含了 Range 请求头，并且 Range 中指定的任何数据范围都与当前资源的可用范围不重合，同时请求中又没有定义 If-Range 请求头，那么服务器就应当返回 416 状态码。 假如 Range 使用的是字节范围，那么这种情况就是指请求指定的所有数据范围的首字节位置都超过了当前资源的长度。服务器也应当在返回 416 状态码的同时，包含一个 Content-Range 实体头，用以指明当前资源的长度。这个响应也被禁止使用 multipart/byteranges 作为其 Content-Type
417	在请求头 Expect 中指定的预期内容无法被服务器满足，或者这个服务器是一个代理服务器，它有明显的证据证明在当前路由的下一个节点上，Expect 的内容无法被满足
421	从当前客户端所在的 IP 地址到服务器的连接数超过了服务器许可的最大范围。通常，这里的 IP 地址指的是从服务器上看到的客户端地址(比如用户的网关或者代理服务器地址)。在这种情况下，连接数的计算可能涉及不止一个终端用户
422	请求格式正确，但是由于含有语义错误，无法响应(RFC 4918 WebDAV)
423	当前资源被锁定(RFC 4918 WebDAV)
424	由于之前的某个请求发生的错误，导致当前请求失败，例如 PROPPATCH(RFC 4918 WebDAV)
425	在 WebDav Advanced Collections 草案中定义，但是未出现在《WebDAV 顺序集协议》(RFC 3658)中
426	客户端应当切换到 TLS/1.0(RFC 2817)
449	由微软扩展，代表请求应当在执行完适当的操作后进行重试
500	服务器遇到了一个未曾预料的状况，导致它无法完成对请求的处理。一般来说，这个问题都会在服务器的程序码出错时出现
501	服务器不支持当前请求所需要的某个功能。服务器无法识别请求的方法，并且无法支持其对任何资源的请求
502	作为网关或者代理工作的服务器尝试执行请求时，从上游服务器接收到无效的响应

续表

状态码	含义
503	由于临时的服务器维护或者过载,服务器当前无法处理请求。这个状况是临时的,并且将在一段时间以后恢复。如果能够预计延迟时间,那么响应中可以包含一个 Retry-After 头用以标明这个延迟时间。如果没有给出这个 Retry-After 信息,那么客户端应当以处理 500 响应的方式处理它。 注意:503 状态码的存在并不意味着服务器在过载时必须使用它。某些服务器只不过是希望拒绝客户端的连接
504	作为网关或者代理工作的服务器尝试执行请求时,未能及时从上游服务器(URI 标识出的服务器,如 HTTP、FTP、LDAP)或者辅助服务器(如 DNS)收到响应。 注意:某些代理服务器在 DNS 查询超时时会返回 400 或者 500 错误
505	服务器不支持或者拒绝支持在请求中使用的 HTTP 版本。这暗示着服务器不能或不愿使用与客户端相同的版本。响应中应当包含一个描述了为何版本不被支持以及服务器支持哪些协议的实体。
506	由《透明内容协商协议》(RFC 2295)扩展,代表服务器存在内部配置错误:被请求的协商资源被配置为在透明内容协商中使用自己,因此不是一个适当的协商端点
507	服务器无法存储完成请求所必需的内容。这个状况被认为是临时的
509	服务器达到带宽限制。这不是一个官方的状态码,但是仍被广泛使用
510	获取资源所需要的策略并没有被满足

附录B Eclipse常用快捷键

快 捷 键	功 能	作 用 域
Ctrl+Shift+F	格式化	Java 编辑器
Ctrl+/	注释或取消注释	
Ctrl+Shift+M	添加导入	
Ctrl+Shift+O	组织导入	
Ctrl+Shift+B	添加/去除断点	全局
F5	单步跳入	
F6	单步跳过	
F7	单步返回	
F8	继续运行